Termodinàmica i Mecànica estadística

Termodinàmica i Mecànica estadística

Termodinàmica i Mecànica estadística

Samuel Márquez Hernández

Termodinàmica i Mecànica estadística

Termodinàmica i Mecànica estadística

Copyright © Samuel Márquez Hernández

Reservat tots els drets. La reproducció total o parcial d'aquesta obra, per qualsevol medi o procediment, compressos la reprografia i el tractament informàtic; queda rigurosament prohibit.

Respectin l'esforç i l'obra de l'autor.

Edició en català:

© EDITORIAL LIBRE LULU

ISBN: 978-1-326-27723-9

Breda, 2015

Termodinàmica i Mecànica estadística

Termodinàmica i Mecànica estadística

Termodinàmica i Mecànica estadística

Continguts

Abans de començar amb tot l'estudi de la termodinàmica, cal estudiar a fons tots els aspectes de la mecànica estadística. Farem una breu introducció a la probabilitat i la estadística que ens proporcionarà certes eines relacionades amb l'estudi posterior de la mecànica estadística. Aquestes dues seccions ens mostraran el que serà la física estadística breument per poder interpretar la termodinàmica. Aleshores dividirem el llibre en aquestes dues seccions; ja que la mecànica estadística i la termodinàmica, com anirem observant al llarg d'avançar amb els continguts van lligades i relacionades amb un caire de coexistència única.

I Introducció a la probabilitat i a l'estadística

1.- Probabilitat i estadística

1.1.	Probabilitat d'una variable discreta/contínua	16
1.2.	Funció característica	19
1.3.	Transformació de variables	20
1.4.	Distribucions de probabilitat típiques	21
1.5.	Teorema de Bayes. Fórmula de Stirling	23
1.6.	Integrals útils	24
1.7.	Definició gas ideal. Llei del gas ideal	26

II Mecànica estadística i Termodinàmica

2.- Descripció dels sistemes microscòpics

2.1.	Estats d'un sistema. Microestats i Macroestats	32
2.2.	Col·lectivitats	35
2.3.	Col·lectivitat microcanònica	35
2.4.	Aplicació al gas ideal monoatòmic	37
2.5.	Sistema de dos estats amb N partícules	38

3.- Principis de la termodinàmica

3.1.	Equacions d'estat. Coeficients termodinàmics	42
3.2.	Treball	48
3.3.	Primer principi de la termodinàmica. Energia interna	52
3.4.	Capacitats calorífiques	56
3.5.	El gas ideal	57
3.6.	Màquines tèrmiques	61
3.7.	Segon principi de la termodinàmica	63
3.8.	Equacions $T\,dS$	75
3.9.	Equilibri tèrmic. Connexió entre la termodinàmica i la mecànica estadística	80
3.10.	Entropia de *Shannon*	85
3.11.	Tercer principi de la termodinàmica	87

4.- Potencials termodinàmics

4.1.	Equació fonamental	90
4.2.	Forma d'*Euler* de l'energia interna. Equació de *Gibbs-Duhem*	92
4.3.	Transformada de *Legendre*	96
4.4.	Relacions de *Maxwell*	103
4.5.	Estabilitat	105
4.6.	Teoria de les fluctuacions d'*Einstein*	108

5.- Col·lectivitat canònica

5.1.	Funció de partició	112
5.2.	Teorema d'equipartició de l'energia	122
5.3.	Sistemes quàntics (*o discrets*)	126

6.- Sistemes ideals en l'estadística clàssica

6.1.	Distribució de *Maxwell – Boltzmann*	140
6.2.	Altres funcions de distribució	142
6.3.	Pressió	146
6.4.	Efusió	147
6.5.	Sistemes termodinàmics	150

7.- Transicions de fase

7.1.	Diagrames P-V, $P-T$, $P-\mu$	168
7.2.	Equilibri vapor-fase condensada	177
7.3.	Punt crític	178
7.4.	Teoria de *Landáu*	182
7.5.	Model d'*Ising* en l'aproximació de camp mig	193

8.- Gasos reals

8.1.	Factor de compressibilitat. Desenvolupament del virial	208
8.2.	Potencial d'interacció. Funció de partició configuracional	212
8.3.	Equació de *Van der Waals*	217
8.4.	Equació de *Dieterici*	220
8.5.	Llei d'estats corresponents	222
8.6.	Liqüefacció de gasos: Expansió de *Joule*	223
8.7.	Liqüefacció de gasos: Efecte *Joule-Kelvin* (*Joule-Thompson*)	225

9.- Radiació electromagnètica

9.1.	Densitat d'energia	233
9.2.	Distribució de *Planck*	233
9.3.	Llei de *Wien*	241
9.4.	Equacions d'estat de la radiació	242
9.5.	Sòlid d'*Einstein**	245

10.- Col·lectivitat macrocanònica o grancanònica

10.1.	Funció de partició	250
10.2.	Aplicació al gas ideal monoatòmic	255

Termodinàmica i Mecànica estadística

11.- Estadístiques quàntiques

11.1.	Funció de partició quàntica	260
11.2.	Gasos ideals quàntics	264
11.3.	Gasos ideals quàntics a baixes temperatures	267
11.4.	El límit clàssic	270

Termodinàmica i Mecànica estadística

Termodinàmica i Mecànica estadística

Termodinàmica i Mecànica estadística

I

Introducció a la probabilitat
i
estadística

Termodinàmica i Mecànica estadística

Termodinàmica i Mecànica estadística

Tema 1.- Probabilitat i estadística

1.1. Probabilitat d'una variable discreta/contínua

Si realitzem un estudi de la probabilitat d'un sistema o un conjunt de variables, sempre se'ns pot presentar en dos opcions; un sistema o conjunt de variables **discret** o un de **contínu**. Matemàticament es distingeixen en què el discret és un conjunt de sumatori de les partícules, una a una, amb les seves particularitats i que el sistema contínu es realitza un sumatori en una regió, més concretament, fem l'estudi de la regió de l'espai on es situen les partícules que avaluem mitjançant la integral. Com bé sabem, això és possible per la definició d'integral. Recordem que la integral ve definida per les sumes de *Riemann*.

Aleshores, podem <u>def</u>inir la *probabilitat* com una funció **P (A)** que assigna a cada element A d'un conjunt Ω *(amb Ω definit com un conjunt de possibles resultats)* un valor.

Si Ω és un conjunt discret, la probabilitat és amb una variable discreta.

Si Ω és un conjunt contínu, la probabilitat és amb una variable contínua.

Anem a descriure els paràmetres més importants d'una probabilitat en cada típus de conjunt.

Funció de distribució de probabilitat. *(f.d.p)*

A la *f.d.p* s'ha de definir, ja sigui a la variable discreta o contínua; mitjançant els conceptes de **positivitat** i **normalització**.

Comencem definint la *f.d.p* en un sistema de *variable discreta*.

$$P(A) \geq 0 \qquad \sum_{A \in \Omega} P(A) = 1$$

Positivitat   *Normalització*

Amb *variable contínua:*

$$\rho(x) \geq 0 \qquad \int_{\Omega} \rho(x) dx = 1$$

Positivitat   *Normalització*

Termodinàmica i Mecànica estadística

En el cas de normalització de la variable contínua, ens ve definia per la la variablec $\rho(x)$ om la ***densitat de probabilitat.*** La densitat de probabilitat la definim com la possibilitat que té una partícula de ser en una regió concreta, el comportament probable d'una població específica de tenir la possibilitat relativa de que una variable aleatoria continúa del conjunt prengui un valor de ***x.*** Un exemple simple seria que en un bol hi ha deu boles i sis d'elles són el número tres per exemple; al agafar aleatòriament una de les deu boles, la ***densitat de probabilitat*** és que treguis un tres.

Valor mig

Per definició estrictament matemàtica el ***valor mig*** d'una variable aleatòria ve determinada per la constant que representa el centre de gravetat de la llei de probabilitat, en altres paraules, que ens determina una *mitjana* aritmètica o ens diu quin és el valor constant que ens determina el valor de la funció que estudiem.

En ***variable discreta*** tindrem:

$$\langle A \rangle = \sum_{A \in \Omega} A P(A) \quad ; \quad \langle f(A) \rangle = \sum_{A \in \Omega} f(A) P(A)$$

En ***variable contínua*** tindrem:

$$\langle x \rangle = \int_{\Omega} x \rho(x) \quad ; \quad \langle f(x) \rangle = \int_{\Omega} f(x) \rho(x) dx$$

Moments de la *f.d.p* d'ordre *n*

Els moments de la *f.d.p* ens indiquen termes de la forma que representarà la funció de distribució de probabilitat en les *n-dimensions*. Per exemple, el moment de *x* a ***n = 1***, ens determina la funció, en *x* a ***n = 2*** ens indica l'amplada de la funció, quan més gran el valor de *x* més amplada tindrà la funció. En *x* a ***n = 3*** ens mostra la simetria respecte els eixos dimensionals. I aquest estudi fins a ***n = n*** però ja són funcions o visualitzacions molt complexes que no ens interessa entrar-hi amb deteniment.

Termodinàmica i Mecànica estadística

Per a les **variables discretes** tenim:

$$\langle A^n \rangle = \sum_{A \in \Omega} A^n P(A)$$

En **variable contínua** tenim:

$$\langle x^n \rangle = \int_{\Omega} x^n \rho(x)\, dx$$

Variança

La **variança** en una funció només es pot avaluar en el cas de la variable contínua, ja que ens dona el coneixement i el valor de les fluctuacions. En la fórmula observarem que s'eleven al quadrat per evitar que les fluctuacions negatives i positives de valors oposats s'anul·lin entre elles.

Alshores vindrà determinada per: $\sigma^2 = \langle (x - \langle x \rangle)^2 \rangle = \langle x^2 \rangle - \langle x \rangle^2$

Dins la variança podem definir el concepte de **desviació estàndard**: $\sqrt{\sigma^2} = \sigma$

Abans de passar al següent apartat, presentarem a la pàgina següent; una taula resum dels conceptes que ens defineixen la probabilitat d'un sistema discret o contínu de variables.

Taula 1.1: Paràmetres importants de la probabilitat

	Variable discreta	Variable contínua
Funció de probabilitat *f.d.p*	$P(A) \geq 0$ $\sum_{A \in \Omega} P(A) = 1$	$\rho(x) \geq 0$ $\int_{\Omega} \rho(x)\, dx = 1$
Valor mig	$\langle A \rangle = \sum_{A \in \Omega} A P(A)$ $\langle f(A) \rangle = \sum_{A \in \Omega} f(A) P(A)$	$\langle x \rangle = \int_{\Omega} x \rho(x)$ $\langle f(x) \rangle = \int_{\Omega} f(x) \rho(x)\, dx$
Moments de la *f.d.p.* **D'ordre n**	$\langle A^n \rangle = \sum_{A \in \Omega} A^n P(A)$	$\langle x^n \rangle = \int_{\Omega} x^n \rho(x)\, dx$
Variança		$\sigma^2 = \langle (x - \langle x \rangle)^2 \rangle = \langle x^2 \rangle - \langle x \rangle^2$

Termodinàmica i Mecànica estadística

1.2. Funció característica

A partir d'aquest apartat treballarem amb les variables contínues. La *funció característica* d'una variable contínua o una distribució de probabilitat, la **def**inim com la funció de variable real que pren valors complexes, que ens permet l'aplicació de mètodes analítics en l'estudi de la probabilitat. L'expressió que defineix o determina la funció característica és:

$$\langle e^{i\omega x}\rangle = \int_\Omega e^{i\omega x}\rho(x)dx$$

Si, $\Omega \in \mathbb{R}$ podem relacionar-la amb una *Transformada de Fourier* de $\rho(x)$ de la manera següent:

$$\langle e^{i\omega x}\rangle = \int_\Omega e^{i\omega x}\rho(x)dx = \int\left(1+i\omega x+\frac{1}{2}(i\omega x)^2+\frac{1}{3}(i\omega x)^3...\right)=$$

$$=1+i\omega\langle x\rangle+\frac{1}{2}(i\omega)^2\langle x^2\rangle+\frac{1}{3}(i\omega)^3\langle x^3\rangle+...$$

és a dir: $\left(\dfrac{1}{(i\omega)^n}\dfrac{d^n\langle e^{i\omega x}\rangle}{d\omega^n}\right)_{\omega=0}=\langle x^n\rangle$. Si ara desenvolupem això per Taylor:

$$\langle e^{i\omega x}\rangle = \sum_{j=0}^{\infty}\frac{(i\omega x)^j}{j!}\rho(x)dx$$

Amb els següents resultats (només presentem per n = 0 i per n = 1 per agafar la idea principal per a l'equació final):

$$\langle e^{i\omega x}\rangle_{\omega=0}=\int_\mathbb{R}\rho(x)dx=1 \quad ; \quad \frac{\partial\langle e^{i\omega x}\rangle}{\partial\omega}|_{\omega=0}=\int_\mathbb{R}ix\rho(x)dx=i\langle x\rangle$$

n = 0   **n = 1**

Finalment, podem presentar:

$$\boxed{\langle x^n\rangle = i^n\frac{\partial^n\langle e^{i\omega x}\rangle}{\partial x^n}|_{\omega=0}}$$

Termodinàmica i Mecànica estadística

La relació que existeix entre l'apartat 1.1 i aquest 1.2 i les variables amb la probabilitat, ho trobem a la següent relació d'equivalències:

Informació de la funció característica	$\rightarrow$	*Informació de moments*	$\rightarrow$	*Informació de probabilitat*
$\langle e^{i\omega x} \rangle$	$\leftarrow$	$\langle x^n \rangle$	$\leftarrow$	$\rho(x)$

1.3. Transformació de variables

Si ara continuem amb l'estudi de les variables que fem servir per a estudiar la probabilitat; podem transformar-les per obtenir una distribució de probabilitat que ens defineixi el nostre sistema en referència a aquestes variables.

Donat $y=g(x)$ en què coneixem $\rho(x)$ (*distribució de probabilitat de x*), podem definir que si **existeix** i és **derivable** $g^{-1}(y)$; aleshores $x=g^{-1}(y)$ i per tant, podem definir $\rho(y)=\rho(g^{-1}(y))\left|\dfrac{\partial g^{-1}(y)}{\partial y}\right|$.

Un exemple és la distribució de probabilitat de velocitats de les partícules en un fluid. En aquest cas la distribució de probabilitats de velocitats de les partícules és una *Gaussiana*, de l'estil $\rho(v) = A\, e^{-\gamma(v-\langle v \rangle)^2}$.

Quina seria la distribució de probabilitat de les energies cinètiques en un gas?

L'energia cinètica en general ve determinada per $T=\dfrac{1}{2}mv^2$. Observem que l'energia cinètica ens la donen amb la lletra **T**; de fet en el llibre de mecànica clàssica o el d'electromagnetisme, així les he presentades. Ja ho aniré recordant quan sorti, però en termodinàmica farem servir la variable E_{cin} per no confondre'ns amb la temperatura a simple vista.

Aleshores $E_{cin}=\frac{1}{2}mv^2$, per tant:

$$\rho(E_c)=\rho\left(v=\sqrt{\frac{2E_c}{m}}\right)\frac{\partial}{\partial E_c}\left(\sqrt{\frac{2E_c}{m}}\right)=A\,e^{-\gamma\left(\sqrt{\frac{2E_c}{m}}-\langle v\rangle\right)^2}\frac{1}{\sqrt{2mE_{cin}}}$$

1.4. Distribucions de probabilitat típiques

En aquest apartat, veurem algunes de les distribucions de probabilitats típiques. Les definirem i us facilitarem la fórmula, tot i que no ens endinsarem gaire en aspectes concrets de totes.

Distribució binomial

La distribució binomial és el cas de distribució de probabilitat més senzill. És coneguda també com la distribucio de *Bernoulli*. Aquesta distribució està relacionada amb experiments que només poden tenir **dos resultats**, diguem o be *A* o bé *B*. Si relacionem *p* amb la probabilitat d'obtenir *A* i *q* a la de *B*, condicionem a què *p* + *q* = **1**. Aleshores, la distribució binomial ens indica la probabilitat d'obtenir **k-vegades** el resultat *A* en repetir l'experiment *n* vegades. Desenvolupant per *Newton* tenim:

$$B(k;n,p)=\binom{n}{k}p^k q^{n-k}=\frac{n!}{k!(n-k)!}p^k(1-p)^{n-k}$$

Distribució de *Poisson*

La distribució de *Poisson* constitueix el límit de la distribució binomial quan el nombre de vegades *n* que es repeteix en l'experiment, és molt gran i la probabilitat *q* de que succeeixi individualment allò que volem mesurar sigui molt petita. Si imposem el límit quan *n* **tendeix a infinit** i quan *p* **tendeix a zero**, obtenim el paràmetre μ com el producte de *pn*, una indeterminació que farem finita. Si fem el límit i l'apliquem a la distribució binomial, tenim:

$$P(k,np)=P(k,\mu)=\frac{(np)^k}{k!}e^{-np}=\frac{\mu^k}{k!}e^{-\mu}$$

Termodinàmica i Mecànica estadística

Distribució de *Gauss*

La distribució de *Gauss* és el límit de la distribució binomial quan aquesta esdevé contínua. És per això que nosaltres només farem servir a partir d'aquesta distribució, ja que amb variables discretes ja no treballarem amb deteniment. La distribució de *Gauss*, pren tots els possibles valors de x que pertanyen al conjunt dels reals i la separació entre dos valors, ja no seran valors consecutius, sinó que infinitesimals (el valor de l'increment tendeix a zero). Quan tenim que n tendeix a infinit, treballem en l'interval de $[0,\infty)$ i la probabilitat p d'obtenir un valor de x no és ni propera a 0 ni a 1 (és al voltant de ½). Aleshores, la distribució de *Gauss*, anomenada també com distribució normal o distribució d'error, pren el valor de:

$$\rho(x)=\frac{1}{\sqrt{2\pi\sigma^2}}e^{-\frac{(x-\langle x\rangle)^2}{2\sigma^2}}$$

Distribució Exponencial

La distribució exponencial és un cas particular de distribució "gamma" amb $k = 1$. Ja hem vist a la definició prèvia de Gaussiana que la gamma és el valor que ens dóna la informació de la quantitat que acompanya la variança en l'exponent. A més a més, la suma de variables aleatòries que siguin una mateixa distribució exponencial es una variable aleatòria expressable en termes de la distribució gamma.

Segons el valor de x agafa una expressió o altra

$$\rho(x)=\lambda e^{-\lambda x} \quad \text{amb} \quad x\geq 0 \quad ; \quad \rho(x)=\frac{\lambda}{2}e^{-\lambda|x|} \quad \text{amb} \quad x\in\mathbb{R}$$

Distribució Delta de *Dirac*

Si tenim una densitat de probabilitat d'una variable i reduïm a la meitat la el nombre de variables, la densitat puja el doble i així, successivament. D'aquesta manera definim la distribució delta de *Dirac*.

Per arribar al valor de la delta de Dirac, hem d'anar fent per a valors petits de n i trobar una manera generalitzada per definir, des d'una distribució secundària de la densitat fins que trobem el valor general per a qualsevol distribució de variables.

Aquest valor general és:

$$\rho(x)=\delta(x-x_0) \qquad \begin{matrix} \to \infty & |x-x_0| \leq \frac{1}{\infty} & ; & x = x_0 \\ \\ \to 0 & |x-x_0| > \frac{1}{\infty} & ; & x \neq x_0 \end{matrix}$$

A més a més, compleix les propietats següents:

$$\int_{-\infty}^{\infty} \delta(x-x_0)\,dx = 1 \qquad\qquad \int_{-\infty}^{\infty} f(x)\delta(x-x_0)\,dx = f(x_0)$$

1.5. Teorema de Bayes. Fórmula d'Stirling

El teorema de *Bayes* ens expressa la probabilitat condicional d'un esdeveniment aleatòri x_1 donat x_2 en termes de la distribució de probabilitat condicional de l'esdeveniment x_2 donat x_1 i la distribució de probabilitat "marginal" de només x_1.

En termes més generals, ens relaciona la probabilitat de x_1 donat x_2 amb la probabilitat de la alterna. En altres paraules, coneixent la probabilitat que els carrers estiguin molls donat que ha plogut. Això ens presenta l'íntima vinculació amb la comprensió de la probabilitat d'aspectes casuals donats efectes observats. En expressions matemàtiques tindríem:

$$\rho(x_1,x_2)=\rho(x_2)\rho(x_1|x_2) \quad \to \quad \rho(x_1|x_2)=\frac{\rho(x_1,x_2)}{\rho(x_2)}$$

Aleshores, les variables x_1 i x_2 són independents si:

$$\rho(x_1|x_2)=\rho(x_1) \to \text{Th. Bayes} \to \rho(x_1,x_2)=\rho(x_1)\rho(x_2)$$

Termodinàmica i Mecànica estadística

A continuació presentarem la fórmula d'*Stirling* sense demostració, només presentant l'equació:

$\ln N! = \ln(1) + \ln(2) + \ln(3) + \ldots \ln(N)$, aleshores per sumes de *Riemann*:

$$\ln N! \approx \int_1^N \ln N \, dN = N \ln N - N \big|_1^N =$$

$$\boxed{= N \ln N - N + 1 \approx N(\ln N - N)}$$

1.6. Integrals útils

A continuació presentarem algunes de les integrals més habituals que ens trobarem al llarg d'aquest volum de *Termodinàmica i Mecànica estadística*.

1.6.1. La integral factorial

Aquesta integral ens ve definida per: $\boxed{n! = \int_0^\infty x^n e^{-x} \, dx}$

En aquests tipus d'integrals, ens podem trobar el cas de la ***funció gamma*** en que ens ve definida per $\Gamma(n) = (n-1)!$ → $\boxed{\Gamma(n) = \int_0^\infty x^{n-1} e^{-x} \, dx}$.

Un altre valor d'aquesta funció que s'utilitza generalment és la següent:

$$\boxed{\Gamma(z) = (z+1) = z\,\Gamma(z)}$$

1.6.2. La integral *Gaussiana*

La integral *Gaussiana* és una de les més habituals a termodinàmica i en la física estadística. La funció *Gaussiana* ve determinada per a forma $e^{-\alpha x^2}$ i la seva representació gràfica, és la de la pàgina següent :

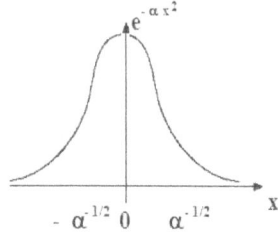

La integral d'aquesta funció ens vindrà determinada per:

$$\int_{-\infty}^{\infty} e^{-\alpha x^2}\, dx = \sqrt{\frac{\pi}{\alpha}}$$

Altres tipus d'integrals *Gaussianes* són les següents:

$$\int_{-\infty}^{\infty} x^2 e^{-\alpha x^2}\, dx = \frac{1}{2}\sqrt{\frac{\pi}{\alpha^3}} \quad ; \quad \int_{-\infty}^{\infty} x^4 e^{-\alpha x^2}\, dx = \frac{3}{4}\sqrt{\frac{\pi}{\alpha^5}}$$

També podem disposar d'una fórmula general en què:

$$\int_{-\infty}^{\infty} x^{2n} e^{-\alpha x^2}\, dx = \frac{(2n)!}{n!\, 2^{2n}}\sqrt{\frac{\pi}{\alpha^{2n+1}}} \quad ; \quad \int_{0}^{\infty} x^{2n+1} e^{-\alpha x^2}\, dx = \frac{n!}{2\alpha^{n+1}}$$

sempre amb $n \geq 0$.

Finalment, presentem una altra expressió que s'utilitza molt al normalitzar la *Gaussiana*. Definint $\langle x \rangle = \mu$ i amb la variança $\langle (x - \langle x \rangle)^2 \rangle = \sigma^2$, tenim:

$$\frac{1}{\sqrt{2\pi\sigma^2}} e^{-\frac{(x-\mu)^2}{2\sigma^2}}$$

i, al normalitzar, aquesta integral és la **unitat**.

1.6.3. Volum d'una hiperesfera

Per acabar, presentem el volum d'una hiperesfera en N dimensions i radi r:

$$V_N = \frac{\pi^{\frac{N}{2}} r^N}{\Gamma\left(\frac{N}{2}+1\right)}$$

Termodinàmica i Mecànica estadística

1.7. Definició gas ideal. Llei del gas ideal

Def: Definim *gas ideal* com un gas teòric compost per un conjunt de partícules puntuals amb desplaçament aleatori que no interactuen entre sí.

Si comprimim un gas mantenint la seva temperatura constant, la pressió creix; de la mateixa manera que si el gas s'expandeix a temperatura constant, la pressió decreix. Si fem una aproximació, el producte de la pressió pel volum d'un gas de baixa densitat a temperatura constant, és **constant**. Aquesta llei es coneix com la *Llei de Boyle* i ve descrita així:

$$\boxed{PV = \text{cnt}} \quad \textit{(a temperatura constant)}$$
<u>*Llei de Boyle*</u>

Més tard, es va trobar que la temperatura absoluta d'un gas ideal de baixa densitat és proporcional a la seva pressió a volum constant. Per tant, la temperatura absoluta d'un gas ideal de baixa densitat també serà proporcional al seu volum a pressió constant.

Aquesta llei experimental, va ser descoberta per *Jacques Charles* i *Gay-Lussac* i la podem formular de la següent manera:

$$\boxed{PV = CT}$$

amb C *com a constant de proporcionalitat.*

Aquesta constant de proporcionalitat, es troba amb experiments que ha de complir el producte d'una constant pel nombre N de molècules de gas. Aquesta constant la definim com la ***constant de Boltzmann*** amb valor:

$$k_B = 1.381 \cdot 10^{-23} \frac{J}{K}$$

Per tant, l'equació ens quedarà com: $\boxed{PV = N k_B T}$.

La quantitat determinada d'un gas, normalment s'expressa en mols. Un ***mol*** d'una substància ens ve definit per la quantitat de la mateixa que conté el número d'*Avogadro* d'àtoms o molècules[1]. Aleshores, si tenim n mols d'una substància, el

---

1   Recordar que el nombre d'*Avogadro* és $N_A = 6.022 \cdot 10^{23}$

nombre de molècules serà:

$$N = n N_A$$

Definim la *constant universal dels gasos* com: $R = N_A k_B = 8.314 \dfrac{J}{mol \cdot K}$.

Per tant, finalment obtenim la llei dels gasos ideals:

$$PV = nRT$$
<u>Llei dels gasos ideals</u>

Molts d'aquests conceptes els anirem veient en els capítols següents.

Termodinàmica i Mecànica estadística

Termodinàmica i Mecànica estadística

II

Mecànica estadística
i
Termodinàmica

Termodinàmica i Mecànica estadística

A la primera part d'aquest segon volum, concretament aquest primer capítol; treballarem amb la mecànica estadística per definir paràmetres i conceptes que ens seran útils per a la comprensió dels conceptes de la termodinàmica.

Hem de començar a veure els conceptes de magnituds i l'estudi de sistemes des d'un punt de vista més general que els clàssics de sistemes en aproximacions amb centre de masses a un punt i això, ho aconseguim amb la definició dels estats d'un sistema, amb variables extensives i intensives i amb equacions d'estat.

Les **equacions d'estat**, són les que ens defineixen el procés elemental que haurem de fer servir per a ressoldre els problemes i estudiar a fons la termodinàmica a partir d'elles. Per trobar aquestes equacions, la manera més adequada o apropiada, és la *Mecànica estadística*, ja que és l'objectiu principal d'aquesta branca.

Per altra banda, l'objectiu de la termodinàmica és imposar restriccions a les equacions d'estat.

Treballem ara els estats d'un sistema, presentant la mecànica estadística, que serà la nostra base fonamental per a poder anar edificant els conceptes més importants de la termodinàmica i construir una estructura que finalment ens relacionarà el món microscòpic amb el macroscòpic a través de la termodinàmica per pasar d'un sistema concret a un sistema contínu amb gran detall.

A més a més parlarem i definirem els tres nivells d'informació a termodinàmica a la seva secció corresponent.

Termodinàmica i Mecànica estadística

Tema 2.- Descripció de sistemes microscòpics

2.1. Estats d'un sistema. Microstats i macrostats.

Podem estudiar un sistema de dues maneres diferents: ***microscòpica*** o ***macroscòpicament*** (moltes partícules). Fer el pas de magnituds macroscòpiques ($V, L, T, M, ...$) a les magnituds microscòpiques ($N, ...$) és fàcil, però el procés invers ens resulta molt complicat.
Veure que és complicat és molt fàcil. Microscòpicament tenim de l'ordre de 10^{24} molècules, cosa que ho fa gairebé impossible estudiar el sistema. Per poder fer un estudi més simple d'un sistema microscòpic hem de recórrer a l'estadística i tenir coneixement del *Hamiltonià* **H** ($\vec{q}, \vec{p}$). Normalment treballem en *3 N* dimensions, que tant pels vectors *q*, com pels vectors *p*, faran un total de *f = 6 N* **variables** amb un total de *3 N* **graus de llibertat**. En el cas general més típic, amb *6 N* variables per a cada partícula, estem parlant d'un total de $6 \cdot 10^{24}$ variables. Sense l'ajuda de l'estadística no podem treballar amb tantes variables. Quan unim el *sistema* amb totes les variables, podrem treballar amb una magnitud (*funció de partició*) i treballar macroscòpicament (*les mesures macroscòpiques com la pressió, el volum, la temperatura, la longitud, la imantació...*). D'aquesta manera, reduïm considerablement les variables a estudiar i aquestes han de ser mesurables experimentalment, ja que és un requisit macroscòpic i postulat termodinàmic. No són independents aquestes variables, venen determinades pel **PRINCIPI O LLEI ZERO:** *Existeix una relació funcional amb les magnituds que relacionen un estat macroscòpic. Aquestes relacions funcionals s'anomenen <u>equacions d'estat</u>.* (*a nivell microscòpic tenim el Hamiltonià*).

Aleshores, com en un estat macroscòpic tenim un número petit de variables i en el microscòpic molt gran, per fer una aproximació per avaluar l'estat al valor mig, és més factible i correcta quantes més partícules hi hagin. És més fiable quan tenim més partícules a avaluar.

De totes maneres, només trobaríem un valor mig, sense donar importància a les fluctuacions que pugui produir el sistema.

Els tipus de variables que podem treballar, en equilibri macroscòpic, termodinàmicament són dues:

- **Variables extensives:** Són variables en que la suma del valor de cada subsistema és el valor total del sistema. Un exemple, seria el volum d'un

Termodinàmica i Mecànica estadística

quadrat és igual que la suma de tots els volums dels 100 quadradets petits que poden formar-lo. És a dir, en termes més matemàtics:

$$V=\sum_{i=1}^{m} V_i \quad ; \quad N=\sum_{i=1}^{m} N_i \quad ; \quad U=\sum_{i=1}^{m} U_i$$

- **Variables intensives:** Són les variables que el valor de cada subsistema és el mateix que el del sistema. Aleshores, com a l'equilibri macroscòpic la temperatura és la mateixa per a tots els subsistemes com per al conjunt total seria un bon exemple. És una magnitud que es manté constant i té un valor igual en tot un sistema (i subsistemes) quan està en equilibri, ja que no hi ha transport de calor. Això ho veurem al següent capítol, ja a la part de la termodinàmica. Per tant:

$$T=T_i \quad ; \quad P=P_i$$
*Per qualsevol valor de **i***

Aleshores, ens falta per definir dos conceptes que estem parlant d'ells i que són essencials en la mecànica estadística:

Microstat: Està definit unívocament pels valors de les $\vec{p}$ i les $\vec{q}$ del sistema de partícules, és a dir, pel *Hamiltonià*. El sistema, microscòpicament, conté **tota** la informació dinàmica i és cadascún de tots els estats microscòpics del sistema. A més a més, podem fer la descripció en l'espai de fases Γ format per $\vec{q}$ i $\vec{p}$. Si coneixem el valor de $\vec{q}$ i $\vec{p}$ de tot el sistema, coneixem un microstat.

Això ens ho determina una funció definida com la densitat de probabilitat. Tal i com la teníem definida en el primer tema de probabilitat i estadística, tenim:

$$\rho(\vec{q},\vec{p}) \quad ; \quad \int \rho(\vec{q},\vec{p}) \, d\vec{p} \, d\vec{q} = 1 \text{ ; en què } d\vec{p}\,d\vec{q} = \prod_{i=1}^{3N} dp_i \, dq_i$$

Si tenim el microstat $H(\vec{q},\vec{p})$ i un macrostat E; tenim $E = \langle H(\vec{q},\vec{p}) \rangle$ és a dir, el valor d'un macrostat, és el valor mig d'un microstat. Aleshores:

$$E = \langle H(\vec{q},\vec{p}) \rangle = \int_{\Gamma} \rho(\vec{q},\vec{p}) H(\vec{q},\vec{p}) d\vec{q}\,d\vec{p}$$

Termodinàmica i Mecànica estadística

Entre els microstats i els macrostats tenim relacionadors com les *funcions característiques* que contenen informació del sistema.

Macrostat: És cadascun dels estats d'equilibri del sistema, compatible amb tots els microstats del sistema. Està caracteritzat per unes variables (*magnituds*) macroscòpiques (*magnituds físiques*) determinades. El sistema, macroscòpicament, conté, però no tota, la informació termodinàmica. Podem tenir molts microstats, però no sempre seran tots igual de probables. Per a resoldre aquest inconvenient, tenim la funció de densitat de probabilitat per a cada microstat, però aquesta densitat de probabilitat ha d'estar normalitzada. Microscòpicament, treballaríem amb les magnituds q i p del *Hamiltonià*, ja que no podem mesurar-los experimentalment com en les variables d'un macrostat amb aparells de mesura. Si trobem els valors de p i q, definiríem el microstat. Per tant les magnituds $T, P, V, N;$ són magnituds fixes en cada macrostat.

Acabant amb la definició d'un macrostat, farem una introducció per acabar d'explicar la funció de densitat de probabilitat:

PRIMER POSTULAT DE LA MECÀNICA ESTADÍSTICA

"Els valors de les magnituds macroscòpiques s'obtenen a partir dels valors mitjans sobre els possibles microstats".

Per tant, per saber el promig d'una funció A sobre una col·lectivitat, ho farem promitjant $\rho(\vec{q},\vec{p})$ i $A(\vec{q},\vec{p})$, que és el que havíem introduït amb el microstat:

$$\boxed{\langle A \rangle = \int A(\vec{q},\vec{p})\rho(\vec{q},\vec{p})\,d\vec{q}\,d\vec{p}}$$

Amb les fluctuacions corresponents a la desviavió estàndard de la funció:

$$\sigma^2 = \langle A^2 \rangle - \langle A \rangle^2 \quad \boxed{\sigma = \sqrt{\langle A^2 \rangle - \langle A \rangle^2}}$$

Els sistemes que habitualment estudiarem però, són **sistemes ergòdics**. Aquests sistemes els **def**inim com els què en el promig sobre la col·lectivitat i sobre el temps coincideixen, per tant $\langle A \rangle_{col \cdot lect} = \langle A \rangle_t$. A més a més, l'energia del sistema ens determina la forma de la hipersuperfície de l'espai de fases.

Termodinàmica i Mecànica estadística

2.2. Col·lectivitats

Si estudiem l'estat microscòpic, tenim les variables $\vec{p}$ i $\vec{p}_i$, en què cada un dels vectors té *3 N* dimensions. Si coneixem totes les variables $\vec{p}_i$ i $\vec{q}_i$, hi ha una densitat de probabilitat $\rho(\vec{q}, \vec{p})$. Tenim molts estats microscòpics que corresponen a un únic estat macroscòpic. Una altra manera de dir-ho és que tot i que microscòpicament s'estan produïnt canvis, l'estat macroscòpic no varia. Aquesta manera de visualitzar-ho és el que nosaltres anomenem a la idea de *col·lectivitat*. Els tipus de col·lectivitats que estudiarem en són tres en aquest llibre.

- **Col·lectivitat microcanònica:** És un sistema que no està sotmés a fluctuacions i, per tant, estudia sistemes aïllats (*E, V, N*), és a dir, que té fixades aquestes variables macroscòpiques.

- **Col·lectivitat canònica:** Aquesta col·lectivitat ja requereix introduir un valor mig i les seves corresponents fluctuacions. Estudia sistemes que estan en **contacte** (*equilibri*) amb una font tèrmica, en altres paraules, a una temperatura *T* fixada. El caracteritzen variables com *T, N* i *V*.

- **Col·lectivitat macrocanònica:** El sistema té fixades la temperatura i el potencial químic. Estudia sistemes que estan en **contacte** (*equilibri*) amb una font tèrmica i amb una **font de partícules**, que serà un intercanvi de matèria per mantenir el potencial químic en equilibri. Les variables característiques seran *T,* μ i *V*.

L'objectiu principal és trobar les equacions d'estat!

2.3. Col·lectiu microcanònic

En aquests col·lectius, tal com els hem definit a l'apartat anterior, està completament aïllat. A més a més, $\{E, V, N\}$ ~> **cnt** perquè són les magnituds que es conserven i que caracteritzen els macrostats del sistema. Aquí introduirem

Termodinàmica i Mecànica estadística

un altre postulat important:

SEGON POSTULAT DE LA MECÀNICA ESTADÍSTICA
Postulat d'igualtat de probabilitat

"Per tot sistema aïllat, tots els microstats són igualment de probables".

Aleshores, la nostra densitat de probabilitat vindrà determinada per una funció $\rho(\vec{q},\vec{p})=\dfrac{1}{\Omega(E)}$ si la nostra funció de l'energia ve determinada per $E=H(\vec{q},\vec{p})$. La probabilitat que diferents estats microscòpics corresponguin a un únic estat macroscòpic és:

$$\rho(\vec{q},\vec{p})=0 \leftrightarrow H\neq E$$
$$\rho(\vec{q},\vec{p})=\dfrac{1}{\Omega(E,V,N)}\leftrightarrow E\leq H\leq E+dE \quad \rightarrow \quad \boxed{\rho(\vec{q},\vec{p})=\dfrac{1}{\Omega(E,V,N)}\delta(E-H(\vec{q},\vec{p}))}$$

En què $\Omega(E,V,N)$ la definim com el nombre de microstats. En l'apartat *1.1*, hem vist que la densitat de probabilitat està normalitzada i, per definició, tenim que $\Omega(E,V,N)=\dfrac{1}{h^{3N}}\int_\Gamma d\vec{q}d\vec{p}\,\delta(E-H(\vec{q},\vec{p}))$. Això ho veiem amb el diferencial de volum en l'espai de fase: $\dfrac{d\vec{q}d\vec{p}}{h^{3N}}$; per tant, $\int \rho(\vec{q},\vec{p})\dfrac{d\vec{q}d\vec{p}}{h^{3N}}=1$ que ens dona, $0\leq H(\vec{q},\vec{p})\leq E$ ja arribem a l'expressió que teníem al principi.

Si ara fem servir la relació que tenim del col·lectiu microcanònic $\Omega(E,V,N)=\left(\dfrac{\partial \Gamma(E,V,N)}{\partial E}\right)_{V,N}$ (*nombre de microstats*), tenim:

$$\Gamma(E,V,N)=\int_0^E \Omega(E',V,N)dE'=\dfrac{1}{h^{3N}}\int_0^E dE'\int d\vec{q}d\vec{p}\,\delta(H-E')=$$
$$=\dfrac{1}{h^{3N}}\int d\vec{q}d\vec{p}\int_0^E dE'\delta(H-E')$$ en què tenim dos resultats segons les dues solucions per la segona integral:

1) Si $H\leq E$ **és** *1* que ens determina l'interior de la superfície o el **volum fàsic** o tancat per l'hipersuperfície d'interior $H(\vec{q},\vec{p})=E$.

2) Si **no** compleix $0\leq H(\vec{q},\vec{p})\leq E$ la integral ens dóna zero.

2.4. Aplicació al gas ideal

Si tenim un gas ideal, aïllat i d'N partícules, podem determinar el seu hamiltonià com:

$$H = \frac{1}{2m}\sum_{i=1}^{N}\vec{p_i^2} = \frac{1}{2m}\sum_{i=1}^{N}p_i^2 \geq 0$$

L'energia mínima E_0 del gas la podem deduir quan tot està quiet, que aleshores serà $E_0 = 0$.

La segona part del *Hamiltonià*, ens hem avançat al què anàvem a explicar ara, al tenir un gas ideal i tal i com li correspon el seu *hamiltonià*, podem expressar les components del vector p com un sumatori fins a n-vegades. És a dir, vectorialment, com una hipersuperfície $\sum_{i=1}^{3N} p_i^2 \leq 2mE$ o bé, com ho havíem plantejat en primer lloc: $\sum_{i=1}^{N}\vec{p_i^2} \leq 2mE = R^2$. Aleshores, geomètricament, podem intuir que correspon a l'interior d'una hipersfera en un espai de 3N dimensions i amb radi $\sqrt{2mE} = R$.

Aleshores, hauríem de considerar el volum que recórren cadascuna de les partícules (de 1 fins a N) i avaluar la seva integral. Per sort, el volum que ens comporta a la hiperesfera de *N-dimensions* i radi *R*, és:

$$V = \frac{\sqrt{\pi^N}}{\Gamma\left(\frac{n}{2}+1\right)} R^N$$

A més a més, sabem que la relació amb les q i p del sistema, venen determinades per:

$$\chi(E, V, N) = \frac{1}{h^{3N}} \int d\vec{q} \int d\vec{p}$$

en què com hem vist abans, la integral que fa referència a la q, és la del volum

Termodinàmica i Mecànica estadística

d'una hiperesfera de *N-dimensions* i radi *R*. Per tant, finalment obtenim:

$$\chi(E,V,N)=\frac{1}{h^{3N}}V^N\frac{\pi^{\frac{3N}{2}}}{\Gamma\left(\frac{3N}{2}+1\right)}(2mE)^{\frac{3N}{2}}$$

També ho podem trobar expressat com $\Gamma(E,V,N)=\frac{V^N}{h^{3N}}\frac{\pi^{\frac{3N}{2}}}{\left(\frac{3N}{2}\right)!}(2mE)^{\frac{3N}{2}}$ o

bé: $\Gamma(E,V,N)=\frac{V^N}{h^{3N}}C(2mE)^{\frac{3N}{2}}$ amb **C** com a constant.

2.5. Sistema de dos estats amb N partícules

En principi hem definit i considerarem les $\vec{p}$ i les $\vec{q}$ com variables contínues per a tenir $H(\vec{q},\vec{p})$ com una funció constant, ja què si anèssim a la *Mecànica Quàntica,* hem d'avaluar sistemes amb energia discreta o sistemes amb nivells d'energia, estudiant aquests nivells energètics microcanònicament amb combinatòria; tot i què és més complex, ja què s'ha de considerar quins tipus de partícules són.
En aquest cas en particular, estudiarem els sistemes de dos estats (o dos nivells) amb *N* partícules per determinar el nombre de microstats Ω .

Primer haurem de saber el macrostat per saber els microstats dins el col·lectiu microcanònic.

Macrostat: *E* , *N*: El volum en aquest cas no el considerem, ja què les partícules no es mouen en cap volum, sinó que aquestes resten en diferents nivells d'energia. Poden canviar de nivells, però només tindràn un canvi d'energia, **no** d'espai.

Termodinàmica i Mecànica estadística

Microstats:

$$\underline{\qquad N_2 \qquad} \quad \varepsilon_2 \qquad N_1 + N_2 = N$$

$$\underline{\qquad N_1 \qquad} \quad \varepsilon_1 \qquad N_1\varepsilon_1 + N_2\varepsilon_2 = E$$

Ressolent el sistema podem trobar els valors de N_1 i N_2.

Si ara ho treballem combinativament, és fàcil deduir:

$$\Omega(E,N) = \frac{N!}{N_2!N_1!}$$

Si tornem a considerar el gas ideal en un volum i permutem dues partícules, tenim *N!* combinacions.

Les partícules es poden diferenciar entre *distingibles* i *indistingibles* quan tractem amb partícules **idèntiques**.

Les partícules *distingibles* les definim com partícules localitzades i a les *indistingibles* com partícules no localitzables (partícules en interacció).

Per tant, si les partícules són idèntiques i indistingibles, a l'hora de calcular el nombre de microstats, aquest **no** es modifiquen quan canviem de posició dues partícules entre sí; mentre que si podem distingir-les, les partícules **sí** que varia el nombre de microstats. El conjunt de permutacions que es poden fer és *N!* Tal i com havíem predit abans. Haurem de tenir això quan calculem el volum fàsic per eliminar els estats idèntics dividint per *N!*.

Abans però de continuar amb l'expressió per al volum fàsic, cal tenir en compte un altre concepte de correcció. El de indistingibilitat de les partícules, correspon a una correcció en el càlcul dels microstats en un model clàssic i, per tant, que treballem amb el *hamiltonià*. Per tant, ens cal presentar encara la **correcció quàntica**. La *correcció quàntica* ens pregunta quin és el volum més petit que podem determinar en un sistema. Tenint en compte les $\vec{q}$ i les $\vec{p}$, que tal i com havíem definit en els primers apartats d'aquest tema, *f* és el nombre de graus de llibertat. Per a un espai tridimensional de *N* partícules, *f = 6N* (*3N graus de llibertat per les* $\vec{q}$ *i 3N graus de llibertat per les* $\vec{p}$).

Aquest volum ve determinat per: $\Delta\vec{q}\Delta\vec{p} \geq h^{f/2}$.

Termodinàmica i Mecànica estadística

Per tant, ens caldrà dividir el nombre de microstats per h^{3N}. Aleshores en general tindrem:

$$\Gamma(E,V,N) = \frac{1}{h^{f/2}} \int\limits_{0 \leq H \leq E} d\vec{q}\, d\vec{p}$$

Ara, si ajuntem la correcció d'un qüocient de $N\,!$ a la contribució de la indistingibilitat i li afegim aquesta modificació a la correcció quàntica, obtenim:

$$\Gamma(E,V,N) = \frac{1}{h^{f/2} N!} \int\limits_{0 \leq H \leq E} d\vec{q}\, d\vec{p}$$

Termodinàmica i Mecànica estadística

Termodinàmica i Mecànica estadística

Tema 3.- Principis de la termodinàmica

L'objectiu principal que anirem treballant al tema següent, és passar de la mecànica estadística (*estats microscòpics*) a la termodinàmica (*estats macroscòpics*). A més a més estudiarem i deduirem els principis de la termodinàmica i presentarem els nivells d'informació del sistema.

Finalment, a mesura que anem treballant i deduïnt els principis i les lleis més fonamentals; anirem presentant operadors i equacions molt útils per a comprendre a fons un sistema termodinàmic.

3.1. Equacions d'estat. Coeficients termodinàmics

El primer concepte que hem d'introduir per a l'estudi de sistemes termodinàmics són les **equacions d'estat**.

Def: Definim *equació d'estat* a la relació funcional entre les variables d'estat d'un sistema, tal què si aquestes variables per exemple són $P, T, V, N, ...$ i $\Phi(P, T, V, N, ...)$ és funció d'estat d'un fluid; ha de complir:

$$\Phi(P, T, V, N, ...) = 0$$

La termodinàmica ens garanteix l'existència de la funci $\Phi(P, T, V, N, ...)$ i que aquesta és igual a zero.

Aleshores, enunciem el **PRINCIPI ZERO DE LA TERMODINÀMICA** com la llei termodinàmica que ens garanteix que quan els sistemes estan en equilibri, tenen una relació de lligams entre les seves magnituds anomenada l'equació d'estat.

Les variables característiques que estudiem d'un sistema, amb la funció que el defineix (equació d'estat) ens determinen quin tipus de sistema estem treballant i la informació (no tota) del sistema i com varia al llarg d'un procés i, per tant, conèixer el nostre sistema.

Habitualment, treballarem amb sistemes fluids (com ja hem vist, amb el gas ideal); així doncs, les equacions d'estat per un sistema fluid amb les variables del

Termodinàmica i Mecànica estadística

sistema les definim a continuació:

- $\Phi(P, T, V, N) = 0$ s'anomena **Equació tèrmica d'estat**. Observem que en aquesta equació d'estat no apareix l'energia.

- $\varphi(U, T, V, N) = 0$ s'anomena **Equació calòrica d'estat**. Que en aquesta si que apareix l'energia U (Energia interna)

Hi han alguns paràmetres que encara no estan del tot clars, però que els veurem al llarg d'aquest tema. Pel que fa les equacions d'estat, les hem presentat, però la seva deducció la deixem per més endavant.

En sistemes que no siguin fluids, hem de canviar les variables del sistema.
Per exemple, si estem estudiant un sistema magnètic, la variable de la pressió P l'haurem de canviar per la variable de la intensitat de camp magnètic $\vec{H}$ i enlloc del volum V, tindríem la imantació $\vec{M}$. Aleshores, les equacions d'estat del sistema serien:

$$\Phi(H, T, M, N) \qquad \varphi(U, T, M, N)$$

Si ara ho féssim per un sistema elàstic, només hauríem de canviar P per la tensió τ i V per la longitud L. Aleshores, les equacions d'estat que tenim són:

$$\Phi(\tau, T, L, N) \qquad \varphi(U, T, L, N)$$

Si tornem amb els fluids, per un gas ideal l'equació tèrmica d'estat, que deduirem més endavant; és: $PV = nRT$ o també $PV = N k_{BT}$. Com hem dit quan hem introduït les equacions d'estat, la tèrmica no ens proporciona informació de l'energia o del treball del sistema, però és l'equació calòrica la què si que ens donarà informació.
L'equació calòrica d'estat per un gas ideal és $U = C N R T$ amb C una constant que pel gas ideal monoatòmic prén el valor de *3/2*.

Com podem observar, l'equació calòrica depèn de l'estructura interna a causa dels graus de llibertat del sistema pel hamiltonià. Aleshores per poder definir les característiques d'un sistema, a part de les equacions d'estat ens anirà bé conèixer els **coeficients termodinàmics**.

Termodinàmica i Mecànica estadística

3.1.1. Coeficients termodinàmics (o *funcions resposta*)

Def: Són magnituds mesurables experimentalment que tenen a veure amb les variacions relatives mostrant-nos una relació amb les variables d'estat.

En el cas d'un fluid tancat (el nombre de partícules N no varia) tenim les variables P, T, V amb les què podem treballar realitzant variacions relatives $\frac{1}{a}\left(\frac{\partial a}{\partial b}\right)$, concretament, un total de tres combinacions. Per tant, les tres variacions relatives que tenim en un sistema, són els *coeficients termodinàmics* i són els següents:

- **Coeficient de dilatació tèrmica**

$$\boxed{\alpha = \frac{1}{V}\left(\frac{\partial V}{\partial T}\right)_P}$$

- **Coeficient de compressibilitat isoterm**

$$\boxed{k_T = -\frac{1}{V}\left(\frac{\partial V}{\partial P}\right)_T}$$

- **Coeficient piezomètric**

$$\boxed{\beta = \frac{1}{P}\left(\frac{\partial P}{\partial T}\right)_V}$$

Els coeficients termodinàmics per un fluid es poden estudiar empíricament o amb l'equació tèrmica d'estat.

Normalment, el coeficient de dilatació tèrmic α és **positiu**. Hi ha el cas de l'aigua o del bismut que és **negatiu** en certs valors de la temperatura.

El coeficient de compressibilitat isoterm k_T per a tots els sistemes estables és **positiu**; però quan un sistema canvia de fase, deixa de ser-ho.

Termodinàmica i Mecànica estadística

EX

Anem a veure un exemple amb l'equació tèrmica d'estat del gas ideal:

$PV = NRT$; aleshores, podem expressar les variables com:

$$V = \frac{NRT}{P} \quad ; \quad P = \frac{NRT}{V}$$

Per tant, els coeficients termodinàmics, els obtenim mitjançant les relacions anteriors de combinacions relatives:

$$\alpha = \frac{1}{V}\frac{NR}{P} = \frac{1}{T} \quad ; \quad k_T = \frac{1}{V}\frac{NRT}{P^2} = \frac{1}{P} \quad ; \quad \beta = \frac{1}{P}\frac{NR}{V} = \frac{1}{T}$$

Els tres coeficients però, no són independents entre ells, sinó que estan relacionats pel **Teorema de reciprocitat**:

$$\boxed{\left(\frac{\partial V}{\partial T}\right)_P \left(\frac{\partial P}{\partial V}\right)_T \left(\frac{\partial T}{\partial P}\right)_V = -1}$$

Anem a fer la demostració:

La pressió, el volum i la temperatura són funcions o equacions relacionades entre elles, així doncs, les podem expressar, com ja havíem fet a l'exemple; com:

$P = P(T,V)$; $V = V(T,P)$ Si considerem que el nombre de partícules és constant.

A continuació presentarem les derivades d'aquestes funcions:

$$dP = \left(\frac{\partial P}{\partial T}\right)_V dT + \left(\frac{\partial P}{\partial V}\right)_T dV \quad ; \quad dV = \left(\frac{\partial V}{\partial T}\right)_P dT + \left(\frac{\partial V}{\partial P}\right)_T dP$$

Ara anirem a relacionar les dues. Substituïm a l'expressió **dP** el valor de l'expressió **dV**. Per tant:

$$dP = \left(\frac{\partial P}{\partial T}\right)_V dT + \left(\frac{\partial P}{\partial V}\right)_T \left[\left(\frac{\partial V}{\partial T}\right)_P dT + \left(\frac{\partial V}{\partial P}\right)_T dP\right]$$

Termodinàmica i Mecànica estadística

Això ho podem transcriure ordenant els termes diferencials:

$$dP = \left(\left(\frac{\partial P}{\partial T}\right)_V + \left(\frac{\partial P}{\partial V}\right)_T \left(\frac{\partial V}{\partial T}\right)_P\right) dT + \left(\frac{\partial P}{\partial V}\right)_T \left(\frac{\partial V}{\partial P}\right)_T dP$$

Si ara passem a restar el **dP**, l'equació ens quedarà igualada a zero:

$$0 = \left(\left(\frac{\partial P}{\partial T}\right)_V + \left(\frac{\partial P}{\partial V}\right)_T \left(\frac{\partial V}{\partial T}\right)_P\right) dT + \left(\left(\frac{\partial P}{\partial V}\right)_T \left(\frac{\partial V}{\partial P}\right)_T - 1\right) dP$$

Observem que el terme de la dreta o el de **dP**, és zero ja que els termes de les parcials dona 1 ja que fem la parcial de **P** respecte **P**. Per tant, el terme de la dreta quedarà com $1 - 1$ que ja ens dóna zero.

Aleshores, per a què aquesta equació és compleixi, hem d'obligar i exigir que la part de l'esquerra o de **dT** sigui zero: $\left[\left(\frac{\partial P}{\partial T}\right)_V + \left(\frac{\partial P}{\partial V}\right)_T \left(\frac{\partial V}{\partial T}\right)_P\right] dT = 0 \rightarrow$

$$\boxed{\left(\frac{\partial V}{\partial T}\right)_P \left(\frac{\partial P}{\partial V}\right)_T \left(\frac{\partial T}{\partial P}\right)_V = -1}$$

Per fer-ho més correcte, les variables extensives, en el nostre cas V s'haurien d'expressar com a v ja que no considerem N.

Fem un estudi de relacions entre el **teorema de reciprocitat** *i els* **coeficients termodinàmics** *per trobar les relacions entre aquests últims*:

$$\left(\frac{\partial P}{\partial V}\right)_T = -\frac{1}{V k_T} \qquad \left(\frac{\partial V}{\partial T}\right)_P = \alpha V \qquad \left(\frac{\partial T}{\partial P}\right)_V = \frac{1}{P \beta}$$

Un cop trobades les parcials del teorema de reprocitat relacionades amb els coeficients, farem el producte i l'igualarem a -1 tal com ens indica el teorema:

$$\left(-\frac{1}{V k_T}\right)(\alpha V)\left(\frac{1}{P \beta}\right) = -1 \quad \text{si fem les simplificacions del volum i canviem el}$$

signe:

$$\boxed{\beta = \frac{\alpha}{P k_T}}$$

Termodinàmica i Mecànica estadística

Anem a veure un pas que hem fet abans. El fet de poder expressar les derivades de les variables respecte les variables de les què depèn i ho relacionarem amb els coeficients mitjançant les expressions amb el teorema de reciprocitat:

$$dV = \left(\frac{\partial V}{\partial T}\right)_P dT + \left(\frac{\partial V}{\partial P}\right)_T dP$$

finalment obtenim la forma diferencial de l'equació d'estat:

$$dV = \alpha V dT - k_T V dP$$

$$\boxed{\frac{dV}{V} = \alpha\, dT - k_T\, dP}$$

Per arribar a l'equació d'estat a partir dels coeficients termodinàmics ens caldrà integrar, però ens caldrà informació addicional de forma unívoca (constants d'integració *etc*). A més a més, hem d'exigir que sigui una forma diferencial exacta; que si recordem la definició de diferencial exacta és quan tenim una equació: $d\omega = M(x,y)dx + N(x,y)dy$, aleshores $d\omega$ és exacta **si i només si** es compleix que les derivades creuades siguin iguals:

$$\left(\frac{\partial M}{\partial y}\right)_x = \left(\frac{\partial N}{\partial x}\right)_y$$

Si tornem a l'equació d'estat diferencial, serà exacta si compleix:

$$\boxed{\left(\frac{\partial \alpha}{\partial P}\right)_T = -\left(\frac{\partial k_T}{\partial T}\right)_P}$$

Els camins d'integració o derivació per arribar dels coeficients termodinàmics a les equacions d'estat o a la inversa, els veurem més endavant a finals de tema i a principi del tema següent, introduïnt la funció o equació fonamental i parlant dels nivells d'informació.

Termodinàmica i Mecànica estadística

3.2. Treball

El treball, es pot **def**inir simplement dient que el treball és la força que ens cal per desplaçar un objecte. En aquest apartat treballarem el treball en un sistema termodinàmic. Per fer-ho, cal recordar que el treball mecànic infinitessimal el trobàvem a mecànica classica amb l'expressió: $đW = -\vec{F}\,d\vec{r}$. En dinàmica de fluids, en el llibre de *Mecànica Clàssica* o en qualsevol llibre que tracti amb fluids, es determina la pressió mijançant l'equació que ens relaciona aquesta amb la força i la superfície:

$$P_{ext} = \frac{\vec{F}}{A}$$

Pel treball en un fluid, cal recordar també el criteri de símbols.

- **Si el treball és positiu** tenim un sistema en **compressió.**

$$W > 0$$

- **Si el treball és negatiu** tenim un sistema en **expansió**.

$$W < 0$$

Per trobar l'expressió del treball en un fluid, considerem un pistó o èmbol en què li apliquem una força a la superfície de l'èmbol per desplaçar-lo:

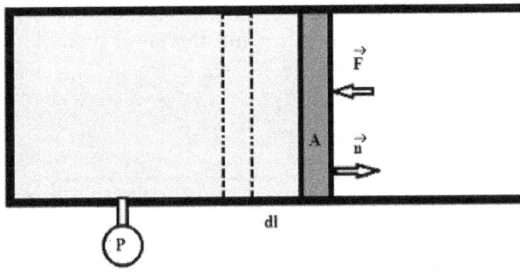

Tal i com veiem a la figura, el treball realitzat, utilitzant l'equació del treball

Termodinàmica i Mecànica estadística

mecànic i aïllant la força respecte la pressió i la superfície; serà:

$$\mathrm{d}W = -\vec{F}\,\mathrm{d}\vec{l} = P_{ext}A\vec{n}\,\mathrm{d}\vec{l} = \boxed{\mathrm{d}W = -P_{ext}\,\mathrm{d}V}$$ ja que el volum es comprimeix.

Per tant, el treball realitzat sobre un fluid serà:

$$\boxed{W = -\int_{V,\,camí} P_{ext}\,\mathrm{d}V}$$

que és una funció de procés que depèn del camí que calculem la integral.

Tenim dues maneres de distingir el treball realitzat en un fluid. Si tenim dos punts A i B a l'espai assignats per valors de pressió i volum, segons el camí que escollim per traslladar el treball de A a B obtindrem valors diferents. Aleshores el treball com hem comentat una mica més amunt, és funció depenent del camí, no d'estat.

Si als punts o estats A i B, a part del volum i la pressió determinats s'assigna una temperatura, cada estat són **estats d'equilibri** i en el camí hi han un conjunt d'estats de procés. Aleshores, tenim dos processos importants a comentar:

3.2.1. Procés brusc (irreversible)

Un *procés brusc* és essencialment **irreversible** i, per tant, no hi ha una successió de punts continus (estats d'equilibri) del punt inicial al final. Aquest procés és un dels molts irreversibles que hi ha; processos amb fregament, disipació d'energia... tots aquests són processos irreversibles.

$$\boxed{W^{brusc} = W^{irr} = -\int_{V_A}^{V_B} P_{ext}\,\mathrm{d}V = -P_{ext}\,\Delta V}$$

Termodinàmica i Mecànica estadística

3.2.2. Procés reversible (quasiestàtic)

És pot invertir el procés simplement invertint el sentit de les etapes intermitjes, ja que ha de seguir el mateix camí. Aquest procés és molt important per l'entropia.

A la pràctica experimental, el procés reversible **no** existeix; però és un model de referència. No obstant això, els processos reversibles han de ser **processos quasiestàtics**.

Definim un *procés quasiestàtic* a aquell procés que el volum al llarg del camí varia infinitessimalment. La compressió que experimenta aquest procés és molt lenta, per aquest motiu el sistema passa de l'estat inicial al final per un seguit d'estats d'equilibri.

Aleshores, les condicions que tenim en un *procés quasiestàtic reversible*, ens determina el valor de la pressió: $P(T,V) = P_{ext}$ i per tant el treball:

$$\boxed{W^{rev} = -\int_{V_A}^{V_B} P(T,V)\, dV}$$

Una altra condició perquè sigui reversible, és que el sistema no tingui fregament, ja que encara que siguin petits increments d'energia, s'anirà disipant i el camí de tornada seria diferent, creant així un cas de procés irreversible.

Per tant, com hem vist; $W^{rev} \neq W^{irr}$. El treball a dos punts iguals fet en un procés reversible, és de valor diferent a l'irreversible. Per tant, dW és una funció diferencial innexacta, perquè no depèn de les variables d'estat (*no prové d'una funció d'estat sinó de procés*) però si que la podem transformar en exacta amb un factor integrant.

La notació serà: $dW \rightarrow \int_A^B dW \neq W(B) - W(A) \rightarrow \oint dW \neq 0$

Tenim molts tipus de treballs segons amb les variables d'estat que treballem.

Termodinàmica i Mecànica estadística

Presentem-los a la següent taula:

Taula 3.1: Tipus de treballs

Tipus	Força	Desplaçament	Treball
Fluid	$-P$	V	$-P\,\mathrm{d}V$
Magnètic	H	M	$\mu_0 H\,\mathrm{d}M$
Superficial	σ	A	$\sigma\,\mathrm{d}A$
Elàstica	τ	l	$\tau\,\mathrm{d}l$
General	x	y	$x\,\mathrm{d}y$

En què $x = x_i$ i $y = y_i$ són **variables conjugades** amb x_i com variable intensiva i y_i com les extensives. Per tant:

$$\mathrm{d}W = \sum_i x_i\,\mathrm{d}y_i$$

Si tinc dos tipus de treball (*per exemple elastico-magnètic*) tindríem un treball:

$$\mathrm{d}W = \tau\,\mathrm{d}l + H\,\mathrm{d}M \quad \rightarrow \quad \{\tau, l, H, M, T\}$$

Per tant, un sistema amb *f* graus de llibertat (*f* variables d'estat intensives, com *T*, *P*, *H*...) té *f* -1 formes de realitzar treball:

$$\mathrm{d}W = \sum_{i=1}^{f-1} x_i\,\mathrm{d}y_i$$

Observant les variables que poden influir al treball, sabrem les que ens condicionaran i determinaran les variables de les equacions d'estat. Una altra manera de dir-ho: *Si conec el treball, puc saber les variables d'estat. Si sé les variables d'estat d'un sistema, puc trobar les variables conjugades i trobar el treball.*

L'equació tèrmica d'estat serà $\phi(T, x_i, y_i) = 0$.

Termodinàmica i Mecànica estadística

3.3. Primer principi de la termodinàmica. Energia interna

Def: Definim *l'energia interna* U com la magnitud que fa referència a l'energia que tenim a l'interior del sistema i procedeix dels constituents del propi sistema. Per tant, no procedeix ni de la velocitat de les partícules (E_{cin}) ni de la influència d'un camp de forces (E_{pot}).

Aleshores, l'energia total del sistema serà: $E = E_{cin} + E_{pot} + U$. Si ho representem amb el *Hamiltonià*:

$$H = U = \sum_i E_{cin(i)} + \sum_{i,j; i \neq j} V_i(r_1, ..., r_j)$$

amb V com l'energia potencal d'interacció.

A les energies cinètiques i potencials en un sistema de laboratori, aquestes contribucions són menyspreables i, només es té en compte, el constituent de l'energia interna com energia total.

Aleshores, l'energia interna també es conserva en un sistema aïllat, ja que l'energia total del sistema es conserva.

Per relacionar l'energia interna U amb el treball W ens és molt útil observar *l'experiència de Joule*.

3.3.1. Experiència de *Joule*

L'experiència de *Joule* es basa amb un experiment amb un sistema aïllat. Que el sistema estigui aïllat significa que no pot intercanviar ni matèria ni energia. Per tant *Joule*, va fer les parets del sistema adiabàtiques amb un agitador al seu interior, una hèlx, connectada a una massa que es deixa caure des d'una certa alçada h.

Inicialment, el sistema es troba en un estat A i, al final, en un estat B. Mesurem el canvi de temperatura amb un termòmetre i el procés que experimentem, és un **procés adiabàtic**.

Si representem aquesta experiència gràficament:

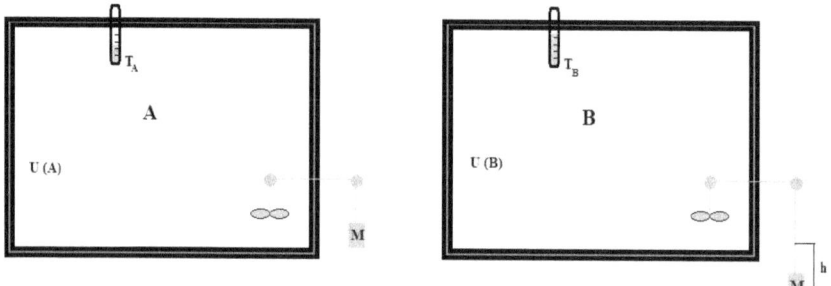

La temperatura és la indicadora de l'energia interna U i observem que la T a l'estat d'equilibri B és diferent que la de l'estat A. Aleshores, la diferència entre l'energia interna final i la inicial és:

$$U(B)-U(A)=M\,g\,h=W^{ad}_{A\to B}>0$$

Observem que el resultat $\Delta U^{ad}_{A\to B}=W^{ad}_{A\to B}$ coincideix amb el treball realitzat.

A continuació repetim l'experiment, però sense parets adiabàtiques; per tant, el sistema pot intercanviar energia amb l'exterior, partint del mateix estat inicial A i arribant a l'estat final B. Representem-ho gràficament:

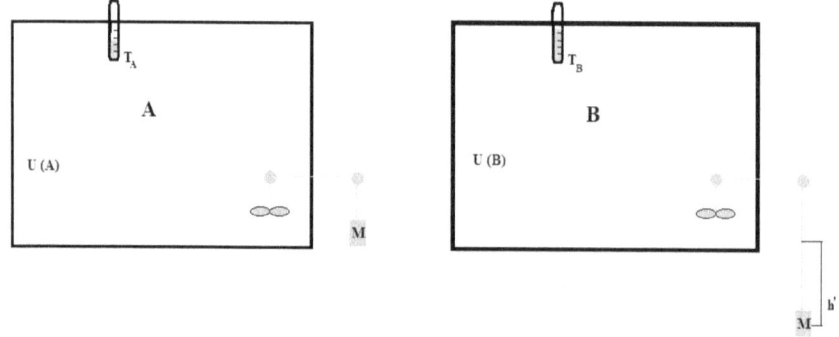

Amb $h'\neq h$.

En aquest cas no podem dir que $U(B)-U(A)=M\,g\,h'=W_{A\to B}>0$ ja què al no haver-hi aïllament adiabàtic, entra en escena l'energia intercanviada amb l'exterior. Aquesta energia intercanviada l'anomenem la *Calor Q*.

Termodinàmica i Mecànica estadística

Per tant, tenim $U(B)-U(A)=Mgh'+Q_{A\to B}=W_{A\to B}+Q_{A\to B}$ i finalment:

$$\boxed{Q_{A\to B}=W^{ad}_{A\to B}-W_{A\to B}}$$
<u>**Calor**</u>

Amb un criteri de signes de:

- **Si la calor és <u>positiva</u>** el sistema absorbeix <u>**energia**</u>

$$Q>0$$

- **Si la calor és <u>negativa</u>** el sistema cedeix (o aporta) <u>**energia**</u>

$$Q<0$$

Ambdós experiments, tenim en compte de tenir la mateixa temperatura en A adiabàtic i en A no adiabàtic i igual en B; ja què és l'únic camí que ens permet avaluar les condicions dels dos estats que observem i poder arribar als estats A i B que treballem.

Només tenim dues possibilitats de canviar la U d'un sistema i és variant Q i W amb l'exterior del nostre sistema.

Per tant, si juguem amb les dues expressions:

$\Delta U=U(B)-U(A)=W^{ad}_{A\to B}$ } si les ajuntem: $Q_{A\to B}=\Delta U-W_{A\to B}$ →

$Q_{A\to B}=W^{ad}_{A\to B}-W_{A\to B}$

$\boxed{\Delta U=Q_{A\to B}+W_{A\to B}}$ i de forma infinitessimal:

$$\boxed{dU=\dbar Q+\dbar W}$$

Observem que dU és una diferencial exacta i el treball i la calor són innexactes al ser *funcions de procés*.

Termodinàmica i Mecànica estadística

Anem a avaluar el cas adiabàtic. Si $A \to B$ és adiabàtic, tenim:

$$dU = dW_{A \to B}^{ad} \quad \text{per tant:} \quad \boxed{dQ_{A \to B} = 0} \quad .$$

Si treiem la paret adiabàtica, podem intercanviar temperatura amb l'exterior i, per tant, sorgeix la calor **Q** ja que aleshores $dU = dW_{A \to B}^{ad}$ i per tant, **Q** és una funció de procés.

A més a més, **U** és una funció d'estat, ja què el camí és independent si arribem a un mateix estat final. Per tant: $\int_A^B dU = U(B) - U(A)$ i si el procés és cíclic (A= B), tenim: $\oint dU = 0$; però en canvi: $\oint dW \neq 0$ i $\oint dQ \neq 0$.

Si un sistema està aïllat perfectament; l'energia interna del sistema no es pot modificar i, per tant; l'energia del sistema final és l'energia interna i, finalment: $U = $cnt !!!

3.3.2. Primer principi

i) Existeix una funció d'estat **U**, que es conserva en sistemes aïllats.

ii) El treball **W** i la calor **Q** són dos modes de variació de **U**. Les seves variacions infinitesimals corresponen a diferencials innexactes, per tant, són funcions de procés. Aquestes les podem transformar amb diferencials exactes coneixent els factors integrants corresponents.

iii) Per tot sistema es compleix $\boxed{dU = dQ + dW = dQ + \sum_{i=1}^{f-1} x_i dy_i}$

Per exemple, en un sistema fluid tindríem: $\boxed{dU = dQ - PdV}$ però s'ha de tenir en compte per quina via ho fem (*quasiestàtica* o *brusca*)

iv) Per tot procés adiabàtic $\boxed{dQ = 0}$

Termodinàmica i Mecànica estadística

3.4. Capacitats calorífiques

Definim *calorimetria* a la avaluació de la variació calor respecte la temperatura:

$$c = \frac{dQ}{dT}$$

Definim les *capacitats calorífiques* com les magnituds que ens indiquen la resposta del sistema a la transferència de calor. Aleshores, són magnituds pròpies de la calorimetria, no de la termodinàmica. Si la capacitat és baixa, quan li donem energia, el sistema té un increment gran de temperatura i viceversa.

Per tant, pel primer principi tenim: $dU = dQ + x\,dy$ en un sistema amb dos graus de llibertat ($dW = x\,dy$). Aleshores, les capacitats calorífiques ens vindran determinades per:

$$c_x = \left(\frac{dQ}{dT}\right)_x \quad ; \quad c_y = \left(\frac{dQ}{dT}\right)_y$$

Si aïllem la calor infinitessimal: $dQ = dU - x\,dy$; aleshores, existeix una equació calòrica d'estat: $U(T,x)$; $U(T,y)$. Si l'energia tèrmica està relacionada amb les energies d'estat, tenim l'equació d'estat.

Només podem escriure'n dues ja que x i y estan relacionades en l'equació tèrmica d'estat i, també, a causa de la seva dependència.

Treballem amb $U(T,y)$: $dU = \left(\frac{\partial U}{\partial T}\right)_y dT + \left(\frac{\partial U}{\partial y}\right)_T dy$ introduïnt l'expressió per la calor infinitessimal:

$$dQ = \left(\frac{\partial U}{\partial T}\right)_y dT + \left[\left(\frac{\partial U}{\partial y}\right)_T - x\right] dy$$

que partint de la definició de les capacitats calorífiques tenim:

$$c_x = \left(\frac{dQ}{dT}\right)_x = \left(\frac{\partial U}{\partial T}\right)_y + \left[\left(\frac{\partial U}{\partial y}\right)_T - x\right]\left(\frac{\partial y}{\partial T}\right)_x \quad ; \quad c_y = \left(\frac{dQ}{dT}\right)_y = \left(\frac{\partial U}{\partial T}\right)_y$$

l'última expressió la tenim perquè si y és constant $dy = 0$

Termodinàmica i Mecànica estadística

per tant, finalment :

$$\boxed{c_x = c_y + \left[\left(\frac{\partial U}{\partial y}\right)_T - x\right]\left(\frac{\partial y}{\partial T}\right)_x}$$

Però a $\left(\frac{\partial y}{\partial T}\right)_x$ cal tenir en compte l'equació tèrmica $\boxed{y(T,x)}$.

3.5. El gas ideal

Un gas ideal, des del punt de vista termodinàmic, l'energia interna només depèn de la temperatura i per tant $U = U(T)$. Aquesta equació calòrica d'estat depèn del tipus de gas ideal (*si és monoatòmic, diatòmic,...*) per tant que hem de tenir en compte la seva estructura, ja que l'energia interna varia en quantitat de les partícules que tinguin.

L'equació tèrmica d'estat $PV = NRT$ és la mateixa per a tots els tipus de gas ideal.

Per un gas ideal, es considera que les partícules no interactúen o ho fan de manera molt dèbil, per tant la relació entre les capacitats calorífiques vindrà determinada per les variables: $x = -P$; $y = V$. Si fem servir la relació entre les capacitats de l'apartat anterior, obtenim:

$$c_P - c_V = \left[\left(\frac{\partial U}{\partial V}\right)_T - P\right]\left(\frac{\partial V}{\partial T}\right)_P$$

Si ara fem les següents observacions:

- *U només depèn de T*, per tant, la primera parcial és zero.

- *La parcial de V respecte T a P constant ens dona aïllant V de l'equació tèrmica d'estat:* $\frac{NR}{P}$

Termodinàmica i Mecànica estadística

finalment, simplificant termes, obtenim:

$$\boxed{c_P - c_V = N R}$$

Relació de Mayer pel gas ideal

També podem definir les capacitats calorífiques per separat utilitzant les definicions de l'apartat anterior:

$$\boxed{c_P = \left(\frac{\partial U}{\partial T}\right)_V + \left[\left(\frac{\partial U}{\partial V}\right)_T - P\right]\left(\frac{\partial V}{\partial T}\right)_P} \quad ; \quad \boxed{c_V = \left(\frac{\partial U}{\partial T}\right)_V}$$

Capacitat calorífica a pressió constant ; **_Capacitat calorífica a volum constant_**

Aquestes capacitats, les podem trobar a les equacions de les adiabàtiques (reversibles) del gas ideal en els plans **_P-V_**, **_T-V_**, **_P-T_**.

Per tot procés adiabàtic $dQ = 0$, per tant:

$$dQ = \left(\frac{\partial U}{\partial T}\right)_V dT + \left[\left(\frac{\partial U}{\partial V}\right)_T - P\right] dV = c_V dT + P dV = c_V dT + \frac{NRT}{V} dV = 0$$

perque és un procés adiabàtic, per tant:

$$= 0 = \int \frac{c_V}{T} dT = -NR \int \frac{dV}{V} = \quad //monoatòmic// \quad = c_V \ln T = -NR \ln V + C$$

amb C com una constant. Aleshores:

$$\rightarrow T^{c_V} = V^{-NR} \cdot C \rightarrow T^{c_V} V^{NR} = C \quad \text{per tant:} \quad \boxed{T V^{\frac{c_P}{c_V} - 1} = \text{cnt}} \quad \text{al pla } \mathbf{\textit{T-V}}.$$

No sabem com varia c_V, ni si depèn o no de **_T_**, però sent un procés adiabàtic podem fer la suposició que c_V és constant.

Ara fem el mateix procediment pel pla **_P-V_**.

Termodinàmica i Mecànica estadística

Primer treballem amb $U = U(T, P) \rightarrow dU = \left(\dfrac{\partial U}{\partial T}\right)_P dT + \left(\dfrac{\partial U}{\partial P}\right)_T dP$. Si això ho relacionem amb $V = V(T, P)$ agrupant els termes a la relació de calor infinitessimal:

$$dQ = \left(\dfrac{\partial U}{\partial P}\right)_V dP + \left[\left(\dfrac{\partial U}{\partial V}\right)_P + P\right] dV \rightarrow$$

$$dQ = \left[\left(\dfrac{\partial U}{\partial T}\right)_P + P\left(\dfrac{\partial V}{\partial T}\right)_P\right] dT + \left[\left(\dfrac{\partial U}{\partial P}\right)_T + P\left(\dfrac{\partial V}{\partial P}\right)_T\right] dP$$

Sabem que l'energia interna per un gas ideal és proporcional a $c_V T$ i per tant, per l'equació tèrmica d'estat: $U \sim c_V \dfrac{PV}{NR}$.

Aplicant això a l'equació del diferencial de calor:

$$dQ = \dfrac{c_V T}{P} dP + \dfrac{c_P T}{V} dV$$

Com treballem en un procés adiabàtic: $dQ = \dfrac{c_V T}{P} dP + \dfrac{c_P T}{V} dV = 0$; per tant:

$\int \dfrac{c_V}{P} dP + \int \dfrac{c_P}{V} dV = 0$ //monoatòmic// $= c_V \ln P + c_P \ln V + \text{cnt} \rightarrow$

$\ln\left(P^{c_V} V^{c_P}\right) = \text{cnt} \rightarrow \boxed{P V^{\frac{c_P}{c_V}} = \text{cnt}}$ al pla **P-V**.

En els dos casos, hem considerat que el gas ideal era monoatòmic. Això té una raó, si c_V no depèn de **T** és perquè és un **gas ideal monoatòmic,** d'aquesta manera ens estalviem la dependència de les capacitats amb la temperatura.

Finalment, **def**inim l'*índex adiabàtic* com $\boxed{\dfrac{c_P}{c_V} = \gamma}$ que ens determina la *família d'adiabàtiques d'un gas ideal monoatòmic*. Per tant, podem reescriure:

$\boxed{PV^{\gamma} = \text{cnt}}$; $\boxed{TV^{\gamma-1} = \text{cnt}}$

Termodinàmica i Mecànica estadística

3.5.1. Equilibri entre dos sòlids idèntics ideals

Un sistema ideal per a qualsevol material, l'assignem a quan l'energia interna U només depèn de la temperatura $U\ (T)$. Per un sòlid ideal tenim: $\boxed{U = CT}$.

Si tenim un sistema aïllat tèrmicament i format per dos subsistemes sòlids 1 i 2. D'un estat A li fem un procés en el temps fins que assolim l'equilibri de les temperatures a l'estat B:

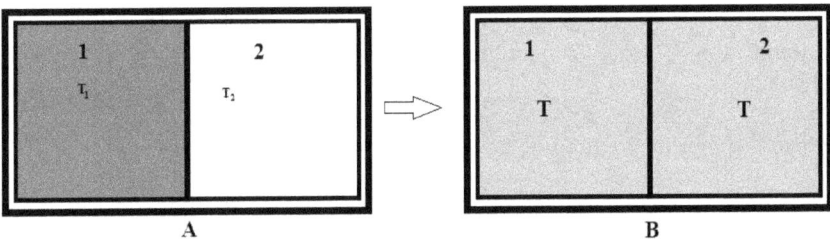

Aleshores, per trobar la temperatura, cal recórrer al primer principi:

$U_A = U_A^{(1)} + U_A^{(2)}$
$U_B = U_B^{(1)} + U_B^{(2)}$ } Aplicant la conservació de l'energia: $U_A = U_B$ per tant:

$U_A^{(1)} + U_A^{(2)} = U_B^{(1)} + U_B^{(2)}$ // fent servir l'equació calòrica d'estat $U = C\ T$, tenim:

$CT_1 + CT_2 = CT + CT \rightarrow \boxed{T = \dfrac{T_1 + T_2}{2}}$

El procés de transferència de temperatura per a conservar l'energia interna i així complir la primera llei, no és un procés reversible.

*El primer principi no ens informa de la **direccionalitat**, ja que per la primera llei és impossible la direcció inversa. Per descriure la direccionalitat dels processos necessitem veure la **segona llei** o **Segon principi**.*

Termodinàmica i Mecànica estadística

3.6. Màquines tèrmiques

Abans de treballar el segon principi de la termodinàmica, treballarem i avaluarem les diferents màquines tèrmiques.

Definim *màquines tèrmiques* a aquells dispositius que treballen entre dos sistemes o més, rebent i/o cedint calor i que realitzen un treball útil.

Les màquines tèrmiques, es basen en una font calenta i una font freda amb un funcionament cíclic. Aquestes màquines tèrmiques ens introdueixen el concepte de **rendiment** η que es defineix com la relació entre el treball útil pel consumit.

Podem distingir quatre tipus de màquines tèrmiques:

3.6.1. Motor tèrmic (MT)

El motor tèrmic és un dispositiu per extreure'n un treball útil. Es basa en absorbir calor d'una font a temperatura T_1 que, després de produir treball, cedeix calor a una font més freda a temperatura T_2 ; per tant, $T_1 > T_2$. Observem la representació:

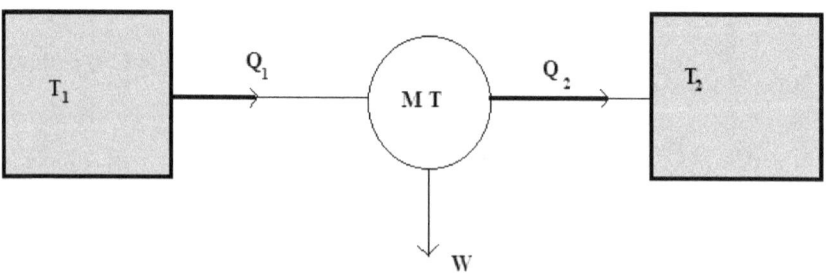

El rendiment del motor tèrmic, és $\eta = \dfrac{W_{útil}}{E_{consumida}}$, en què $Q_1 = W + Q_2$ i, per tant:

$$\eta_{MT} = \frac{Q_1 - Q_2}{Q_1} = 1 - \frac{Q_2}{Q_1}$$

Termodinàmica i Mecànica estadística

Com els reservoris no varien la seva temperatura, la màquina té un rendiment il·limitat. Si els reservoris arribessin a un estat d'equilibri, igualant les temperatures; el motor tèrmic deixaria de funcionar.

3.6.2. Refrigerador (R)

El refrigerador és un dispositiu per refredar. El seu funcionament es basa amb absorbir calor d'una font a temperatura T_2 que, juntament amb aplicar-li un treball, cedeix calor cap a una font a temperatura T_1 ; sent $T_2 < T_1$.

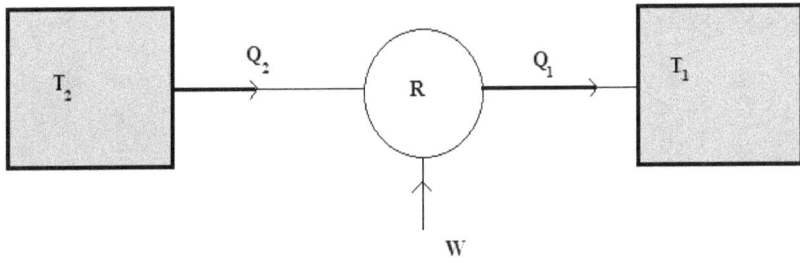

Per conservació d'energia tenim: $Q_1 = W + Q_2$ i amb un rendiment de:

$$\eta_R = \frac{Q_2}{W} = \frac{Q_2}{Q_1 - Q_2}$$

3.6.3. Bomba de calor (BC)

La bomba de calor és anàloga al refrigerador, però amb l'objectiu d'augmentar la temperatura. També $T_2 < T_1$.

A la pàgina següent tenim una representació d'una bomba de calor. El rendiment serà:

$$\eta_{BC} = \frac{Q_1}{W} = \frac{Q_1}{Q_1 - Q_2}$$

Termodinàmica i Mecànica estadística

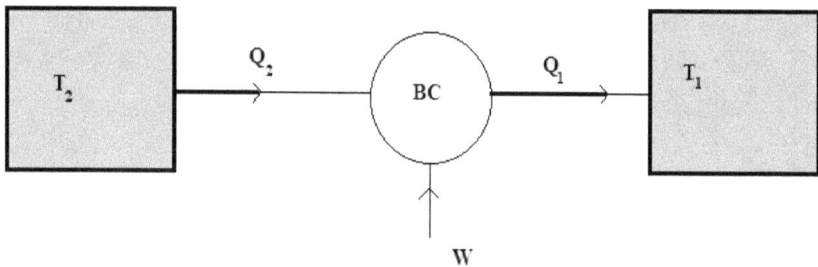

3.6.4. Conversor (C)

El conversor és una màquina tèrmica que transforma el treball amb calor. Amb $T_2 < T_1$ la representació esquemàtica seria:

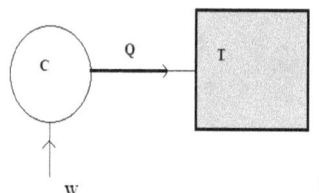

Amb un rendiment de:

$$\eta_C = \frac{Q}{W} = 1$$

Si tenim una màquina tèrmica que funcioni al revés, no pot tenir un rendiment igual a 1, tal i com veurem al segon principi.

3.7. Segon principi de la termodinàmica

El segon principi és necessari perquè la primera és insuficient. Com hem vist en el cas del sòlid ideal, dos cossos idèntics i ben aïllats es transmeten temperatura fins que arriben a un estat en equilibri.

El primer principi ens permet, per conservació d'energia, que un cop assolit l'equilibri poguem fer el procés invers fins a tornar a tenir el sistema inicial amb dos temperatures diferents.

Termodinàmica i Mecànica estadística

Això però, no és possible. Si tenim un procés en equilibri no té la propietat de ser reversible.
La direccionalitat en els processos ens la determina el **segon principi** de la termodinàmica.

Hi han dos enunciats principals amb els què es van plantejar els primers dubtes per arribar finalment a enunciar segon principi.

- **Enunciat de _Kelvin-Planck_**: *No existeix transformació cíclica que converteixi íntegrament la calor en treball, és a dir, no existeix el motor tèrmic ideal.*

- **Enunciat de _Clausius_**: *No existeix transformació cíclica que transporti calor d'un cos fred a un cos calent de forma íntegra, és a dir, no existeix el refrigerador ideal.*

3.7.1. Teorema de *Carnot*

"Entre totes les màquines que treballin entre dos focus donats, la màquina de Carnot, és la que tindrà sempre el major rendiment".

- **Màquina de _Carnot_**: La màquina de *Carnot* és una màquina reversible que compleix el cicle de *Carnot*. Un **cicle de *Carnot*** és un cicle format per dos processos isoterms i dos adiabàtics.

Demostració:

Disposem un sistema format per un motor tèrmic i una màquina de *Carnot*:

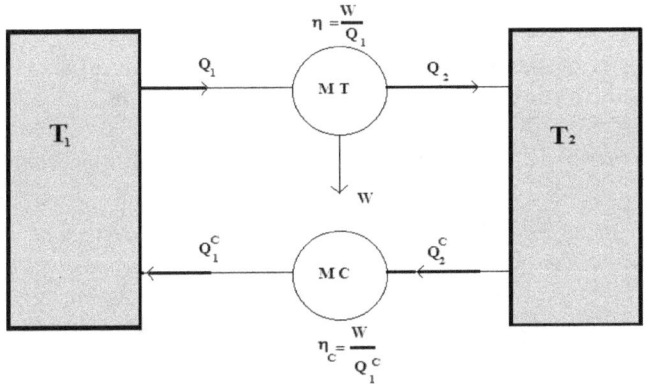

Termodinàmica i Mecànica estadística

amb $T_2 < T_1$. Si les ajuntem per simplificar el càlcul, ens quedaria esquemàticament:

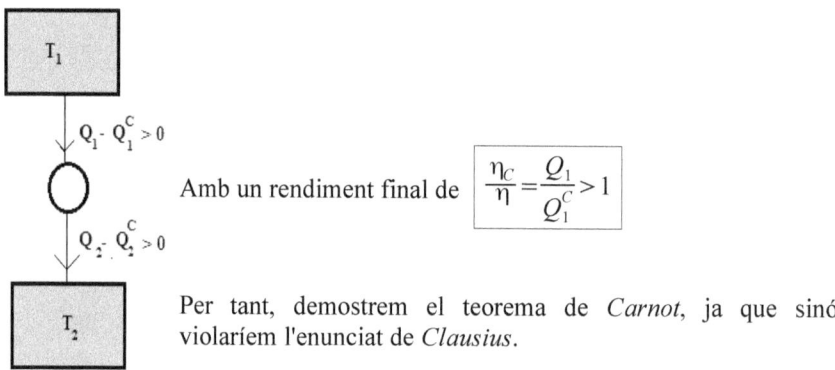

Amb un rendiment final de $\quad \dfrac{\eta_C}{\eta} = \dfrac{Q_1}{Q_1^C} > 1$

Per tant, demostrem el teorema de *Carnot*, ja que sinó violaríem l'enunciat de *Clausius*.

3.7.2. Temperatura absoluta

Com a corol·lari del teorema de *Carnot* podem dir que totes les màquines reversibles que funcionin entre dos focus donats, tenen el mateix rendiment (el de la màquina de *Carnot*).

η_{rev} és una funció únicament de T_1 i T_2 i $Q_1 = W + Q_2$ Aleshores:

$\eta_{rev} = \dfrac{W}{Q_1} = \dfrac{Q_1 - Q_2}{Q_1} = 1 - \dfrac{Q_2}{Q_1} = 1 - f(T_1, T_2)$ i, per tant $f(T_1, T_2) = \dfrac{Q_2}{Q_1}$ en què f és una funció universal.

Per a deduir la relació que fa que sigui f una funció universal amb el qüocient entre les quantitats de calor d'un sistema, plantegem el següent:

Un sistema format per tres reservoris de calor a temperatures diferents T_1, T_2 i T_3 en què la màquina tèrmica absorbeix calor del reservori 1 per transformar-lo en treball i cedeix calor al reservori 2, que actúa exactament igual que el primer procés tal i com veiem a la figura de la pàgina següent. Finalment la màquina tèrmica entre el reservori 2 i 3 crea un treball amb la calor absorbida del reservori 2 i expulsa calor que va cedida al reservori 3.

Termodinàmica i Mecànica estadística

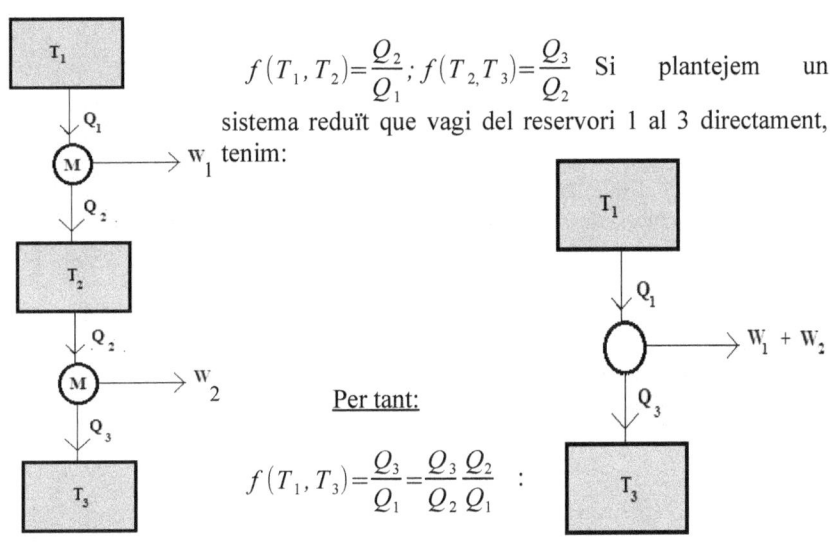

$f(T_1, T_2) = \dfrac{Q_2}{Q_1}$; $f(T_2, T_3) = \dfrac{Q_3}{Q_2}$ Si plantejem un sistema reduït que vagi del reservori 1 al 3 directament, tenim:

Per tant:

$f(T_1, T_3) = \dfrac{Q_3}{Q_1} = \dfrac{Q_3}{Q_2}\dfrac{Q_2}{Q_1}$:

$$f(T_1, T_3) = f(T_2, T_3) f(T_1, T_2)$$

Per tant, definim una funció arbitrària anomenada ***temperatura termodinàmica*** com $\dfrac{\theta(T_2)}{\theta(T_1)}$ i compleix que $f(T_1, T_2) = \dfrac{\theta(T_2)}{\theta(T_1)} = \dfrac{T_2}{T_1}$; aleshores $\dfrac{T_2}{T_1} = \dfrac{Q_2}{Q_1}$ tal què:

$$\boxed{T_2 = T_1 \dfrac{Q_2}{Q_1}} \quad \leftrightarrow \quad \boxed{T_1 = T_2 \dfrac{Q_1}{Q_2}}$$

en què aquí obtenim un sistema de mesura de la temperatura i és vàlid per tot motor tèrmic reversible.

3.7.3. Teorema de *Clausius*

*"La suma de les quantitats infinitessimal de calor bescanviada entre la temperatura **T** al llarg d'un procés cíclic, és més petit o igual que zero (amb **T** no constant)."*

Termodinàmica i Mecànica estadística

El teorema de *Clausius* ens ve definit per l'expressió:

$$\boxed{\oint \frac{\mathrm{d} Q}{T} \leq 0}$$

La demostració d'aquesta expressió la realitzem considerant un dispositiu per simular l'intercanvi de calor infinitessimal per etapes cícliques format per màquines de *Carnot*.

Podem afirmar la conservació de les etapes i del sistema i el funcionament global.

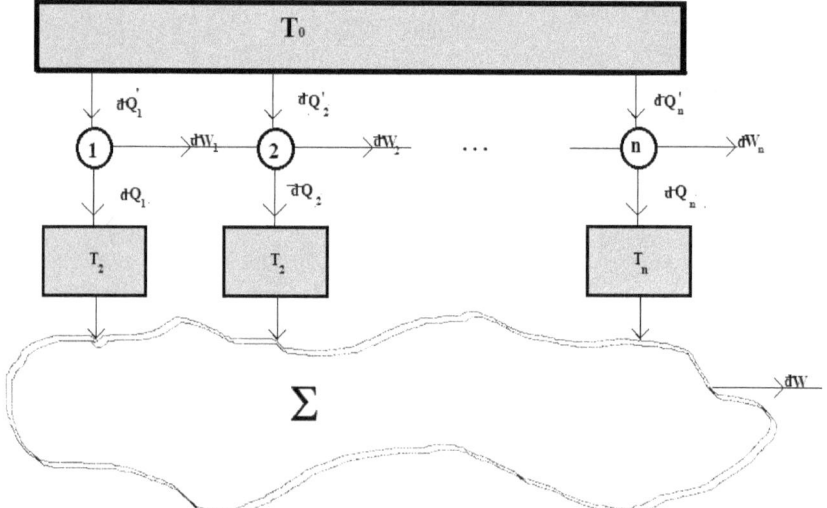

La conservació de l'energia a cada màquina, ens vindrà determinada per:

$$\mathrm{d} Q_i' = \mathrm{d} W_i + \mathrm{d} Q_i$$

amb $i = \{1, 2, ..., n\}$; aleshores; la conservació d'energia del sistema serà:

$$\sum_{i=1}^{n} \mathrm{d} Q_i' = \mathrm{d} W_i$$

i pel teorema de *Carnot* tenim:

$$\frac{\mathrm{d} Q_i'}{\mathrm{d} Q_i} = \frac{T_0}{T_i} \rightarrow \mathrm{d} Q_i' = T_0 \frac{\mathrm{d} Q_i}{T_i}$$

Termodinàmica i Mecànica estadística

En resum, el funcionament global estaria descrit per sistema:

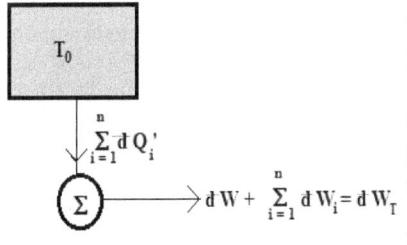

Per l'expressió de la conservació de l'energia del sistema, obtenim que tota l'energia que entra al sistema, és treball útil i no hi hauria dissipació. Violaríem el **postulat de Kelvin-Planck**. Però ens salvaríem si fem la conversió del sistema fent $\sum_{i=1}^{n} dQ_i' \leq 0$ i, aleshores, seria una calor alliberada i el $W + \sum_{i=1}^{n} W_i$ un treball consumit que, en resum, ja no violaríem cap llei i el funcionament seria com el d'un conversor.

Aleshores, tornant al sistema de funcionament global, mitjançant el raonament anterior, obtenim:

$$\sum_{i=1}^{n} dQ_i' \leq 0 \rightarrow T_0 \sum_{i=1}^{n} \frac{dQ_i}{T_i} \leq 0$$

i amb aquesta igualtat arribem a:

$$\lim_{n \to \infty} \sum_{i=1}^{n} \frac{dQ_i}{T_i} = \oint \frac{dQ}{T} \leq 0$$

ja què si **n** tendeix a infinit, arribem a una funció contínua.

Finalment arribem a la fórmula del teorema de *Clausius*. Les conseqüències d'aquest teorema les observem en què aquest resultat és vàlid tant per processos reversibles, com irreversibles. Treballem i demostrem ambdós casos

i) **<u>Procés reversible</u>**

Si el procés és reversible, $\oint \frac{dQ^{rev}}{T} \leq 0$ i també, al ser reversible, tenim $\oint -\frac{dQ^{rev}}{T} \leq 0$ o, en altres paraules $\oint \frac{dQ^{rev}}{T} \geq 0$.

Clausius va estudiar aquest cas al **1865**, amb la conclusió que finalment, s'hauria de donar $\oint \frac{dQ^{rev}}{T} = 0$, afirmant així que $\frac{dQ^{rev}}{T}$ ha de ser una equació diferencial exacta i, per tant, una <u>func</u>ió <u>d'estat</u> anomenada *entropia*. L'**entropia** ve <u>def</u>inida per la calor intercanviada infinitessimalment en un procés reversible dividit per la temperatura.

Per tant, l'entropia la definim amb l'expressió:

$$\boxed{\frac{dQ^{rev}}{T} \equiv dS}$$

Entropia

També formulada com: $\int_A^B dS = \int_A^B \frac{dQ^{rev}}{T} = \Delta S = S(B) - S(A)$

ii) **Procés irreversible**

Si el procés és irreversible, no hi ha una relació com l'entropia, sinó que hi ha una relació de rang menor, una cota superior.

$$\boxed{\int_A^B \frac{dQ^{irr}}{T} < S(B) - S(A)}$$

Demostració

Anem a demostrar aquesta afirmació de cota superior prematura.

$\oint \frac{dQ^{irr}}{T} < 0 \;\rightarrow\; \oint \frac{dQ^{irr}}{T} = \int_A^B \frac{dQ^{rev}}{T} + \int_A^B \frac{dQ^{irr}}{T} = \int_A^B \frac{dQ^{irr}}{T} - \int_A^B \frac{dQ^{rev}}{T} < 0$

En la darrera igualtat hem fet servir que $\oint \frac{dQ^{rev}}{T} = 0 \;\rightarrow\; \int_A^B \frac{dQ^{rev}}{T} + \int_B^A \frac{dQ^{rev}}{T} = 0$.

Termodinàmica i Mecànica estadística

Per tant, tenim: $\int_A^B \frac{dQ^{irr}}{T} < \int_A^B \frac{dQ^{rev}}{T} \rightarrow dQ^{irr} < dQ^{rev}$ i, per tant:

$$\int_A^B \frac{dQ^{irr}}{T} < S(B) - S(A)$$

3.7.4. Conseqüències del segon principi

1. Existeix una funció d'estat anomenada **entropia** (S) i és una magnitud aditiva (magnitud extensiva) perquè depèn de la calor que és extensiva i aditiva. $S_{TOT} = \sum_i S_i$

2. En un sistema aïllat $(dQ=0 \, ; \, dW=0 \rightarrow S(B)-S(A) \geq 0)$ l'entropia **no** pot decrèixer mai; és a dir, o aigmenta o es manté constant. Si es manté constant, és un procés reversible i $\Delta S = 0$. Si augmenta és irreversible i $\Delta S > 0$.

3. En sistemes no aïllats; interacciona en un propi sistema o en un altre medi; és a dir, "l'univers termodinàmic" és la suma del sistema amb el medi. $S_U = S_\Sigma + S_M$ i com l'univers ho inclou tot, S_U és un sistema aïllat tal què $\Delta S_U \geq 0$.

4. La formulació conjunta dels dos principis ens dóna l'equació de **Gibbs**.

5. La calor bescanviada entre dos cossos en contacte tèrmic (conjunt aïllat) va sempre del més calent al més fred.

6. Límit sobre les màquines tèrmiques

7. Direccionalitat dels processos.

A continuació, veurem alguns paràmetres que encara no hem observat pel què fa a les conseqüències del segon principi.

- El primer terme que avaluarem serà l'*equació de Gibbs* **(4).**

Partint de la primera llei o del primer principi de la termodinàmica, tenim que

Termodinàmica i Mecànica estadística

$dU = dQ^{rev} + dW^{rev}$ i pel segon principi, dQ^{rev} ho podem expressar com TdS i per tant tenim, pel cas d'un fluid, $dW^{rev} = -PdV$ però en general, $\sum_{i=1}^{f-1} x_i dy_i$ en què $x_i(T_i, y_i)$ és una equació tèrmica d'estat.

Aleshores, **def**inim l'*equació de Gibbs* com una equació diferencial d'energia interna que serveix per tot procés i que se li afegeix un terme $\sum_{j=1}^{v} \mu_j dN_j$ si la massa és variable, en què **def**inim μ_j com el ***potencial químic***. Aleshores, l'equació de *Gibbs* ens ve determinada per:

$$\boxed{dU = TdS + \sum_{i=1}^{f-1} x_i dy_i + \sum_{j=1}^{v} \mu_j dN_j}$$

<u>*Equació de Gibbs*</u>

*Per un procés brusc o irreversible; en el cas d'un fluid, tenim **dU = T dS - P dV**, en què **P** és la de l'equació tèrmica d'estat.

- La següent a avaluar és la calor bescanviada de processos aïllats, demostrant que la temperatura va del cos calent al més fred **(5).**

Considerem un sistema general qualsevol en contacte amb un medi i aïllat:

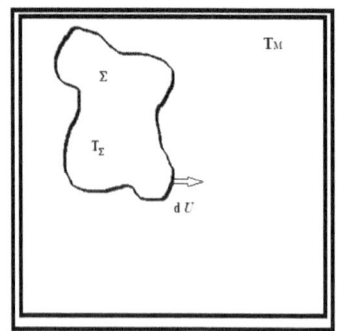

L'energia fem que vagi del sistema Σ al medi M. Aleshores:

$$dS = \frac{dQ^{rev}}{T} = \frac{dU}{T}$$ (si $dW = 0$, ja que considerem un cos o sistema que no produeix treball si és un sòlid; per exemple, cossos rígids sense dV.

Des del punt de vista del sistema tenim: $dS_\Sigma = -\frac{dU}{T_\Sigma}$; ja què perdem energia. Amb el medi tindrem $dS_M = \frac{dU}{T_M}$ perquè, segons com hem marcat la direccionalitat del procés, aquest la reb.

Termodinàmica i Mecànica estadística

Ajuntant els dos termes i fent servir la definició **(3)** de les conseqüències de la segona llei, que tracta sobre l'entropia en un "univers termodinàmic", obtenim:

$$dS_u = dS_\Sigma + dS_M = dU\left(\frac{1}{T_M} - \frac{1}{T_\Sigma}\right) = \frac{dU}{T_\Sigma T_M}(T_\Sigma - T_M) > 0$$

Aleshores, la segona llei obliga a què $T_\Sigma > T_M$. En resum; **dos cossos en contacte tèrmic es transmeten les temperatures del cos calent al fred.**

- Seguidament, estudiarem els límits de les màquines tèrmiques **(6)** estudiant les reversibles i les irreversibles.

a) Si tenim una màquina <u>reversible</u> com la de la figura següent, pel teorema de *Carnot* tenim:

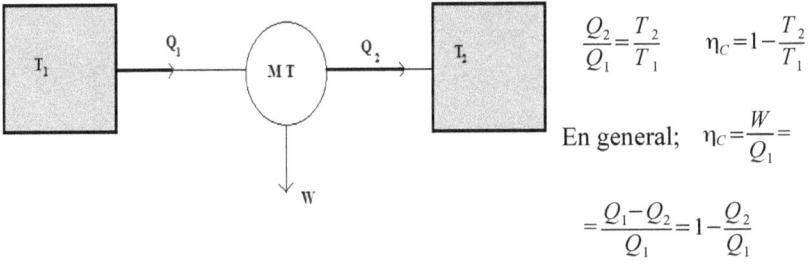

$$\frac{Q_2}{Q_1} = \frac{T_2}{T_1} \qquad \eta_C = 1 - \frac{T_2}{T_1}$$

En general; $\eta_C = \dfrac{W}{Q_1} =$

$$= \frac{Q_1 - Q_2}{Q_1} = 1 - \frac{Q_2}{Q_1}$$

Per tant, $Q_1 = W + Q_2$.

Aplicant l'univers termodinàmic: $\Delta S_U = \Delta S_{focus} + \Delta S_{motor}$; tenint en compte que el motor treballa cíclicament, $\Delta S_{motor} = 0$. Per tant: $\Delta S_U = \dfrac{Q_2}{T_2} - \dfrac{Q_1}{T_1} \geq 0$; en què finalment obtenim:

$$\Delta S_U^{rev} = 0 \rightarrow \text{Teorema de Carnot} \rightarrow \frac{Q_2}{T_2} - \frac{Q_1}{T_1} = 0 \rightarrow \frac{T_1}{T_2} = \frac{Q_1}{Q_2}$$

Termodinàmica i Mecànica estadística

b) En màquines <u>irreversibles</u>, el segon principi ens diu que desaprofitem treball; per tant:

$$\Delta S_U^{irr} = -\frac{Q_1}{T_1} + \frac{Q_2}{T_2} > 0 \rightarrow Q_2 > T_2 \frac{Q_1}{T_1} \equiv Q_2^{min}$$

Si el treball és $W = Q_1 - Q_2$; el treball màxim serà amb la mínima pèrdua de calor en el procés:

$$W^{màx} = Q_1 - Q_2^{min} = Q_1\left(1 - \frac{T_2}{T_1}\right)$$

Si ara calculem el treball que hem desaprofitat:

$$W_{desaprofitat} = W_{màx} - W = Q_1\left(1 - \frac{T_2}{T_1}\right) - Q_1 + Q_2 = Q_2 - Q_1\frac{T_2}{T_1} = T_2\left(\frac{Q_2}{T_2} - \frac{Q_1}{T_1}\right)$$

. Si ara tornem a l'univers termodinàmic del sistema, tenim que:

$$\boxed{W_{desaprofitat} = T_2 \Delta S_u^{irr}}$$

- Anem a veure la darrera conseqüència del segon principi; la **direccionalitat dels processos** (7).

Presentarem un sistema en un estat inicial amb temperatures diferents i després d'un procés, arribem a un estat final d'equilibri amb temperatures iguals. Aquest exemple és semblant als dos sòlids ideals en què vam començar a debatre la direccionalitat dels processos.

Pel primer principi tenim que $U_{TOT}^0 = U_{TOT}^f$ i per tant, es conserva $(U_A^0 + U_B^0 = U_A^f + U_B^f)$. Si ara suposem dos cossos sòlids ideals (cristalins) amb una constant C definida com la constant calorífica $\boxed{C = 3 N k_B}$; tenim:

$$U = CT \rightarrow T_A^0 + T_B^0 = 2T_f \rightarrow \boxed{T_f = \frac{T_A^0 + T_B^0}{2}}.$$

Que és una expressió general i el primer principi no ens marca la direccionalitat del procés.

Termodinàmica i Mecànica estadística

Si ara, en aquest mateix exemple de sòlids ideals cristalins, hi apliquem el segon principi:

$$dS = \frac{dQ^{rev}}{T} = \frac{dU}{T} = \frac{C\,dT}{T}$$

Per definició del primer principi: $dU = dQ^{rev} - P\,dV$. En el cas del sòlid ideal el treball serà zero, ja que $dV = 0$.

Si continuem amb l'entropia:

$$S_{TOT} = S_A + S_B = C\int_{T_A^0}^{T_f} \frac{dT}{T} + C\int_{T_B^0}^{T_f} \frac{dT}{T} = C\left[\ln\frac{T_f}{T_A^0} + \frac{T_f}{T_B^0}\right] = C\ln\frac{T_f^2}{T_B^0 T_A^0}$$

Aplicant el resultat obtingut per la temperatura final abans, obtenim:

$$\boxed{dS_{TOT} = C\ln\left[\frac{\left(T_A^0 + T_B^0\right)^2}{4\,T_B^0\,T_A^0}\right] \geq 0}$$

Aquest increment d'entropia total, és compleix si i només si $\left(T_A^0 + T_B^0\right)^2 \geq 4\,T_B^0\,T_A^0$; cosa que és demostrable que es compleix.

Per tant, *si agafem la direccionalitat d'anar des d'un estat d'equilibri tèrmic, fins un estat en què les temperatures siguin diferents, tindríem símbol negatiu per l'entropia, la qual cosa faria que no es compli la segona llei.*

Per acabar, hem de veure perquè **dS** és una diferencial exacta. Per fer-ho o considerar-ho, és adient introduir l'**enunciat de *Carathédory***, un enunciat que l'únic que ens diu és:

$$\boxed{dS = \frac{1}{T}dQ^{rev}}$$ en què $\frac{1}{T}$ és el *factor integrant* de la calor infinitesimal en un procés reversible que fa que **dS** sigui exacta.

Termodinàmica i Mecànica estadística

3.8. Equacions *TdS*

Les equacions *TdS* són equacions que ens determinen el canvi d'entropia d'un sistema relacionant els coeficients termodinàmics i les capacitats calorífiques amb les magnituds que ens determinen i de què depèn l'equació d'estat.

Nosaltres les treballarem pel cas d'un fluid tancat, però per un altre sistema que no ho sigués, les equacions serien totalment anàlogues. A més a més, les magnituds que surtin a les equacions *TdS*, han de ser magnituds mesurables experimentalment.

Si partim de l'equació de *Gibbs*, que ens relaciona el primer i el segon principi i fem ús de l'enunciat de *Carathédory*; podem expressar $đQ^{rev} = TdS$ i l'equació de *Gibbs* vindrà donada per $dU = TdS - PdV$. Anàlogament tindrem: $dS = \dfrac{dU}{T} + \dfrac{P}{T}dV$.

Aleshores, pel cas d'un fluid tancat, tindríem unes equacions *TdS*:

$$\boxed{\begin{aligned}&1.\ dS = \frac{c_V}{T}dT + \frac{\alpha}{k_T}dV \\ \\ &2.\ dS = \frac{c_P}{T}dT - \alpha V\, dP \\ \\ &3.\ dS = \frac{c_V k_T}{T\alpha}dP + \frac{c_P}{T\alpha V}dV\end{aligned}}$$

Equacions *TdS*

A continuació, presentem les demostracions de les equacions:

Demostració equació 1

$dS = \dfrac{dU}{T} + \dfrac{P}{T}dV$; $U(T,V) \rightarrow dU = \left(\dfrac{\partial U}{\partial T}\right)_V dT + \left(\dfrac{\partial U}{\partial V}\right)_T dV$ per tant, tenim $dS = \dfrac{1}{T}\left(\dfrac{\partial U}{\partial T}\right)_V dT + \left[\dfrac{1}{T}\left(\dfrac{\partial U}{\partial V}\right)_T + \dfrac{P}{T}\right]dV$ **(1)**

75

Termodinàmica i Mecànica estadística

$$S(T,V) \rightarrow dS = \left(\frac{\partial S}{\partial T}\right)_V dT + \left(\frac{\partial S}{\partial V}\right)_T dV \quad (2)$$

Ajuntant **(1)** i **(2)** obtenim:

$$\left(\frac{\partial S}{\partial T}\right)_V = \frac{c_V}{T} \quad ; \quad \left(\frac{\partial S}{\partial V}\right)_T = \frac{1}{T}\left[\left(\frac{\partial U}{\partial V}\right)_T + P\right]$$

Com **dS** és una funció d'estat i, per tant, exacta; podem fer derivades creuades.

$$\frac{\partial}{\partial V}\left[\left(\frac{\partial S}{\partial T}\right)_V\right]_T = \frac{\partial}{\partial T}\left[\left(\frac{\partial S}{\partial V}\right)_T\right]_V$$ Si ho apliquem a l'equació **(1)** tenim:

$$\frac{1}{T}\frac{\partial^2 U}{\partial V \partial T} = -\frac{1}{T^2}\left(\frac{\partial U}{\partial V}\right)_T + \frac{1}{T}\left(\frac{\partial^2 U}{\partial T \partial V}\right) - \frac{1}{T^2}P + \frac{1}{T}\left(\frac{\partial P}{\partial T}\right)_V$$

Observem que els termes de segon ordre de *U* es cancel·len, ja què és una equació diferencial exacta i obtenim una **relació important** anomenada *relació de compatibilitat* entre *l'equació calòrica d'estat U(T,V)* i *l'equació tèrmica d'estat P (V,T)*:

$$\boxed{\left(\frac{\partial U}{\partial V}\right)_T = T\left(\frac{\partial P}{\partial T}\right)_V - P}$$

Relació de compatibilitat

Això, és conseqüència del primer i segon principi. Si ho substituïm a la segona part de l'equació **(1)**:

$$dS = \frac{c_V}{T}dT + \left(\frac{\partial P}{\partial T}\right)_V dV \quad ; \text{ en què } \left(\frac{\partial P}{\partial T}\right)_V = \beta P \quad \text{,fent ús de què } \beta = \frac{\alpha}{P k_T}$$

tenim que $\beta P = \frac{\alpha}{k_T}$. Finalment:

$$\boxed{dS = \frac{c_V}{T}dT + \frac{\alpha}{k_T}dV}$$

1a equació TdS

Termodinàmica i Mecànica estadística

Demostració equació 2

Per demostrar aquesta expressió, anem a definir abans algunes relacions:

$$\left(\frac{\partial U}{\partial V}\right)_T = T\left(\frac{\partial P}{\partial T}\right)_V - P \quad (1) \quad ; \quad c_P = \left(\frac{\partial U}{\partial T}\right)_V + \left[\left(\frac{\partial U}{\partial V}\right)_T - P\right]\left(\frac{\partial V}{\partial T}\right)_P \quad (2) \quad ;$$

$$c_V = \left(\frac{\partial U}{\partial T}\right)_V \quad (3) \; ; \quad \left(\frac{\partial V}{\partial P}\right)_T = -V k_T \quad (4) \; ; \quad \beta P = \frac{\alpha}{k_T} \quad (5) \; ; \quad \left(\frac{\partial V}{\partial T}\right)_P = \alpha V \quad (6)$$

Treballem-la:

$$T\,dS = \left(\frac{\partial U}{\partial T}\right)_V dT + \left[\left(\frac{\partial U}{\partial V}\right)_T + P\right] dV \quad \textbf{(a)}$$

Aleshores $V(T,P) \rightarrow \quad dV = \left(\frac{\partial V}{\partial T}\right)_P dT + \left(\frac{\partial V}{\partial P}\right)_T dP$. Si substituïm a **(a)**:

$$T\,dS = \left(\frac{\partial U}{\partial T}\right)_V dT + \left[\left(\frac{\partial U}{\partial V}\right)_T + P\right]\left[\left(\frac{\partial V}{\partial P}\right)_T dP + \left(\frac{\partial V}{\partial T}\right)_P dT\right] =$$

$$= \left[\left(\frac{\partial U}{\partial T}\right)_V + \left[\left(\frac{\partial U}{\partial V}\right)_T + P\right]\left(\frac{\partial V}{\partial T}\right)_P\right] dT + \left[\left(\frac{\partial U}{\partial V}\right)_T + P\right]\left(\frac{\partial V}{\partial P}\right)_T dP$$

Aleshores, si separem les expressions tenim que per la fracció d'expressió corresponent a **dT**, aplicant (2); tenim: $c_P \, dT$.

La fracció d'expressió corresponent a **dP**, aplicant (1), (4) i (5); tenim: $-T\alpha V \, dP$; per tant, finalment ajuntant els termes:

$$\boxed{dS = \frac{c_P}{T} dT - \alpha V \, dP}$$

<u>2a equació TdS</u>

Termodinàmica i Mecànica estadística

Demostració equació 3

Per demostrar aquesta expressió, anem a definir abans algunes relacions, fent servir també les anteriors. Per tant:

$$\left(\frac{\partial V}{\partial T}\right)_P = \alpha V \quad (6) \quad \rightarrow \quad \left(\frac{\partial V}{\partial T}\right)_P^{-1} = \left(\frac{\partial T}{\partial V}\right)_P = \frac{1}{\alpha V} \quad (6'); \quad \left(\frac{\partial T}{\partial P}\right)_V = \frac{1}{P\beta} \quad (7)$$

Treballem-la:

$$T\,dS = \left(\frac{\partial U}{\partial T}\right)_V dT + \left[\left(\frac{\partial U}{\partial V}\right)_T + P\right] dV \quad \textbf{(a)}$$

Aleshores $T(P,V) \rightarrow \quad dT = \left(\frac{\partial T}{\partial P}\right)_V dP + \left(\frac{\partial T}{\partial V}\right)_P dV$. Si substituïm a **(a)**:

$$T\,dS = \left(\frac{\partial U}{\partial T}\right)_V \left(\frac{\partial T}{\partial P}\right)_V dP + \left[\left(\frac{\partial U}{\partial T}\right)_V \left(\frac{\partial T}{\partial V}\right)_P + \left(\frac{\partial U}{\partial V}\right)_T + P\right] dV$$

Aleshores, si separem les expressions tenim que per la fracció d'expressió corresponent a **dP**, aplicant (3), (7), (5) ; tenim: $c_V \frac{k_T}{\alpha} dP$.

La fracció d'expressió corresponent a **dV**, aplicant (2) i (6') ; tenim: $\frac{c_P}{\alpha V} dV$; per tant, finalment ajuntant els termes:

$$\boxed{dS = \frac{c_V k_T}{T\alpha} dP + \frac{c_P}{T\alpha V} dV}$$

3a equació TdS

Tornem ara a la relació de compatibilitat, que ens relaciona l'equació calòrica i tèrmica d'estat; podem relacionar-la amb les capacitats calorífiques. Si partim de la definició de les capacitats, tenim:

$$c_P - c_V = \left[\left(\frac{\partial U}{\partial V}\right)_T + P\right]\left(\frac{\partial V}{\partial T}\right)_P$$

Termodinàmica i Mecànica estadística

Per definicions prèvies i fent servir la relació entre calòrica i tèrmica:

- $\left(\dfrac{\partial U}{\partial V}\right)_T + P = T\left(\dfrac{\partial P}{\partial T}\right)_V = T\beta P = \dfrac{\alpha}{k_T}$
- $\left(\dfrac{\partial V}{\partial T}\right)_P = \alpha V$

Aleshores, finalment obtenim:

$$\boxed{c_P - c_V = T\beta P \alpha V = \dfrac{TV\alpha^2}{k_T}}$$

Relació de Mayer per un fluid

La relació de *Mayer* és una relació de compatibilitat entre mesures calorimètriques i funcions resposta.

EX

Per variar una mica amb els exemples, suposem el cas del gas ideal.

$PV = NRT \rightarrow P = \dfrac{NRT}{V} \rightarrow \left(\dfrac{\partial P}{\partial T}\right)_V = \dfrac{NR}{V}$ Si ho substituïm a l'equació de $\left(\dfrac{\partial U}{\partial V}\right)_T$ ens dóna zero. Per tant:

$\left(\dfrac{\partial U}{\partial V}\right)_T \left(\dfrac{\partial V}{\partial P}\right)_T = \left(\dfrac{\partial U}{\partial P}\right)_T = 0$ i, amb això, hem demostrat que *l'energia interna d'un gas ideal NO pot dependre explícitament ni de P ni de V; aleshores U és funció de T.*

Termodinàmica i Mecànica estadística

3.9. Equilibri tèrmic. Connexió entre la termodinàmica i la mecànica estadística

En l'equilibri termodinàmic podem tenir una combinació dels equilibris específics següents:

- **Equilibri tèrmic**: L'equilibri tèrmic s'assoleix quan el sistema termodinàmic arriba a temperatura constant $(T_A = T_B)$.

- **Equilibri mecànic**: L'equilibri mecànic s'assoleix quan el sistema termodinàmic arriba a pressió constant $(P_A = P_B)$.

- **Equilibri material**: L'equilibri material s'assoleix quan el sistema termodinàmic arriba a potencial químic constant $(\mu_A = \mu_B)$.

Per simplificar, ens situarem en l'equilibri tèrmic.

Anem a estudiar la connexió entre la termodinàmica i la mecànica estadística. Els principals protagonistes per a la connexió, són dos paràmetres; un per la termodinàmica (l'*entropia S*) i un altre per la mecànica estadística (el ***nombre de microstats*** Ω).

Intuïtivament l'entropia és proporcional al nombre de microstats, per tant, podem partir d'un estat a $T = 0\ °K$ i un microstat i a mesura que augmentem T el sistema entra en un *caos* molecular i apareixen els termes de *S, U, P,...*

Si estudiem l'equilibri des d'un punt de vista termodinàmic, obtenim interaccions tèrmiques (podrien haver estat mecàniques o materials, però ja hem dit de només considerar tèrmiques per simplificar) fins el punt d'arribar a l'equilibri:

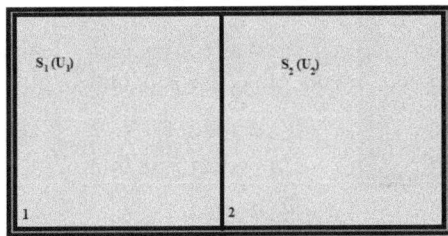

Si partim de l'equació de *Gibbs*:

$S\ (U, V, N)$ i N i V quasi bé resten constants en el cas de dos sòlids. Per tant, obtenim:

$$dS = \frac{dU}{T} + \frac{P}{T}dV - \frac{\mu\,dN}{T} \quad (1)$$

Termodinàmica i Mecànica estadística

Aleshores, $dS_{TOT} = dS_1 + dS_2 = \frac{\partial S_1}{\partial U_1}dU_1 + \frac{\partial S_2}{\partial U_2}dU_2$; partint de que $U_{TOT} = U_1 + U_2 = $ cnt perquè es conserva. Aleshores tenim $dU_1 + dU_2 = 0$ que amb dS_{TOT} finalment és:

$$dS_{TOT} = \left(\frac{\partial S_1}{\partial U_1} - \frac{\partial S_2}{\partial U_2}\right) dU_1$$

Quan arribem a l'equilibri, l'entropia total és màxima, per tant, podem realitzar:

$$\frac{\partial S_{TOT}}{\partial U_1} = 0 \quad \rightarrow \quad \left(\frac{\partial S_1}{\partial U_1}\right)_{eq} = \left(\frac{\partial S_2}{\partial U_2}\right)_{eq} \quad (2)$$

Si fem servir (1) i fem servir el terme tèrmic:

$$dS = \frac{dU}{T} \quad \rightarrow \quad \frac{dS}{dU} = \frac{1}{T} \quad (3)$$

Ajuntant les expressions (2) i (3), arribem a l'equilibri tèrmic (i anàlogament pel mecànic i material).

$\boxed{T_1^{eq} = T_2^{eq}}$	$\boxed{P_1^{eq} = P_2^{eq}}$	$\boxed{\mu_1^{eq} = \mu_2^{eq}}$
Tèrmic	**_Mecànic_**	**_Material_**

Estudiem ara l'equilibri des del punt de vista estadístic. Considerant el mateix sistema:

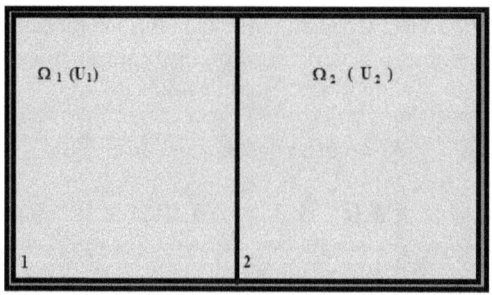

El nombre de microstats total és:

$$\Omega_{TOT} = \Omega_1(U_1)\Omega_2(U_2)$$

En arribar a l'equilibri, tenim que Ω_{TOT} és màxim:

$$\frac{\partial \Omega_{TOT}}{\partial U_1} = 0$$

Aleshores

$\frac{\partial \Omega_1}{\partial U_1}\Omega_2 + \Omega_1 \frac{\partial \Omega_2}{\partial U_1} = $ // fent servir la regla de la cadena, obtenim el segon

Termodinàmica i Mecànica estadística

diferencial: $\dfrac{\partial \Omega_2}{\partial U_1} = \dfrac{\partial \Omega_2(U_2)}{\partial U_2}\dfrac{\partial U_2}{\partial U_1}$ en què $\dfrac{\partial U_2}{\partial U_1} = -1$; perquè $U_1 + U_2 = \text{cnt}$ // $\dfrac{\partial \Omega_1}{\partial U_1}\Omega_2 - \Omega_1 \dfrac{\partial \Omega_2}{\partial U_2} = 0 \rightarrow \dfrac{\partial \Omega_1}{\partial U_1}\dfrac{1}{\Omega_1} = \dfrac{1}{\Omega_2}\dfrac{\partial \Omega_2}{\partial U_2}$ i finalment:

$$\boxed{\dfrac{\partial}{\partial U_1}(\ln \Omega_1) = \dfrac{\partial}{\partial U_2}(\ln \Omega_2)}$$

Amb aquesta fórmula, *Boltzmann* va relacionar la termodinàmica amb la mecànica estadística que, una mica més endavant, veurem les relacions entre elles. *Boltzmann* va formular:

$$\boxed{S = k_B \ln(\Omega)} \quad [2]$$
Fórmula de Boltzmann

En equilibri, U, N i V són magnituds conservades per l'univers termodinàmic; aleshores, l'entropia és una funció d'estat $S(U,N,V)$ que, introduint-ho a la fórmula de *Boltzmann* $S(U,N,V) = k_B \ln(\Omega(U,N,V))$.

Anem a veure un estudi de relacions. Partint de l'equació de *Gibbs* $dU = T\,dS - P\,dV + \mu\,dN$; existeix $S(U,N,V)$ en què $dS = \dfrac{dU}{T} + \dfrac{P}{T}dV - \dfrac{\mu\,dN}{T}$
aleshores, podem expressar dS com:

$$dS = \left(\dfrac{\partial S}{\partial U}\right)_{V,N} dU + \left(\dfrac{\partial S}{\partial V}\right)_{U,N} dV + \left(\dfrac{\partial S}{\partial N}\right)_{U,V} dN$$

Ajuntant això amb l'estadística tenim:

$$\boxed{\dfrac{1}{T} = \left(\dfrac{\partial S}{\partial U}\right)_{V,N} = \dfrac{k_B}{\Omega}\left(\dfrac{\partial \Omega}{\partial U}\right)_{V,N}} \rightarrow \boxed{\phi(T,U,V,N) = 0} \rightarrow \boxed{c_P\,;c_V}$$

Equació calòrica d'estat

---

[2] k_B és la constant de *Boltzmann* amb valor $1.380662 \cdot 10^{-23}\,J/°K$

Termodinàmica i Mecànica estadística

$$\boxed{\frac{P}{T}=\left(\frac{\partial S}{\partial V}\right)_{U,N}=\frac{k_B}{\Omega}\left(\frac{\partial \Omega}{\partial V}\right)_{U,N}} \quad \rightarrow * \quad \boxed{\varphi_1(P,T,V,N)=0} \quad \rightarrow \quad \boxed{\alpha ; k_T}$$

Equació tèrmica d'estat *

$$\boxed{\frac{\mu}{T}=-\left(\frac{\partial S}{\partial N}\right)_{U,V}=\frac{k_B}{\Omega}\left(\frac{\partial \Omega}{\partial N}\right)_{U,V}} \quad \rightarrow ** \quad \boxed{\varphi_3(\mu,T,V,N)=0}$$

Equació material d'estat **

* **Per arribar a** φ_1 **ens cal relacionar** $\phi(T,U,V,N)=0$ **amb l'expressió** $\varphi(P,T,U,N)=0$ **que ens surt primer.**

** **Per arribar a** φ_3 **ens cal relacionar** $\phi(T,U,V,N)=0$ **amb l'expressió** $\varphi_2(\mu,T,U,V,N)=0$.

Anem a veure ara l'aplicació al gas ideal que vam veure a mecànica estadística, per trobar les equacions d'estat.

Partint del hamiltonià $H=\sum_{i=1}^{N}\frac{\vec{p}_i^{\,2}}{2m}$; partint també i assumint implícitament que en un gas ideal monoatòmic no tenim cap més grau de llibertat:

$$\Gamma(U)=\frac{\pi^{\frac{3}{2}N}}{\left(\frac{3}{2}N\right)!}V^N(2mU)^{\frac{3}{2}N} \quad ; \quad \Gamma(U)=\frac{1}{N!}\int_{0\leq H\leq E}\frac{d\vec{q}\,d\vec{p}}{h^{3N}}$$

Tenim que les partícules de gas, són totes idèntiques i hem de seleccionar les permutacions. La indistingibilitat de partícules augmenta el nombre de microstats innecessàriament. A més a més, en l'espai de fases $(\vec{q},\vec{p})$, hem de tenir en compte el volum més petit d'aquest espai que conté un punt (*un microstat*) concret.

Pel principi quàntic del ***principi d'incertesa de Heisenberg***, $\Delta\vec{q}\,\Delta\vec{p}\geq h^{3N}$.

Termodinàmica i Mecànica estadística

Aleshores, l'espai de fase amb definició de funció de les seves magnituds, tenim:

$$\Gamma(E,V,N) = \frac{\pi^{\frac{3}{2}N}}{h^{3N}\Gamma\left(\frac{3N}{2}-1\right)} V^N (2mE)^{\frac{3}{2}N}$$

Per tant:

$$\Omega(E,V,N) = \frac{\partial \Gamma}{\partial E} \simeq \frac{3N}{2} \frac{\pi^{\frac{3}{2}N}}{h^{\frac{3N}{2}}\Gamma\left(\frac{3N}{2}-1\right)} V^N (2mE)^{\frac{3N}{2}-1} 2m$$

Aplicant la fórmula de *Boltzmann* i relacionant-la amb la de *Gibbs* en representació de l'entropia $\left(dS = \frac{dU}{T} + \frac{P}{T}dV - \frac{\mu dN}{T}\right)$:

- $$\frac{1}{T} = \left(\frac{\partial S}{\partial U}\right)_{V,N} = \frac{k_B}{\Omega}\left(\frac{\partial \Omega}{\partial U}\right)_{V,N} = \frac{k_B\left(\frac{3N}{2}-1\right)}{CU^{\frac{3N}{2}-1}} CU^{\frac{3N}{2}-2} =$$

$$= \frac{k_B C 2m\left(\frac{3N}{2}-1\right)(2mU)^{\frac{3N}{2}-2}}{C(2mU)^{\frac{3N}{2}-1}} = 2mk_B\left(\frac{3N}{2}-1\right)(2mU)^{-1} =$$

$$= \frac{k_B}{U}\left(\frac{3N}{2}-1\right) \simeq // \text{ si } N \text{ és gran } // \simeq U = \frac{3N}{2}k_B T = E$$

- $$\frac{P}{T} = \left(\frac{\partial S}{\partial V}\right)_{U,N} = \frac{k_B}{\Omega}\left(\frac{\partial \Omega}{\partial V}\right)_{U,N} = \frac{k_B N C V^{N-1}}{C V^N} = k_B \frac{N}{V} \rightarrow PV = Nk_B T$$

L'equació material d'estat no ens interessa tant com les dues darreres, ja que hem obtingut l'*equació calòrica* i **tèrmica d'estat** respectivament. La material és més important i interessant per la química.

Aleshores, relacionant l'equació que ja coneixem dels gasos ideals amb l'obtinguda per l'equació tèrmica d'estat; obtindrem el valor de la variable ***R***.

Termodinàmica i Mecànica estadística

nº de mols $\cdot R = N_{part} k_B$; N_{part} = nº mols N_A amb N_A com el número d'*Avogadro*. Finalment tenim:

$$\boxed{R = N_A k_B}$$

Fent servir una col·lectivitat o una altra; obtenim els mateixos resultats, només varia la dificultat. Ja ho veurem en temes posteriors.

3.10. Entropia de *Shannon*

En teoria de la informació, fem servir una entropia anomenada *entropia de Shannon*. Aquesta entropia la va presentar al *1948* i està relacionada amb tota la informació.

L'entropia es pot considerar com la quantitat d'informació promig que contenen els símbols utilitzats. Els símbols amb una probabilitat menor són els que aporten major informació al sistema. Per exemple, si considerem el sistema de símbols com les paraules en un text, les paraules més freqüents com les conjuncions, preposicions ens aporten poca informació, però paraules menys freqüents com els verbs, noms o adjectius ens n'aporten molta. Per tant, si prescindim d'algunes de les més freqüents es podrà entendre el context, per contra de si en treiem algun nom, verb o adjectiu ens serà més difícil trobar el sentit a l'oració. Quan tots els símbols són igualment de probables (*distribució de probabilitat plana*) tots aporten informació rellevant i l'entropia és màxima.

L'entropia, com be sabem, s'entén com una **mesura de desordre** o de la peculiaritat de certes combinacions.

L'entropia pot ser considerada com una mesura d'incertesa i de la informació necessària per poder acotar, reduir o eliminar, en qualsevol procés, la incertesa.

Resulta, que després de desenvolupar la *mecànica estadística* i *la teoria de la informació*; l'entropia i la informació estan relacionades entre sí

Per tant, la teoria de la informació es basa amb aquesta entropia:

$$\boxed{S = -k_B \sum_n P_n \ln(P_n)}$$

Termodinàmica i Mecànica estadística

Deduirem quan val $S = k_B \ln(\Omega)$ i P_n en el microcanònic. L'entropia de *Boltzmann*, correspon al màxim valor de l'entropia de *Shannon*. Per deduir-ho ens cal fer servir els **multiplicadors de Lagrange**.

Els **multiplicadors de Lagrange**, breument, es basen en:

$$f(x_1, \ldots, x_n) \quad \text{Aleshores:} \quad \begin{bmatrix} g_1(x_1, \ldots, x_n) = 0 \\ \cdot \\ \cdot \\ \cdot \\ g_k(x_1, \ldots, x_n) = 0 \end{bmatrix} \rightarrow \text{el valor màxim:} \quad \delta f = 0$$

aleshores: $\delta f = 0 \rightarrow \dfrac{\partial f}{\partial x_i} + \sum_{j=1}^{k} \lambda_j \dfrac{\partial g_i}{\partial x_i} = 0$ amb $i = 1, \ldots, n$ i tenim $k + n$ equacions.

Per tant, en el nostre cas: $\delta S = 0$ i P_n és la **probabilitat de que el microstat "n" existeixi**.

Per definició d'estadística tenim: $\sum_{n=1}^{\Omega} P_n = 1$ i $g = \sum_{n=1}^{\Omega} P_n - 1$. Si maximitzem la nostra funció:

$$\dfrac{\partial S}{\partial P_i} + \lambda \dfrac{\partial}{\partial P_i} \left[\sum_{n=1}^{\Omega} P_n - 1 \right] = 0$$

per tota $i = 1, \ldots, \Omega$.

Provem el resultat realitzant les derivades terme a terme:

1r terme $\quad k_B \sum_{n=1}^{\Omega} \left[\dfrac{\partial P_n}{\partial P_i} \ln(P_n) + P_n \dfrac{1}{P_n} \dfrac{\partial P_n}{\partial P_i} \right] \quad$ definint $\quad \dfrac{\partial P_n}{\partial P_i} = \delta_{ni}$

2n terme $\quad +\lambda \sum_{n=1}^{\Omega} \delta_{ni} = 0$

Que amb els dos termes, finalment obtenim:

$$\boxed{-k_B(\ln(P_i) + 1) + \lambda = 0}$$

Termodinàmica i Mecànica estadística

Treballem aquesta expressió:

$$\ln P_i + 1 = \frac{\lambda}{k_B} \rightarrow \ln P_i = \frac{\lambda}{k_B} - 1 \rightarrow P_i = \exp\left(\frac{\lambda}{k_B} - 1\right)$$ La probabilitat de tots els microstats, és la mateixa, ja què el valor de $\exp\left(\frac{\lambda}{k_B} - 1\right) = \text{cnt} = P_i$

Per tant, $\sum_{n=1}^{\Omega} P_n = 1 \rightarrow P_n \sum_{n=1}^{\Omega} 1 = 1 \rightarrow P_n \Omega = 1 \rightarrow P_n = \frac{1}{\Omega}$.

Aleshores:

$$S = k_B \sum_{n=1}^{\Omega} \frac{1}{\Omega} (\ln \Omega)$$

que no depèn de **n**, per tant: $\frac{k_B}{\Omega} (\ln \Omega) \sum_{n=1}^{\Omega} 1 = \boxed{S = k_B (\ln \Omega)}$ *q.v.d*

En el cas microscòpic la P_n canviarà per la col·lectivitat; però **S** no varia en expressió.

3.11. Tercer principi de la termodinàmica

El tercer principi de la termodinàmica, està formulat per explicar com s'han de comportar els sistemes quan la temperatura d'aquest, s'apropa a **T = 0 °K**.

Els sistemes a baixes temperatures, tenen relació amb el comportament quàntic, és a dir, un model *clàssic* no complirà aquest tercer principi.

Aquest tercer principi es basa en dos postulats destacats:

- **Postulat de Nernst**: *"Els canvis d'entropia en processos isoterms són zero quan T tendeix a zero* : $\boxed{\lim_{T \to 0} (\Delta S)_T = 0}$ "

    Hem d'extreure energia en forma de calor. Els processos han de ser etapes isotermes (*extreure T constantment*) i adiabàtiques (*per refredar-*

lo mitjançant a aquest procés). La demostració, però, no la farem, doncs es pot trobar en molts llibres i tampoc hi dedicarem gaire al tercer principi.

- **_Postulat de Planck_**: $\boxed{\lim_{T \to 0} S(T,V) = 0}$

Ja no només ΔS tendeix a zero, sinó també **S** tendeix a zero. Com que $S = k_B \ln(\Omega)$, si la temperatura tendeix a zero, el nombre de microstats tendeix a 1 $(\Omega) \to 1$ i, amb això, arribem a què **només** hi ha un microstat possible quan $T \to 0$. És per això que quan treballem amb suposicions de temperatures properes al zero absolut, considerem un sistema en què les partícules resten sense moviment, ni col·lisionen, ni es transmeten energia,... i només tenen un microstat, tal i com havíem dit al principi de l'apartat *3.9*.

"Si es compleix el Postulat de Planck, es compleix el postulat de Nernst. Si no es compleix el de Nernst, no es compleix el de Planck"

A més a més, podem deduir les conseqüències de que quan la temperatura tendeix a zero, $c_V \to 0$; $c_P \to 0$ i $\alpha \to 0$ també; mentre que k_T **no**.

Hi han sistemes que no estan preparats per a avaluar a baixes temperatures en aquest límit. Un cas és el gas ideal, que aquest no verifica el tercer principi!

$$U = \frac{3}{2} N k_B T \quad \to \quad c_V = \frac{3}{2} N k_B$$

Però no és un problema, ja que el gas ideal no està preparat; per això, en un sistema clàssic no ens funcionarà o no es complirà; ja què pel tercer principi (a temperatures baixes) han de ser sistemes preparats i amb un comportament quàntic.

Per tant, la temperatura, és una barrera que ens marca quan un sistema es comporta o és clàssic o quàntic.

Termodinàmica i Mecànica estadística

Termodinàmica i Mecànica estadística

Tema 4.- Potencials termodinàmics

En aquest tema, tractarem els nivells d'informació que ens pot presentar un sistema termodinàmic i en quines representacions ens el podem trobar. Aquestes representacions són els *potencials termodinàmics* que són equacions fonamentals que depenen de variables diferents segons el potencial que tractem. Aquests potencials són interessants ja què segons el context, el procés, l'experiment... que volguem tractar, ens serà més fàcil de treballar amb una representació o una altra.

Malgrat siguin equacions fonamentals amb representacions diferents, per un mateix sistema obtindrem les mateixes equacions d'estat, però amb dependències diferents.

Treballarem amb les equacions de *Maxwell,* que ens permetran fer canvis de variables de les magnituds no mesurables experimentalment per una relació que podem conèixer en un laboratori, per poder avaluar experimentalment sistema o un procés.

Per acabar parlarem de l'estabilitat d'un sistema i els criteris que hem de seguir per avaluar-lo i treballarem amb la teoria de fluctuacions d'*Einstein*.

4.1. Equació fonamental

A termodinàmica, parlarem de nivells d'informació a equacions, funcions i paràmetres que ens determinen el comportament d'un sistema describint les característiques de les seves magnituds, variables, coeficients i capacitats.

En concret, tindrem tres nivells d'informació que els dividirem com el primer nivell el que més informació del sistema ens mostra i el tercer com el que menys. Això és causa de què per passar de nivells (del primer al segon i del segon al tercer), cal derivar; mentre que per fer el procés invers caldrà integrar. Aleshores, quan passem a un nivell inferior, perdem informació; ja que les constants desapareixen i, per tant, per fer el procés invers i integrar, necessitem conèixer les constants d'integració o, més concreta i correctament; **informació adicional**.

Termodinàmica i Mecànica estadística

Aleshores, al ***primer nivell d'informació***, tenim l'equació de *Gibbs* o l'equació de *Boltzmann*; equacions (*de fet una mateixa equació ja que podem fer **U (S, V, N)*** o ***S (U, V, N)***) que són diferencials exactes i, a més a més, <u>funcions d'estat</u>. Aleshores, les <u>def</u>inim com a ***equacions fonamentals*** o ***característica del sistema*** en representació de ***U*** i ***S*** respectivament.

1r. nivell : $\boxed{S(U,V,N)=k_B \ln(\Omega(U,V,N)) \to U(S,V,N_i); dU = TdS - PdV + \sum_{i=1}^{r} \mu_i dN_i}$

Si ara derivem el primer nivell, agafant l'equació de *Gibbs* $U(S,V,N_i)$; tenim:

$$\boxed{dU = \left(\frac{\partial U}{\partial S}\right)_{V,N_i} dS + \left(\frac{\partial U}{\partial V}\right)_{S,N_i} dV + \sum_{j=1}^{r} \left(\frac{\partial U}{\partial N_j}\right)_{S,V,N_j \neq i} dN_j}$$

Aleshores, obtenim tres tipus d'equacions amb les què deduim l'equació calòrica, l'equació tèrmica i l'equació material d'estat comparant **dU** amb l'equació de *Gibbs*:

$$T = \left(\frac{\partial U}{\partial S}\right)_{V,N_i} \quad ; \quad P = -\left(\frac{\partial U}{\partial V}\right)_{S,N_i} \quad ; \quad \mu_i = \left(\frac{\partial U}{\partial N_j}\right)_{S,V,N_j \neq i}$$

$$\downarrow \qquad\qquad\qquad \downarrow \qquad\qquad\qquad \downarrow$$

$\boxed{T(S,V,N_i)} \qquad \boxed{P(S,V,N_i)} \qquad \boxed{\mu_i(S,V,N_{j\neq i})}$

<u>**Calòrica**</u> <u>**Tèrmica**</u> <u>**Material**</u>

Assignem aquests noms, encara que no siguin equacions d'estat encara, perquè a partir d'elles podem trobar-les.

Com $N_i = (N_1, ..., N_r)$ aïllant **S** de la calòrica o la tèrmica i substituïnt a la que no hem aïllat, obtenim:

- O bé $U(T,V,N_1,...N_r)$ que seria ***l'equació calòrica d'estat***

- O bé $P(T,V,N_1,...N_r)$ que seria ***l'equació tèrmica d'estat***

Amb les equacions d'estat, tenim el ***segon nivell d'informació***.

Termodinàmica i Mecànica estadística

Si ara tornem a derivar, podem obtenir les propietats del sistema. Tal i com havíem vist al principi del tema *3*, aquestes propietats són: α, k_T, c_V, c_P i formen el *tercer nivell d'informació*.

En resum tenim:

$$\boxed{U(S,V,N_i)} \underset{\int}{\overset{\partial}{\rightleftarrows}} \boxed{\begin{array}{c} U(T,V,N_i) \\ P(T,V,N_i) \end{array}} \underset{\int}{\overset{\partial}{\rightleftarrows}} \boxed{\alpha,\, k_T,\, c_V,\, c_P}$$

4.2. Forma d'*Euler* de l'energia interna. Equació de *Gibbs-Duhem*

Si partim de les equacions fonamentals *U (S, V, N)* o *S (U, V, N)*, que són les mateixes; podem transformar-les per trobar altres representacions de l'expressió de *U* perquè ens sigui més fàcil d'avaluar i obtenir experimentalment.

Per fer-ho, cal recordar les <u>funcions homogènies</u> i el <u>teorema d'*Euler*</u>.

4.2.1. Funcions homogènies

Considerem f una funció homogènia de grau n tal què la nostra funció és: $f(x_1, x_2, ..., x_r, x_{r+1}, ... x_s)$. Aleshores, diem que $(x_1, ..., x_r)$ són variables *extensives* i $(x_{r+1}, ..., x_s)$ variables *intensives*; per tant, la nostra funció la podem representar com:

$$f(\lambda x_1, \lambda x_2, ..., \lambda x_r, x_{r+1}, ... x_s) = \lambda^n f(x_1, x_2, ..., x_r, x_{r+1}, ..., x_s)$$

- Les *variables extensives* són funcions homogènies de grau *1* per definició, és a dir
$$f(x_1, x_2, ..., x_r) = f(\lambda x_1, \lambda x_2, ..., \lambda x_r) = \lambda f(x_1, x_2, ..., x_r)$$

Termodinàmica i Mecànica estadística

- Les *variables intensives* són funcions homogènies de grau *0* per definició; és a dir:

$$f(x_{r+1},...,x_s)=f(\lambda x_{r+1},...\lambda x_s)=f(x_{r+1},...,x_s)$$

Amb això, podem dir que totes les equacions d'estat, han de complir els criteris d'homogeneïtat. Si agafem l'equació fonamental $U(S,V,N)=U(\lambda S,\lambda V,\lambda N)=\lambda U(S,V,N)$.

Si agafem la calòrica i la tèrmica per utilitzar els criteris, tenim:

i) *U (T, V, N)*: *T* és una variable intensiva i *V* i *N* són extensives, per tant:

$$U(T,\lambda V,\lambda N)=\lambda U(T,V,N) \quad \textbf{perquè U és extensiva}$$

ii) *P (T, V, N)*: Seguint el mateix criteri que per la calòrica, tenim:

$$P(T,\lambda V,\lambda N)=P(T,V,N) \quad \textbf{perquè P és intensiva}$$

Si ara agafem coma exemple el gas ideal monoatòmic: $U=\frac{3}{2}Nk_BT$ tenim:

$$U(T,\lambda V,\lambda N)=\lambda U(T,V,N) \rightarrow \lambda U=\frac{3}{2}\lambda N k_B T$$

amb tèrmica $PV=NK_BT$

$$P(T,\lambda V,\lambda N)=P(T,V,N) \rightarrow P\lambda V=\lambda N k_B T$$

i observem que l'activitat homogènia es compleix i no ens modifica el sistema.

4.2.2. Teorema d'*Euler*

"Si agafem una funció homogènia de grau n amb r variables extensives i n – r variables intensives; podem afirmar que com per criteris d'homogeneïtat tenim
$$f(\lambda x_1, \lambda x_2,...,\lambda x_r, x_{r+1},...x_s)=\lambda^n f(x_1,x_2,...,x_r,x_{r+1},...,x_s) \quad ; \quad \textit{aleshores}$$

Termodinàmica i Mecànica estadística

podem expressar:

$$nf(x_1,...,x_s)=\sum_{i=1}^{r} x_i \left(\frac{\partial f(x_1,...,x_s)}{\partial x_i}\right)_{x_{j\neq i}}$$

Anem a veure la demostració d'aquest teorema:

Demostració

$$f(\lambda x_1, \lambda x_2,...,\lambda x_r, x_{r+1},...,x_s)=\lambda^n f(x_1, x_2,...,x_r, x_{r+1},...,x_s)$$

$$\frac{\partial}{\partial \lambda} f(\lambda x_1, \lambda x_2,...,\lambda x_r, x_{r+1},...x_s)=n\lambda^{n-1} f(x_1, x_2,...,x_r, x_{r+1},...,x_s) \quad (1)$$

Anem amb la primera part i demostrem que és igual a la segona:

$$\frac{\partial f(\lambda x_1, \lambda x_2,...,\lambda x_r, x_{r+1},...x_s)}{\partial \lambda}=\sum_{i=1}^{r}\frac{\partial f(\lambda x_1, \lambda x_2,...,\lambda x_r, x_{r+1},...x_s)}{\partial(\lambda x_i)}\frac{\partial(\lambda x_i)}{\partial \lambda}+$$

$$+\sum_{i=r+1}^{s}\frac{\partial f(\lambda x_1, \lambda x_2,...,\lambda x_r, x_{r+1},...x_s)}{\partial(x_i)}\frac{\partial(x_i)}{\partial \lambda}$$

Si observem els diferencials de normalització de x_i amb λ, podem eliminar el segon terme i quedar-nos amb el primer, ja què $\frac{\partial(x_i)}{\partial \lambda}=0$ i $\frac{\partial(\lambda x_i)}{\partial \lambda}=x_i$. Per tant, com $\frac{1}{\partial(\lambda x_i)}=\frac{1}{\partial x_i}\frac{\partial x_i}{\partial(\lambda x_i)}=\frac{1}{\partial x_i}\frac{1}{\lambda}$ tenim:

$$\frac{1}{\lambda}\sum_{i=1}^{r}\frac{\partial f(\lambda x_1, \lambda x_2,...,\lambda x_r, x_{r+1},...x_s)}{\partial(x_i)}x_i=n\lambda^{n-1} f(x_1, x_2,...,x_r, x_{r+1},...,x_s) \quad (1)$$

Ja ho hem demostrat, ja què com $(x_1,...,x_r)$ són variables extensives i tenen grau 1 $\left(\lambda^{n-1}=\lambda^{1-1}=\lambda^0=1\right)$. Si ho mirem amb diferenciació, la part de la dreta ens quedarà:

$$\frac{\lambda^n}{\lambda}\sum_{i=1}^{r}\frac{\partial f(\lambda x_1, \lambda x_2,...,\lambda x_r, x_{r+1},...x_s)}{\partial(x_i)}x_i$$

Termodinàmica i Mecànica estadística

Si ara fem una aplicació del teorema d'*Euler* considerant l'energia interna U, tenim que $U = U(S, V, N_i)$ és homogènia amb $n = 1$, aplicant el teorema:

$$U(S,V,N_i) = U(S,V,N_1,...N_r) = S\left(\frac{\partial U}{\partial S}\right)_{V,N_1,N_r} + V\left(\frac{\partial U}{\partial V}\right)_{S,N_1,N_r} + \sum_{i=1}^{r} N_i \left(\frac{\partial U}{\partial N_i}\right)_{S,V,N_j \neq i}$$

Amb l'equació de *Gibbs*: $\quad dU = T\,dS - P\,dV + \sum_{i=1}^{r} \mu_i\,dN_i \quad$ tenim que:

$$T = \left(\frac{\partial U}{\partial S}\right)_{V,N_i} \quad ; \quad P = -\left(\frac{\partial U}{\partial V}\right)_{S,N_i} \quad ; \quad \mu_i = \left(\frac{\partial U}{\partial N_j}\right)_{S,V,N_j \neq i}$$

Per tant,

$$\boxed{U(S,V,N_i) = TS - PV + \sum_{i=1}^{r} \mu_i N_i}$$

Fórmula d'Euler per l'energia interna

La fórmula d'*Euler* que hem presentat, és general per un fluid.

Si ara calculem **d***U* de la fórmula d'*Euler* i la igualem amb la de *Gibbs*, tenim

$$dU = T\,dS + S\,dT - P\,dV - V\,dP + \sum_{i=1}^{r}\mu_i\,dN_i + \sum_{i=1}^{r}d\mu_i N_i = T\,dS - P\,dV + \sum_{i=1}^{r}\mu_i\,dN_i$$

Si anem cancel·lant els termes, observem que per a què la fórmula d'*Euler* i la de *Gibbs* siguin compatibles, és necessari que:

$$\boxed{S\,dT - V\,dP + \sum_{i=1}^{r} N_i\,d\mu_i = 0}$$

Equació de Gibbs-Duhem

Termodinàmica i Mecànica estadística

4.3. Transformades de *Legendre*. Potencials termodinàmics

Ja coneixem el concepte d'equació fonamental, ara ens interessa canviar la seva representació ja què no podem saber el seu valor experimental perquè no podem mesurar l'entropia. Per canviar la representació ens cal fer una transformada de *Legendre* segons ens interessi. Quan trobem diferents representacions, estem trobant diferents **potencials termodinàmics** que, aquests, tenen un rang de mateix valor que l'equació fonamental (*de fet és l'equació fonamental del sistema en representació d'una magnitud que tindrà com a variables paràmentres que es podran mesurar experimentalment*).

Un exemple clar de transformada de *Legendre*, és quan passem del *lagrangià* al *hamiltonià* o a l'inrevés. Aleshores, la transformada de **L** serà $H = \dot{x} p - L$.

4.3.1. Transformades de *Legendre*

Si tenim *y (x)* i assignem $p = \dfrac{d\, y(x)}{d\, x} \rightarrow x = x(p)$; aleshores:

$$y(x) = \mathscr{L}[y(x)] = \tilde{y}(p) = y(x(p)) - x(p) p$$

Una propietat interessant, és que la transformada de la transformada, deixa la funció *y (x)* tal i com la teníem a l'inici, sense perdre ni destruir cap tipus d'informació. $\mathscr{L}[\mathscr{L}[y(x)]] = y(x)$.

Si ara anem a per un cas més general, *y* pot dependre de moltes més variables, amb la probabilitat de que siguin extensives i intensives, és a dir: $y(x_1, x_2, ..., x_k, x_{k+1}, ..., x_s)$ per tant:

$$\mathscr{L}_{x_1,...,x_k}[y(x_1, x_2, ..., x_k, x_{k+1}, ..., x_s)] = y(p_1, ..., p_k, x_{k+1}, ..., x_s) - \sum_{i=1}^{k} x_i(p_i) \left(\dfrac{\partial y}{\partial x_i}\right)_{x_{j \neq i}}$$

i això, és igual per definició de $p_i = \dfrac{\partial y}{\partial x_i} ; i = 1, ... k$ tenim:

$$y(p_1, ..., p_k; x_{k+1}, ..., x_s) - \sum_{i=1}^{k} x_i(p_i) p_i$$

Aleshores, els potencials termodinàmics són les transformades de *Legendre* de l'energia interna **U**.

Termodinàmica i Mecànica estadística

Anem a veure aquests potencials canviant la representació a l'equació fonamental en representació de l'energia interna.

1. Representació del volum. Transformada de *Legendre* respecte el volum.

$$\mathcal{L}_V[U(S,V,N)] = U - V\left(\frac{\partial U}{\partial V}\right)_{S,N}$$

en què $p_i = \frac{\partial U}{\partial V}$. Per definició, tenim que $\left(\frac{\partial U}{\partial V}\right)_{S,N} = -P$, aleshores definim una funció H anomenada **entalpia** que fa referència a la transformada de *Legendre* respecte el volum; amb valor, com hem vist $\boxed{H = U + PV}$, per tant:

$$\boxed{H(S,P,N)}$$
Equació fonamental en representació de l'entalpia

L'equació de *Gibbs* per l'**entalpia** és: $dH = dU + PdV + VdP = //$ que aplicant la **dU** de *Gibbs* $= TdS - PdV + \mu dN + PdV + VdP =$

$$\boxed{dH = TdS + VdP + \mu dN}$$
Equació de Gibbs per l'entalpia

$$\boxed{dH = \left(\frac{\partial H}{\partial S}\right)_{P,N} dS + \left(\frac{\partial H}{\partial P}\right)_{S,N} dP + \left(\frac{\partial H}{\partial N}\right)_{S,P} dN}$$

en què:

$$T = T(S,P,N) = \left(\frac{\partial H}{\partial S}\right)_{P,N} \; ; \; V = V(S,P,N) = \left(\frac{\partial H}{\partial P}\right)_{S,N} \; ; \; \mu = \mu(S,P,N) = \left(\frac{\partial H}{\partial N}\right)_{S,P}$$

que relacionant les dues primeres, podem eliminar **S** i obtenir l'equació tèrmica d'estat i la calòrica relacionant-la amb $U = H - PV$ i la tèrmica afegint **S**.

Termodinàmica i Mecànica estadística

Si ara ho relacionem amb la forma d'*Euler* de l'energia interna:
$H = U + PV = TS - PV + \mu N + PV$; tenim:

$$\boxed{H = TS + \mu N}$$
Forma d'Euler per l'entalpia

2. Representació de l'entropia. Transformada de *Legendre* respecte l'entropia.

$$\mathcal{L}_S[U(S,V,N)] = U - S\left(\frac{\partial U}{\partial S}\right)_{V,N}$$

en què $p_i = \dfrac{\partial U}{\partial S}$. Per definició, tenim que $\left(\dfrac{\partial U}{\partial S}\right)_{V,N} = T$, aleshores definim una funció $\mathcal{F}$ anomenada **_energia lliure de Helmholtz_** que fa referència a la transformada de *Legendre* respecte l'entropia; amb valor, com hem vist $\boxed{\mathcal{F} = U - ST}$, per tant:

$$\boxed{\mathcal{F}(T,V,N)}$$
Equació fonamental en representació de l'energia lliure de Helmholtz

El diferencial l'*energia lliure de Helmholtz* la calculem relacionant-la amb l'equació de *Gibbs* com hem fet anteriorment per l'entalpia:

$$d\mathcal{F} = dU - S\,dT - T\,dS = T\,dS - P\,dV + \mu\,dN - S\,dT - T\,dS =$$

$$\boxed{d\mathcal{F} = -S\,dT - P\,dV + \mu\,dN}$$
Equació de Gibbs per l'energia lliure de Helmholtz

$$\boxed{d\mathcal{F} = \left(\frac{\partial \mathcal{F}}{\partial T}\right)_{V,N} dT + \left(\frac{\partial \mathcal{F}}{\partial V}\right)_{T,N} dV + \left(\frac{\partial \mathcal{F}}{\partial N}\right)_{T,V} dN}$$

Termodinàmica i Mecànica estadística

en què:

$$S=S(T,V,N)=-\left(\frac{\partial \mathscr{F}}{\partial T}\right)_{V,N} \; ; \; P=P(T,V,N)=-\left(\frac{\partial \mathscr{F}}{\partial V}\right)_{T,N} \; ; \; \mu=\mu(T,V,N)=\left(\frac{\partial \mathscr{F}}{\partial N}\right)_{T,V}$$

en què $P(T,V,N)=-\left(\frac{\partial \mathscr{F}}{\partial V}\right)_{T,N}$ és l'equació tèrmica d'estat.

Si ara ho relacionem amb la forma d'*Euler* de l'energia interna: $\mathscr{F}=U-ST=TS-ST-PV+\mu N$; tenim:

$$\boxed{\mathscr{F}=-PV+\mu N}$$

Forma d'Euler per l'energia lliure de Helmholtz

A més a més de les transformacions que hem vist ja, fent la transformada de *Legendre* d'una variable de l'equació fonamental en la representació de l'energia interna, també podem fer transformades de *Legendre* combinant dues magnituds.

3. Representació de l'entropia i el volum. Transformada de *Legendre* respecte l'entropia i el volum.

$$\mathscr{L}_{S,V}[U(S,V,N)]=U-S\left(\frac{\partial U}{\partial S}\right)_{V,N}-V\left(\frac{\partial U}{\partial V}\right)_{S,N}$$

per definicions anteriors, tenim: $\mathscr{L}_{S,V} U=U-ST+PV$ que això ens determina una funció anomenada **energia lliure de Gibbs** tal què $\boxed{G=U-ST+PV}$, per tant:

$$\boxed{G(T,P,N)}$$

Equació fonamental en representació de l'energia lliure de Gibbs

El diferencial de l'*energia lliure de Gibbs* la calculem relacionant-la amb l'equació de *Gibbs* :

$$dG=dU-SdT-TdS+PdV+VdP=TdS-PdV+\mu dN-SdT-TdS+PdV+VdP=$$

Termodinàmica i Mecànica estadística

$$\boxed{dG = -S\,dT + V\,dP + \mu\,dN}$$

Equació de Gibbs per l'energia lliure de Gibbs

$$\boxed{dG = \left(\frac{\partial G}{\partial T}\right)_{P,N} dT + \left(\frac{\partial G}{\partial P}\right)_{T,N} dP + \left(\frac{\partial G}{\partial N}\right)_{T,P} dN}$$

en què:

$$S = S(T,P,N) = -\left(\frac{\partial G}{\partial T}\right)_{P,N} \;;\; V = V(T,P,N) = \left(\frac{\partial G}{\partial P}\right)_{T,N} \;;\; \mu = \mu(T,P,N) = \left(\frac{\partial G}{\partial N}\right)_{T,P}$$

Si ara ho relacionem amb la forma d'*Euler* de l'energia interna:
$G = U - ST + PV = TS - ST - PV + PV + \mu N$; tenim:

$$\boxed{G = \mu N}$$

Forma d'Euler per l'energia lliure de Gibbs

Aleshores, **def**inim el potencial químic, ja presentat anteriorment, com l'energia lliure de *Gibbs* molar o **energia lliure de Gibbs per partícula.**

A més a més, si fem el **dG** d'*Euler:* $dG = d\mu N + \mu\,dN = -S\,dT + V\,dP + \mu\,dN \rightarrow$

$$\boxed{dG = -S\,dT + V\,dP + N\,d\mu}$$

Equació Gibbs-Duhem

4. Representació de l'entropia i el nombre de partícules. Transformada de *Legendre* respecte l'entropia i el nombre de partícules.

$$\mathcal{L}_{S,N}[U(S,V,N)] = U - S\left(\frac{\partial U}{\partial S}\right)_{V,N} - N\left(\frac{\partial U}{\partial N}\right)_{S,V}$$

per definicions anteriors, tenim: $\mathcal{L}_{S,N} U = U - ST - N\mu$ que això ens determina

Termodinàmica i Mecànica estadística

una funció anomenada **potencial de *Landau*** o **potencial Gran-Canònic** tal què
$\boxed{\Phi = U - ST - N\mu}$, per tant:

$$\boxed{\Phi(T, V, \mu)}$$
Equació fonamental en representació del potencial Gran-Canònic

El diferencial del ***potencial Gran-Canònic*** el calculem relacionant-lo amb l'equació de *Gibbs* :

$$d\Phi = dU - SdT - TdS - \mu dN - Nd\mu = TdS - PdV + \mu dN - SdT - TdS - \mu dN - Nd\mu$$

$$\boxed{d\Phi = -SdT - PdV - Nd\mu}$$
Equació de Gibbs pel potencial Gran-Canònic

$$\boxed{d\Phi = \left(\frac{\partial \Phi}{\partial T}\right)_{V,\mu} dT + \left(\frac{\partial \Phi}{\partial V}\right)_{T,\mu} dV + \left(\frac{\partial \Phi}{\partial \mu}\right)_{T,V} d\mu}$$

en què:

$$S = S(T,V,\mu) = -\left(\frac{\partial \Phi}{\partial T}\right)_{V,\mu} \; ; \; P = P(T,V,\mu) = -\left(\frac{\partial \Phi}{\partial V}\right)_{T,\mu} \; ; \; N = N(T,V,\mu) = -\left(\frac{\partial \Phi}{\partial \mu}\right)_{T,V}$$

Si ara ho relacionem amb la forma d'*Euler* de l'energia interna:
$\Phi = U - ST - N\mu = ST - PV + \mu N - ST - N\mu$; tenim:

$$\boxed{\Phi = -PV}$$
Forma d'Euler pel potencial Gran-Canònic

A partir dels potencials que hem trobat, en concret dels dos primers $H(S,P,N)$ i $\mathscr{F}(T,V,N)$; trobarem dues relacions que ens seran útils per a la mesura de magnituds que no podem mesurar directament experimentalment i trobarem una relació teòrica per trobar resultats

Termodinàmica i Mecànica estadística

experimentals.

Seguint els pasos de com hem representat els potencials termodinàmics, l'*entalpia* la podem relacionar amb la quantitat de calor o calor.

Si estem en unes condicions de laboratori a pressió constant (*precés isòbar*) tenim que el treball al llarg d'un procés reversible és $W^{rev}=-P\Delta V$. Si partim del primer principi i $\Delta U = Q + W = Q^{rev} - P\Delta V$ i, aplicant l'equació de l'entalpia $H = U + PV$, tenim:

$$\boxed{(\Delta H)_P = \Delta U + P\Delta V = Q^{rev}}$$

També podem observar que $\Delta U = Q^{rev} + W^{rev} = Q^{irr} + W^{irr} \rightarrow W^{irr} - W^{rev} - Q^{irr} > 0$ ja què $\Delta S = \frac{|Q|^{rev}}{T}$ i $\Delta S > \frac{|Q|^{irr}}{T}$; aleshores $\boxed{|Q|^{rev} > |Q|^{irr}}$.

Una altra manera de veure-ho més ràpida, és que si la pressió és constant, no hi ha variació, per tant $dP = 0$; a més a més, com $dQ^{rev} = TdS$ i considerant despreciable o simplement, considerant que hi ha poca variació del nombre de partícules (*a N constant*):

$$(dH)_{P,N} = TdS = dQ^{rev} \rightarrow \boxed{(dH)_{P,N} = dQ^{rev}}$$

La segona relació, és entre l'energia lliure de *Helmholtz* i el treball a una temperatura constant (*procés isoterm*).

Tenim $\mathscr{F}$, representat en la forma d'*Euler* com $\mathscr{F} = U - TS$ que, en un procés isoterm, la segona llei es pot interpretar com:

$$\Delta S \geq \int \frac{dQ}{T} \rightarrow \text{isoterm} \rightarrow \Delta S \geq \frac{Q}{T} \rightarrow T\Delta S \geq Q = \Delta U - W$$

i, per tant, $\Delta U - T\Delta S \leq W$. En els dos darrers pasos, hem utilitzat el primer principi $\Delta U = Q + W$.

Per tant, en un procés isoterm: $\boxed{(\Delta\mathscr{F})_T = \Delta U - T\Delta S \leq W}$

Termodinàmica i Mecànica estadística

que a més a més: $\boxed{|W^{rev}|<|W^{irr}|}$ aleshores $\boxed{W^{rev}=(\Delta \mathscr{F})_T}$

Finalment, l'altre camí és el diferencial $d\mathscr{F}$ amb T i N constants ($dT = dN=0$)

$$(d\mathscr{F})_{T,N}=-PdV= \mathrm{d\hspace{-0.25em}\raisebox{0.5ex}{-}} W^{rev} \rightarrow \boxed{(d\mathscr{F})_{T,N}= \mathrm{d\hspace{-0.25em}\raisebox{0.5ex}{-}} W^{rev}}$$

Per tant, podem expressar el primer principi de la termodinàmica també com:

$$\boxed{dU=(dH)_{P,N}+(d\mathscr{F})_{T,N}}$$

4.4. Relacions de *Maxwell*

Les relacions de *Maxwell* són relacions que s'obtenen sabent que els potencials termodinàmics són funcions d'estat i, per tant, diferencials exactes. Per trobar-les, hem de fer servir primer el teorema de *Schwarz*. El **teorema de *Schwarz*** ens diu que: "*Les derivades creuades segones són iguals*". És a dir, si tenim una funció $f(x,y,z)$, pel teorema de *Schwarz* tenim:

$$\frac{\partial}{\partial y}\left[\left(\frac{\partial f(x,y,z)}{\partial x}\right)_{y,z}\right]_{x,z} = \frac{\partial}{\partial x}\left[\left(\frac{\partial f(x,y,z)}{\partial y}\right)_{x,z}\right]_{y,z}$$

Aleshores, agafant tots els potencials termodinàmics que tenim, podem trobar relacions per cadascun d'ells, és a dir, que amb els cinc potencials, tindríem *15 relacions de Maxwell* diferents!![3]

Per exemple, treballem amb U. $U = U(S, V, N)$, aleshores:

$$\frac{\partial}{\partial S}\left[\left(\frac{\partial U}{\partial V}\right)_{S,N}\right]_{V,N} = \frac{\partial}{\partial V}\left[\left(\frac{\partial U}{\partial S}\right)_{V,N}\right]_{S,N} \rightarrow \boxed{-\left(\frac{\partial P}{\partial S}\right)_{V,N} = \left(\frac{\partial T}{\partial V}\right)_{S,N}}$$

---

3   Cada relació és un experiment. Les relacions de *Maxwell* ens són molt útils per mesurar magnituds que en un laboratori no ens són possibles, mesurant magnituds que sí que podem i relacionant-les.

Termodinàmica i Mecànica estadística

Realitzant canvis iguals pels altres potencials termodinàmics, les 15 relacions són les següents:

Relacions de Maxwell

$U(S,V,N)$	$-\left(\dfrac{\partial P}{\partial S}\right)_{V,N}=\left(\dfrac{\partial T}{\partial V}\right)_{S,N}$	$\left(\dfrac{\partial \mu}{\partial S}\right)_{V,N}=\left(\dfrac{\partial T}{\partial N}\right)_{S,V}$	$\left(\dfrac{\partial \mu}{\partial V}\right)_{S,N}=-\left(\dfrac{\partial P}{\partial N}\right)_{S,V}$
	(1)	(2)	(3)
$H(S,P,N)$	$\left(\dfrac{\partial V}{\partial S}\right)_{P,N}=\left(\dfrac{\partial T}{\partial P}\right)_{S,N}$	$\left(\dfrac{\partial \mu}{\partial P}\right)_{S,N}=\left(\dfrac{\partial V}{\partial N}\right)_{P,S}$	$\left(\dfrac{\partial \mu}{\partial S}\right)_{P,N}=\left(\dfrac{\partial T}{\partial N}\right)_{S,P}$
	(4)	(5)	(6)
$\mathscr{F}(T,V,N)$	$-\left(\dfrac{\partial P}{\partial T}\right)_{V,N}=-\left(\dfrac{\partial S}{\partial V}\right)_{T,N}$	$\left(\dfrac{\partial \mu}{\partial T}\right)_{N,V}=-\left(\dfrac{\partial S}{\partial N}\right)_{T,V}$	$\left(\dfrac{\partial \mu}{\partial V}\right)_{T,N}=-\left(\dfrac{\partial P}{\partial N}\right)_{T,V}$
	(7)	(8)	(9)
$G(T,P,N)$	$\left(\dfrac{\partial V}{\partial T}\right)_{P,N}=-\left(\dfrac{\partial S}{\partial P}\right)_{T,N}$	$\left(\dfrac{\partial \mu}{\partial T}\right)_{P,N}=-\left(\dfrac{\partial S}{\partial N}\right)_{T,P}$	$\left(\dfrac{\partial \mu}{\partial P}\right)_{T,N}=\left(\dfrac{\partial V}{\partial N}\right)_{T,P}$
	(10)	(11)	(12)
$\Phi(T,V,\mu)$	$-\left(\dfrac{\partial P}{\partial T}\right)_{V,\mu}=-\left(\dfrac{\partial S}{\partial V}\right)_{T,\mu}$	$-\left(\dfrac{\partial N}{\partial T}\right)_{V,\mu}=-\left(\dfrac{\partial S}{\partial \mu}\right)_{T,V}$	$-\left(\dfrac{\partial P}{\partial \mu}\right)_{T,V}=-\left(\dfrac{\partial N}{\partial V}\right)_{T,\mu}$
	(13)	(14)	(15)

Podem observar a **(7)** que podem mesurar experimentalment $-\left(\dfrac{\partial S}{\partial V}\right)_{T,N}$ ja que $-\left(\dfrac{\partial P}{\partial T}\right)_{V,N}=-P\beta=\dfrac{\alpha}{k_T}$.

També, per exemple, a **(10)** podem mesurar experimentalment $-\left(\dfrac{\partial S}{\partial P}\right)_{T,N}$ ja que $\left(\dfrac{\partial V}{\partial T}\right)_{P,N}=V\alpha$.

Així doncs, les relacions de *Maxwell* ens són molt útils pel què dèiem, ens proporcionen l'opció de conèixer experimentalment com varia l'entropia amb una magnitud sense necessitat de mesurar-la.

4.5. Estabilitat

Una de les conseqüències del segon principi de la termodinàmica és que l'entropia només pot augmentar. També hem deduït que a l'equilibri, l'entropia és màxima, que és equivalent a dir que tenim energia mínima. Aleshores, conseqüentment, podem afirmar que tots els potencials termodinàmics també seran mínims. Ara el que ens interessa és estudiar l'estabilitat a partir d'aquests fets.

"Al aplicar una fluctuació, el sistema s'allunya de l'estat d'equilibri i, aquest, evoluciona espontàniament de nou cap a l'equilibri."
<u>Principi de Le Chatalier</u>

Al ser espontani no necessita contacte amb l'exterior.

Si tenim un sistema en estat d'equilibri i el pertorbem aplicant una fluctuació, podem trobar dos tipus d'estabilitat en l'equilibri:

- **<u>Equilibri estable</u>**: Un equilibri estable, es dóna quan un sistema en equilibri, després de pertorbar-lo, recupera l'estat d'equilibri.

- **<u>Equilibri inestable</u>**: Un equilibri inestable es produeix quan a un sistema en equilibri li apliquem una pertorbació i **no** recupera l'estat d'equilibri.

Si volem estudiar l'estabilitat, podem seguir algunes regles que ens seran útils.

Com hem dit al principi l'entropia ha de ser màxima, una altra manera de dir-ho és que tots els potencials han de ser mínims.

Si tenim un sistema aïllat, aleshores l'entropia és màxima amb U constant. Si x són les variables de l'entropia S, per tant: $\dfrac{\partial^2 S}{\partial x^2} < 0$.

Si ara tenim U mínima i, per tant, entropia S constant, aleshores $\dfrac{\partial^2 U}{\partial x^2} > 0$.

Termodinàmica i Mecànica estadística

Què passa si treballem amb un potencial que sigui una transformada de U, tindrem: $U^* = U - Px$; en què x és variable extensiva de U i P és la variable conjugada de x, finalment tindríem:

$$\frac{\partial^2 U}{\partial x^2} > 0 \rightarrow P = \frac{\partial U}{\partial x} \rightarrow \frac{\partial P}{\partial x} > 0 \rightarrow \frac{\partial x}{\partial P} > 0 \rightarrow \frac{\partial U^*}{\partial P} = -x \quad \text{i, per tant:}$$

$$-\frac{\partial^2 U}{\partial P^2} > 0 \rightarrow \boxed{\frac{\partial^2 U}{\partial P^2} < 0} \ .$$

Finalment, si partim dels potencials termodinàmics, podem definir unes **condicions d'estabilitat**:

$$\boxed{\frac{\partial^2 \text{Potencial}}{\partial (\text{variable intensiva})^2} \leq 0} \quad ; \quad \boxed{\frac{\partial^2 \text{Potencial}}{\partial (\text{variable extensiva})^2} \geq 0}$$

!! Hem de pensar que per l'entropia (S) les condicions funcionen al revés.

Si es dóna el cas de que les derivades segones són zero; s'ha d'estudiar el signe de la derivada quarta. En aquests casos, parlarem d'*estats metaestables*.

EX:

Anem a veure un exemple amb l'energia lliure de Helmholtz:

$$\left(\frac{\partial^2 \mathscr{F}}{\partial V^2}\right)_{T,N} \geq 0 \rightarrow -\left[\left(\frac{\partial P}{\partial V}\right)_{T,N}\right]^{-1} = \frac{1}{V k_T} \geq 0 \rightarrow \boxed{k_T \geq 0}$$

$$\left(\frac{\partial^2 \mathscr{F}}{\partial T^2}\right)_{V,N} \leq 0 \rightarrow -\left(\frac{\partial S}{\partial T}\right)_{V,N} = -\frac{c_V}{T} \leq 0 \rightarrow \boxed{c_V \geq 0}$$

$$\left(\frac{\partial^2 \mathscr{F}}{\partial N^2}\right)_{T,V} \leq 0 \rightarrow \left(\frac{\partial \mu}{\partial N}\right)_{T,V} \geq 0$$

Termodinàmica i Mecànica estadística

Anem a veure ara i demostrar que en un sistema aïllat, perquè aquest torni a l'equilibri, cal que S sigui màxima a l'equilibri.

$S = S(U, V)$

Aleshores, $\delta S = S(U_{eq} + \delta U, V_{eq} + \delta V) - S(U_{eq}, V_{eq}) < 0$ desenvolupant per *Taylor*:

$$\delta S \simeq S(U_{eq}, V_{eq}) + \left(\frac{\partial S}{\partial U}\right)_V \delta U + \left(\frac{\partial S}{\partial V}\right)_U \delta V + \frac{1}{2}\left(\frac{\partial^2 S}{\partial U^2}\right)_V (\delta U)^2 + \frac{1}{2}\left(\frac{\partial^2 S}{\partial U \partial V}\right) \delta V \delta U +$$

$$+ \frac{1}{2}\left(\frac{\partial^2 S}{\partial^2 V}\right)_U (\delta V)^2 + \ldots - S(U_{eq}, V_{eq})$$

El primer ordre s'anul·la per les condicions d'equilibri i, així, només ens queda el segon ordre, aleshores:

$$\delta^{(2)} S = (\delta V, \delta U) \begin{pmatrix} S_{U,U} & S_{U,V} \\ S_{V,U} & S_{V,V} \end{pmatrix} \begin{pmatrix} \delta U \\ \delta V \end{pmatrix} < 0$$

en què definim $\begin{pmatrix} S_{U,U} & S_{U,V} \\ S_{V,U} & S_{V,V} \end{pmatrix}$ com el *Hassià* amb els paràmetres diagonals com: $S_{U,U} = \left(\frac{\partial^2 S}{\partial U^2}\right)_V$ i $S_{V,V} = \left(\frac{\partial^2 S}{\partial V^2}\right)_U$.

Per tant, podem observar que:

$S_{U,U} = \left(\frac{\partial^2 S}{\partial U^2}\right)_V \rightarrow \frac{\partial S}{\partial U}\bigg|_V = \frac{1}{T} \rightarrow \frac{\partial}{\partial U}\left(\frac{1}{T}\right) = -\frac{1}{T^2}\frac{1}{c_V}$ per tant: $S_{U,U} = -\frac{1}{T^2 c_V} < 0$, per tant: $\boxed{c_V > 0}$.

De la mateixa manera, podem veure que $S_{V,V} < 0$, per tant:

$S_{U,U} S_{V,V} - S_{U,V}^2 > 0 \rightarrow \boxed{k_T > 0}$.

Que les primeres derivades són zero ho trobem a partir de la desigualtat de *Gibbs*, definifda com:

$$\boxed{\delta U - T \delta S + P \delta V - \mu \delta N \geq 0}$$

<u>Desigualtat de Gibbs</u>

Termodinàmica i Mecànica estadística

Una altra opció que tenim és realitzar un canvi de base de la següent manera:

Canvi de base: $(\delta U, \delta V) \rightarrow (\delta(T^{-1}), \delta V)$

Finalment, podem fer un comentari respecte l'estabilitat. Quan es viola la condició d'estabilitat mecànica $(k_T > 0)$ ens informa que el líquid està canviant de fase. Si un gas no viola aquesta condició, no pot canviar de fase.

El que no es pot violar mai, és la condició d'estabilitat tèrmica $(c_V > 0)$ i no existeix (no s'ha trobat) cap sistema estable que la violi.[4]

4.6. Teoria de fluctuacions d'*Einstein*

La teoria d'*Einstein* per a les fluctuacions, ens servirà per a trobar les variances de les fluctuacions.

Suposem que el sistema en què treballem està aïllat i, en aquest li introduïm una petita fluctuació y que és una variable que fluctúa al voltant de y_{eq}, també amb fluctuacions petites.

Ara partim de la fórmula de *Boltzmann*: $S(y) = k_B \ln(\Omega(y))$.

y per definició és $y = \{U, V, N\}$ en què les variables són extensives.

Si ara estudiem la fluctuació entre y, $y + dy$, el primer que hem de fer és fixar-nos en la probabilitat de que $y \in (y, y + dy)$.

P (y) és proporcional a $\Omega(y) = e^{\frac{S(y)}{k_B}}$. Aleshores, en equilibri $y = y_{eq}$ i, per tant, el nombre màxim de microstats també es produeix a $\Omega(y_{eq})$ i, per proporció, tenim que la probabilitat és màxima en $P(y_{eq})$, per tant:

$$\boxed{\frac{P(y)}{P(y_{eq})} = e^{\frac{S(y) - S(y_{eq})}{k_B}} = e^{\frac{\Delta S}{k_B}}}$$

---

4   En el cas d'un gas de fotons no es complex ja que no és un sistema estable.

Termodinàmica i Mecànica estadística

Com treballem amb petites fluctuacions, podem expandir l'entropia per sèrie de *Taylor* al voltant del punt $y = y_{eq}$:

$$S(y) \simeq S(y_{eq}) + \left(\frac{\partial S}{\partial y}\right)_{y_{eq}} (y - y_{eq}) + \frac{1}{2}(y - y_{eq})^2 \left(\frac{\partial^2 S}{\partial y^2}\right)_{y_{eq}} + \ldots$$

Els termes de primer ordre són zero, ja que ens presenten un màxim. Els de segon ordre són negatius per la condició d'estabilitat definida a l'apartat anterior, per tant:

$$S(y) - S(y_{eq}) = -\frac{1}{2}(y - y_{eq})^2 \left|\left(\frac{\partial^2 S}{\partial y^2}\right)_{y_{eq}}\right|$$

i per tant, la probabilitat serà:

$$\boxed{\frac{P(y)}{P(y_{eq})} = \exp\left[-\frac{1}{2k_B}\left|\left(\frac{\partial^2 S}{\partial y^2}\right)\right|_{eq}(y - y_{eq})^2\right]}$$

i, finalment:

$$\boxed{P(y) = P(y_{eq}) \exp\left[-\frac{1}{2k_B}(y - y_{eq})^2 \left|\left(\frac{\partial^2 S}{\partial y^2}\right)\right|_{eq}\right]}$$

Aleshores, observem que aquesta exponencial és una distribució de probabilitat gaussiana " $\exp\left[-\frac{(y - y_{eq})^2}{2v^2}\right]$ ". Per tant, ens interessa saber v per conèixer el valor de les fluctuacions i saber si són petites o grans. Si comparem termes:

$$\sigma^2 = \langle(\Delta y)^2\rangle = \langle y^2\rangle - \langle y\rangle^2 = \langle y^2\rangle - \langle y_{eq}\rangle^2 = k_B \left|\frac{\partial^2 S}{\partial y^2}\right|_{eq}^{-1}$$

observem que si σ tendeix a zero, ens apareix la delta de *Dirac*, ja què

$$\lim_{\sigma \to 0} e^{-\frac{(y - y_{eq})^2}{2v^2}} = 0 \quad .$$

Termodinàmica i Mecànica estadística

EX:

Treballem amb un exemple que ens donarà uns resultats que veurem al següent tema, per tant, les fluctuacions relatives d'un sistema, les presentarem a l'apartat 5.1.

Tenim $U = \langle E \rangle = E_{eq}$; aleshores:

$$\langle (\Delta E)^2 \rangle = k_B \left| \frac{\partial^2 S}{\partial E^2} \right|_{eq}^{-1} = k_B \left| \frac{\partial^2 S}{\partial U^2} \right|_{V,N}^{-1}$$

Per l'equació de *Gibbs*, sabem que $\left(\frac{\partial^2 S}{\partial U^2} \right)_{V,N} = \frac{\partial}{\partial U} \left(\frac{1}{T} \right)_{V,N} = -\frac{1}{T^2} \left(\frac{\partial T}{\partial U} \right)_{V,N}$.

Observem que $\left(\frac{\partial T}{\partial U} \right)_{V,N} = c_V^{-1}$, per tant: $\left(\frac{\partial^2 S}{\partial U^2} \right)_{V,N} = -\frac{1}{T^2 c_V}$. Si tornem a l'expressió de $\langle (\Delta E)^2 \rangle$ obtenim:

$$\langle (\Delta E)^2 \rangle = k_B \left| \frac{1}{T^2 c_V} \right|^{-1} \quad \rightarrow \quad \boxed{\langle (\Delta E)^2 \rangle = k_B T^2 c_V}$$

Observem que a $\langle (\Delta E)^2 \rangle$ hi apareixen c_V i k_B. Si realitzéssim $\langle (\Delta V)^2 \rangle$ hi apareixaria la k_T. Els **coeficients termodinàmics** s'anomenen també *funció resposta* ja què ens indiquen o ens donen una resposta al sistema respecte les seves fluctuacions.

Termodinàmica i Mecànica estadística

Termodinàmica i Mecànica estadística

Tema 5.- Col·lectivitat canònica

En aquest tema estudiarem la col·lectivitat canònica, que la plantejem com un camí alternatiu per a arribar a obtenir les equacions fonamentals d'un sistema. El procés és el mateix resultat que pel microscòpic, però sense calcular el nombre de microstats; per tant, lligarem altra vegada la mecànica estadística amb la termodinàmica.

Per calcular les equacions fonamentals i lligar la mecànica estadística amb la termodinàmica, farem servir la *funció de partició*. També trobarem i demostrarem el *teorema d'equipartició de l'energia* juntament amb el *teorema del virial* i farem un petit estudi dels *sistemes quàntics*.

Per treballar amb aquesta col·lectivitat, en què deduirem la funció de partició que és la seva base; considerarem sempre un sistema general aïllat i en contacte amb un dels subsistemes com una font de calor (*un reservori de calor*) i l'altre el què està connectat a la font i avaluem.

5.1. Funció de partició

Anem a trobar la funció de partició, que ens permetrà connectar l'estadística amb la termodinàmica.

Disposem d'un conjunt aïllat format per dos subsistemes:

1 E_1 V_1 N_1	E_2 V_2 N_2 2

- **Sistema 1:** $H_1(\vec{q}_1, \vec{p}_1)$; $6N_1$ *graus de llibertat.*

- **Sistema 2:** $H_2(\vec{q}_2, \vec{p}_2)$; $6N_2$ *graus de llibertat.*

El nombre de microstats totals de 1 i de 2 és $\Omega(E)$, ja què al estar aïllat i pel principi d'equiprobabilitat a priori, tots els microstats són *igualment probables*.

Termodinàmica i Mecànica estadística

Aleshores, la probabilitat que es realitzi un microstat (*que el sistema 1 i 2 tinguin* ***p*** *i* ***q*** *donades*) és:

$$\rho(\vec{q}_1,\vec{p}_1;\vec{q}_2,\vec{p}_2) = \frac{1}{h^{3(N_1+N_2)}\Omega(E)}\delta(E-H) = \frac{1}{h^{3N}\Omega(E)}\delta(E-H_1(\vec{q}_1,\vec{p}_1)-H_2(\vec{q}_2,\vec{p}_2))$$

amb $N = N_1 + N_2$.

Calculem ara $\rho(\vec{q}_1,\vec{p}_1)$ independentment del microstat del sistema 2:

$$\rho(\vec{q}_1,\vec{p}_1) = \int d\vec{q}_2\, d\vec{p}_2\, \rho(\vec{q}_1,\vec{p}_1,\vec{q}_2,\vec{p}_2) = \frac{1}{h^{3N}\Omega(E)}\int dq_2\, d\vec{p}_2 \cdot \delta(E-H_1(\vec{q}_1,\vec{p}_1)-H_2(\vec{q}_2,\vec{p}_2))$$

per definició, tenim que $\Omega_2(E_2,V_2,N_2) = \frac{1}{h^{3N_2}}\int d\vec{q}_2\, d\vec{p}_2 \cdot \delta(E-H_2)$ i, per tant:

$$\boxed{\rho(\vec{q}_1,\vec{p}_1) = \frac{1}{\Omega(E)}\Omega_2(E-H_1)}$$

Aleshores, podem escollir el sistema o la font que interactua aleatòriament. Si suposem que el sistema 2 funciona com un reservori o font tèrmica del sistema 1; ***sistema 1 << sistema 2***; T_2 és constant i $E_1 \ll E_2$ que, per tant $E_2 \simeq E$. Com que $H_1 \ll E$, desenvolupem per *Taylor* el $\ln(\Omega_2(E-H_1))$:

$$\boxed{\ln(\Omega_2(E-H_1)) \simeq \ln(\Omega_2(E)) - \left(\frac{\partial \ln(\Omega_2)}{\partial E}\right)H_1 + \ldots}$$

per la fórmula de *Boltzmann*, sabem que $S_2 = k_B \ln(\Omega_2) \rightarrow \ln(\Omega_2) = \frac{S_2}{k_B}$; per tant:

$$\left(\frac{\partial \ln(\Omega_2)}{\partial E}\right) = \frac{1}{k_B}\left(\frac{\partial S_2}{\partial E}\right) = \boxed{\frac{1}{k_B T_2} = \beta}$$

$\beta :=$ És el valor que s'expressa $\frac{1}{k_B T_i}$ o bé $\frac{\partial \ln(\Omega_i)}{\partial E}$; ***NO confondre amb el coeficient piezomètric!!***

Observem que la temperatura *T* que apareix, ja l'hem situat al sistema 2, ja que és la temperatura del reservori.

113

Termodinàmica i Mecànica estadística

Si tornem al desenvolupament per sèrie de *Taylor*:

$$\ln(\Omega_2(E-H_1)) \simeq \ln(\Omega_2(E)) - \beta H_1 + \ldots$$

i per tant, finalment, si fem exponencials:

$$\Omega_2(E-H_1) \simeq (\Omega_2(E)) e^{-\beta H_1}$$

Tornant a $\rho(\vec{q}_1, \vec{p}_1)$:

$$\boxed{\rho(\vec{q}_1, \vec{p}_1) = \frac{\Omega_2(E)}{\Omega(E)} e^{-\beta H_1} = C e^{-\beta H_1}}$$

Com **C** és una constant, $\rho(\vec{q}_1, \vec{p}_1)$ és proporcional a $e^{-\beta H_1}$; per tant la densitat de probabilitat de que un sistema en contacte amb una font a temperatura *T* tingui un microstat $(\vec{q}, \vec{p})$, normalitzant la probabilitat:

$$\boxed{\rho(\vec{q}_1, \vec{p}_1) = \frac{e^{-\beta H_1(\vec{q}_1, \vec{p}_1)}}{\int d\vec{q}_1 \, d\vec{p}_1 e^{-\beta H_1(\vec{q}_1, \vec{p}_1)}}}$$

<u>Densitat de probabilitat canònica</u>

A partir de la definició de la densitat de probabilitat canònica, podem definir la *funció de partició* com:

$$\boxed{Z(T, V, N) = \int d\vec{q} \, d\vec{p} \, e^{-\beta H(\vec{q}, \vec{p})}}$$

<u>Funció de partició</u>

Tant en la funció de partició com en la densitat de probabilitat del conjunt i la col·lectivitat canònica, respectivament; podem tenir en compte les correccions quàntiques i la indistingibilitat de les partícules dividint per h^{3N} i per *N!*. Per tant:

$$\boxed{Z(T, V, N) = \int \frac{d\vec{q} \, d\vec{p}}{h^{3N} N!} e^{-\beta H(\vec{q}, \vec{p})}} \quad ; \quad \boxed{\rho(\vec{q}, \vec{p}) = \frac{e^{-\beta H(\vec{q}, \vec{p})}}{h^{3N} N! Z}}$$

Si observem la funció de partició *Z*; un cop realitzada la integral, serà funció de *T*,

Termodinàmica i Mecànica estadística

de N (*que surt del hamiltonià*) i de V (*en el resultat de les integrals de q, ja que és la posició total que ocupen*). Aquest darrer cas, però, correspon al d'un fluid. Les variables de les que depèn la funció de partició, estan relacionacionades amb el potencial lliure de *Helmholtz* $\mathscr{F}(T,V,N)$; que serà el potencial que ens connectarà la mecànica estadística amb la termodinàmica.

En l'estat macroscòpic del col·lectiu canònic, sempre considerem un sistema connectat a una font tèrmica a temperatura constant. Per contra, a l'estat microscòpic, observem que constantment el sistema fluctua energia.

Per tant, definim l'energia interna U quan l'energia dins del sistema fluctua com $U = \langle H \rangle$, ja què al existir fluctuacions, ha de ser el valor mig. Anem a fer el càlcul sense tenir en compte la correcció quàntica de *Heisenberg* i la de la indistingibilitat, ja que al final es cancel·laran ambdós termes.

$$\langle U \rangle = \langle E \rangle = \langle H \rangle = \int d\vec{q}\, d\vec{p}\, \rho(\vec{q},\vec{p}) H(\vec{q},\vec{p}) = \int d\vec{q}\, d\vec{p}\, \frac{e^{-\beta H(\vec{q},\vec{p})}}{Z(T,V,N)} H(\vec{q},\vec{p}) =$$

$$= \frac{1}{Z(T,V,N)} \int d\vec{q}\, d\vec{p}\, e^{-\beta H(\vec{q},\vec{p})} H(\vec{q},\vec{p}) = \frac{1}{Z(T,V,N)} \int d\vec{q}\, d\vec{p}\, \left(-\frac{\partial}{\partial \beta} e^{-\beta H(\vec{q},\vec{p})}\right) =$$

com β depèn de T $\left(\beta = \frac{1}{k_B T}\right)$; podem treure-la fora ja que no depèn ni de les **q** ni de les **p**. Aleshores:

$$= -\frac{1}{Z(T,V,N)} \frac{\partial}{\partial \beta} \int d\vec{q}\, d\vec{p}\, e^{-\beta H(\vec{q},\vec{p})} = -\frac{1}{Z(T,V,N)} \frac{\partial}{\partial \beta} \int Z(T,V,N) =$$

$$= -\frac{1}{Z(T,V,N)} \frac{\partial Z(T,V,N)}{\partial \beta} = -\left(\frac{\partial \ln(Z(T,V,N))}{\partial \beta}\right)_{V,N} = \langle U \rangle$$

per tant tenim:

$$\boxed{U(T,V,N) = -\left(\frac{\partial \ln(Z(T,V,N))}{\partial \beta}\right)_{V,N}}$$

Hem passat del món microscòpic al macroscòpi amb l'estadística i a través de promitjar, sempre i quan tinguem fluctuacions petites (*moltes partícules, és a dir, de l'ordre d'un mol*).

L'equació $U(T, V, N)$ en el col·lectiu canònic, és ***l'equació calòrica d'estat***.

Termodinàmica i Mecànica estadística

També podem calcular les fluctuacions del sistema fent servir l'expressió $\langle(\Delta E)^2\rangle = \langle E^2\rangle - \langle E\rangle^2$ i obtindrem el mateix resultat que per l'apartat **4.6.**. Anem-ho a veure: Calculem $\langle E^2\rangle$.

$\langle E^2\rangle = \int d\vec{q}\, d\vec{p}\, \rho(\vec{q},\vec{p}) H^2(\vec{q},\vec{p}) = \frac{1}{Z}\int d\vec{q}\, d\vec{p}\, e^{-\beta H(\vec{q},\vec{p})} H^2(\vec{q},\vec{p}) = //$ *fent servir el mateix raonament que per <U>* $// = \frac{1}{Z}\frac{\partial^2}{\partial \beta^2}\int d\vec{q}\, d\vec{p}\, e^{-\beta H(\vec{q},\vec{p})} =$

$$\boxed{=\frac{1}{Z}\frac{\partial^2 Z}{\partial \beta^2} = \langle E^2\rangle}\ .$$

Ara calculem $\langle E\rangle^2$, que fent els mateixos passos: $\boxed{\langle E\rangle^2 = -\frac{1}{Z^2}\left(\frac{\partial Z}{\partial \beta}\right)^2_{V,N}}$.

Aleshores, finalment:

$\langle(\Delta E)^2\rangle = \frac{1}{Z}\frac{\partial^2 Z}{\partial \beta^2} - \frac{1}{Z^2}\left(\frac{\partial Z}{\partial \beta}\right)^2_{V,N} = \left(\frac{\partial^2 \ln(Z)}{\partial \beta^2}\right)_{V,N} = \frac{\partial}{\partial \beta}\left(\frac{\partial \ln(Z)}{\partial \beta}\right)_{V,N} = \frac{\partial}{\partial \beta}(-U) =$

$= -\left(\frac{\partial U}{\partial \beta}\right)_{V,N} = -\frac{\partial U}{\partial T}\frac{\partial T}{\partial \beta} = -\left(\frac{\partial U}{\partial T}\right)_{V,N}\left(\frac{-1}{k_B T^2}\right)^{-1} = (-c_V)(-k_B T^2) = \boxed{\langle(\Delta E)^2\rangle = c_V k_B T^2}$

Per a qualsevol fluid, les fluctuacions d'energia són proporcionals a les capacitats calorífiques. Com havíem dit al tema anterior, ens falta veure com varien les fluctuacions respecte l'energia, és a dir, les ***fluctuacions relatives***.

Aleshores:

$\dfrac{\sqrt{\langle(\Delta E)^2\rangle}}{\langle E\rangle} = \dfrac{T\sqrt{c_V k_B}}{\langle E\rangle} = //$ *observem que tant* $\langle E\rangle$ *que serà U, com* c_V *, que podem observar que és* $c_V = \left(\dfrac{\partial U}{\partial T}\right)_V$ *; depenen linialment de N. Per tant:*

$// = \dfrac{T\sqrt{c_V k_B}}{\langle E\rangle} \sim \dfrac{\sqrt{N}}{N} = \dfrac{1}{\sqrt{N}}$.

Ja siguin quines siguin les fluctuacions de la variable extensiva que avaluem, totes les fluctuacions respecte l'equilibri, depenen de $\boxed{\dfrac{1}{\sqrt{N}}}$. Per això, com més

Termodinàmica i Mecànica estadística

gran sigui el nombre de partícules, menys fluctuació implicada veurem.

Les fluctuacions relatives d'un sistema, ens serveixen per estudiar-lo ja que si existeix alguna fluctuació com depenen del nombre de partícules N, obtindrem uns resultats més deterministes o menys.

5.1.1. Connexió Termodinàmica – Mecànica estadística.

Per trobar la connexió de la termodinàmica amb la mecànica estadística, ens cal trobar l'equació fonamental del sistema a partir de la funció de partició.

Com hem pogut veure, la funció de partició la relacionem amb el potencial termodinàmic que correspon a l'energia lliure de *Helmholtz*. Si treballem amb la forma d'*Euler* per aquests: $\mathscr{F} = U - TS$, la forma diferencial vam veure que era: $d\mathscr{F} = -P\,dV - S\,dT + \mu\,dN$; recordant l'expressió $S = -\left(\frac{\partial \mathscr{F}}{\partial T}\right)_{V,N}$, ja que la farem servir.

Si tornem a la forma d'*Euler* i aïllem U, tenim: $U = \mathscr{F} + TS$, que si fem servir la definició que hem donat per l'entropia: $U = \mathscr{F} - T\left(\frac{\partial \mathscr{F}}{\partial T}\right)_{V,N}$.

Aleshores, per treballar amb els paràmetres del col·lectiu canònic, introduïm β

$$\frac{\partial}{\partial T} = \frac{\partial}{\partial \beta}\frac{\partial \beta}{\partial T} = -\frac{1}{k_B T^2}\frac{\partial}{\partial \beta} = -\frac{\beta}{T}\frac{\partial}{\partial \beta}$$

per tant, treballant amb U:

$$U = \mathscr{F} + \beta\left(\frac{\partial \mathscr{F}}{\partial \beta}\right)_{V,N} = \left(\frac{\partial (\mathscr{F}\beta)}{\partial \beta}\right)_{V,N}$$

Per definició, aquesta U és $U = (T, V, N)$ i si la relacionem amb l'expressió obtinguda amb anterioritat $U(T,V,N) = -\left(\frac{\partial \ln(Z)}{\partial \beta}\right)_{V,N}$ obtenim que es compleix $\beta\mathscr{F} = \ln(Z)$; per tant:

$$\boxed{\mathscr{F} = -k_B T \ln(Z)}$$

Equació fonamental del sistema

117

Termodinàmica i Mecànica estadística

Amb aquesta equació fonamental, trobem la connexió entre la termodinàmica i la mecànica estadística, en aquest cas, del col·lectiu canònic.

D'aquí també podem trobar les equacions d'estat del sistema:

$$P = -\left(\frac{\partial \mathscr{F}}{\partial V}\right)_{T,N} = \boxed{P = k_B T \left(\frac{\partial \ln(Z)}{\partial V}\right)_{T,N}}$$

$$S = -\left(\frac{\partial \mathscr{F}}{\partial T}\right)_{V,N} = \boxed{S = k_B T \left(\frac{\partial \ln(Z)}{\partial T}\right)_{V,N}}$$

$$\mu = \left(\frac{\partial \mathscr{F}}{\partial N}\right)_{T,V} = \boxed{\mu = -k_B T \left(\frac{\partial \ln(Z)}{\partial N}\right)_{T,V}}$$

5.1.2. Relació canònic – microcanònic

Abans de començar a trobar una relació entre aquests dos col·lectius, ens caldrà introduir breument per recordar-ho, el concepte de la ***transformada de Laplace***.

Les transformades de *Laplace*, són una eina matemàtica que ens facilita els càlculs de les equacions diferencials.

Si tenim una funció $f(t)$ tal què $t \in [0, \infty)$, la transformada de *Laplace* vindrà donada per:

$$\boxed{\mathscr{L}[f(t)] = y(x) \int_0^\infty e^{-\alpha t} f(t) \, dt}$$

Anem a per la relació:

Per definició: $\quad Z = \dfrac{1}{h^{3N} N!} \int d\vec{q} \, d\vec{p} \, e^{-\beta H(\vec{q},\vec{p})} \quad$ i $\quad e^{-\beta H(\vec{q},\vec{p})} = \int e^{-\beta E} \delta(E - H(\vec{q},\vec{p})) \, dE$

Aleshores:

$$Z = \frac{1}{h^{3N} N!} \int d\vec{q} \, d\vec{p} \int e^{-\beta E} \delta(E - H(\vec{q},\vec{p})) \, dE = \frac{1}{h^{3N} N!} \int e^{-\beta E} \, dE \int d\vec{q} \, d\vec{p} \, \delta(E - H(\vec{q},\vec{p}))$$

Termodinàmica i Mecànica estadística

en aquesta darrera, podem simplificar introduïnt que el nombre de microstats ens ve definit per $\Omega(E)=\frac{1}{h^{3N}N!}\int d\vec{q}\, d\vec{p}\, \delta(E-H(\vec{q},\vec{p}))$, per tant, ens quedarà una forma que ens relacionarà el canònic amb el microcanònic **defi**nint la ***funció de partició*** com la ***transformada de Laplace del nombre de microstats:***

$$\boxed{Z=\int_0^\infty e^{-\beta E}\Omega(E)\, dE}$$

5.1.3. Sistema ideal

Per un sistema ideal, per definició, no hi ha interacció entre partícules. Aleshores, podem definir el hamiltonià com $H=\sum_{i=1}^{N} H_i$. A més a més, ens cal remarcar que, si les partícules són distingibles $Z=Z_1^N$ i, si són indistingibles $Z=\frac{Z^N}{N!}$ amb una funció de partició Z per ambdós casos de $Z=\frac{1}{h^{3N}}\int d\vec{q}\, d\vec{p}\, e^{-\beta \sum_i H_i}$.

Anem a establir un sistema ideal amb l'***aplicació al gas ideal monoatòmic*** en un volum V. El seu hamiltonià vindrà determinat, doncs, per:

$$H(\vec{q},\vec{p})=\sum_{i=1}^{N}\frac{p_i^2}{2m}=\frac{1}{2m}(\vec{p}_1^{\,2}+\vec{p}_2^{\,2}+...+\vec{p}_N^{\,2})$$

Aleshores:

$$Z=\frac{1}{h^{3N}}\int d\vec{q}\, d\vec{p}\, e^{-\beta\sum_{i=1}^{N}\frac{p_i^2}{2m}}=\frac{1}{h^{3N}}\int_{\mathbb{R}^3} d\vec{q}_1\int_{\mathbb{R}^3} d\vec{q}_2...\int_{\mathbb{R}^3} d\vec{q}_N\int_{\mathbb{R}^3} d\vec{p}_1...\int_{\mathbb{R}^3} d\vec{p}_N\, e^{-\beta\frac{1}{2m}(\vec{p}_1^{\,2}+...+\vec{p}_N^{\,2})}$$

per tant, podem fer les integrals de la variable q independentment de les de p, ja què q no depèn del hamiltonià. A més a més, $\vec{p}_i=p_{x_i}+p_{y_i}+p_{z_i}$. Les integrals de q^5, aleshores, fan referència al volum de cada partícula, per tant el conjunt total d'aquestes serà: V^N .

---

[5] En aquest cas, es trebala en un *model de Clausius* que té en compte l'explosió del volum però no la interacció de les partícules.

Termodinàmica i Mecànica estadística

Continuant amb els càlculs:

$$Z=\frac{V^N}{h^{3N}}\int_{\mathbb{R}^3} d\vec{p}_1 e^{-\beta\frac{1}{2m}\vec{p}_1^2}\ldots \int_{\mathbb{R}^3} d\vec{p}_N e^{-\beta\frac{1}{2m}\vec{p}_N^2} = \boxed{Z=\frac{V^N}{h^{3N}}\left[\int d\vec{p}\; e^{-\frac{\beta}{2m}\vec{p}^2}\right]^N}$$

Anem a solucionar la integral:

$$\int d\vec{p}\; e^{-\frac{\beta}{2m}\vec{p}^2} = \int_{-\infty}^{+\infty} dp_x \int_{-\infty}^{+\infty} dp_y \int_{-\infty}^{+\infty} dp_z\, e^{-\frac{\beta}{2m}(p_x^2+p_y^2+p_z^2)} = //\text{ com tots els}$$

paràmetres p_i agafen el mateix valor, al final ens quedarà // $\left[\int_{-\infty}^{+\infty} d\vec{p}\; e^{-\frac{\beta}{2m}\vec{p}^2}\right]^3$

que fent servir la solució per a una integral gaussiana[6], ens surt: $(2m\pi k_B T)^{\frac{3}{2}}$, obtenim finalment:

$$Z=\frac{V^N}{h^{3N}}(2m\pi k_B T)^{\frac{3N}{2}} = \boxed{Z=\left[V\left(\frac{\sqrt{2m\pi k_B T}}{h}\right)^3\right]^N}$$

Si el gas ideal no és monoatòmic, ens variarà el hamiltonià. Per a partícules poliatòmiques el hamiltonià serà $H=E_{cin}+H_{rot}+H_{vibr}+\ldots$ és a dir, que serà l'energia cinètica més l'energia que es té en compte per energia de rotació, vibració... no només la de translació.

Aleshores, la funció de partició es podrà escriure com el producte de les funcions per cada tipus d'energia: $Z=Z_{trans}\cdot Z_{rot}\cdot Z_{vibr}\cdot\ldots$

A continuació, reflexionarem sobre els límits de la validesa, és a dir, quan els efectes quàntics són importants. Per fer-ho, cal introduir el paràmetre de **Longitud d'ona tèrmica de De Broglie**.

Tornant a la funció de partició, definim la longitud d'ona tèrmica de *De Broglie* com:

$$\boxed{\lambda(T)=\frac{h}{\sqrt{2m\pi k_B T}}}$$

Longitud d'ona tèrmica de De Broglie

---

6 Vist a l'apartat *1.6*.

Termodinàmica i Mecànica estadística

Per tant:

$$\boxed{Z = \left(\frac{V}{\lambda^3(T)}\right)^N}$$

Aleshores, podem estudiar un sistema mitjançant l'estadística clàssica (*o de Maxwell-Boltzmann*) si no hi ha interacció quàntica (*que ens ho marca quan la distància entre partícules és molt més gran que la longitud d'ona tèrmica*).

Com la distància a la tercera potència entre les partícules és proporcional al volum total entre el nombre de partícules, els efectes quàntics dependran de la temperatura. Per a valors de temperatura molt baixos, la longitud d'ona tèrmica augmenta; aleshores, el gas ideal clàssic no verifica el tercer principi, però això no importa, ja que és un gas clàssic i no es comporta bé a temperatures baixes.

Si la longitud d'ona tèrmica és molt més gran que la distància entre partícules, es magnifiquen els efectes quàntics i cal estudiar-lo com un gas quàntic amb l'estadística quàntica.

Només ens falta veure les equacions d'estat:

Equació tèrmica d'estat: $\quad P = k_B T \dfrac{1}{Z}\dfrac{\partial Z}{\partial V} = k_B T \dfrac{\lambda^{3N}}{V^N}\dfrac{N V^{N-1}}{\lambda^{3N}} = \quad \boxed{P = \dfrac{N}{V} k_B T}$

Equació calòrica d'estat: $\quad U = -\dfrac{\partial \ln(Z)}{\partial \beta} = -\dfrac{1}{Z}\dfrac{\partial Z}{\partial \beta} = +\dfrac{1}{A\beta e^{-\frac{3N}{2}}}\dfrac{3N}{2}\beta^{\frac{-3N}{2}-1} \quad A = \dfrac{3N}{2\beta} =$

$\boxed{U = \dfrac{3}{2} N k_B T}$

en què hem fet servir que A = cnt i $\quad Z = \left[V\left(\dfrac{\sqrt{2m\pi}}{h\sqrt{\beta}}\right)^3\right]^N = A\beta^{-\frac{3}{2}N}$

Termodinàmica i Mecànica estadística

5.2. Teorema d'equipartició de l'energia

El teorema d'equipartició de l'energia ens permet trobar les equacions d'estat del nostre sistema d'una manera més ràpida i simple. L'enunciem:

"*Sigui* $x_i \in [p_1, ..., p_{3N}, q_1, ..., q_{3N}]$ *amb* $i = \{1, 2, ..., 6N\}$, *aleshores:*

$$\boxed{\langle x_i \frac{\partial H}{\partial x_j} \rangle = k_B T \delta_{ij}}$$

amb $i \neq j$ "

Un cas particular és el següent:

$$\langle q_i \frac{\partial H}{\partial q_j} \rangle = k_B T \delta_{ij} = \langle p_i \frac{\partial H}{\partial p_j} \rangle \quad \text{amb} \quad ij = 1, ... 3N$$

Anem a fer la <u>demostració</u>:

$$\langle x_i \frac{\partial H}{\partial x_j} \rangle = \int dx_i \, x_i \frac{\partial H}{\partial x_j} \rho(q,p) = \int dx_i \, x_i \frac{\partial H}{\partial x_j} \frac{e^{-\beta H(q,p)}}{Z} = \frac{1}{Z} \int dx_i \, x_i \frac{\partial H}{\partial x_j} e^{-\beta H(q,p)} = //$$

treballant l'expressió de $\frac{\partial (e^{-\beta H(q,p)})}{\partial x_j} = -e^{-\beta H} \beta \frac{\partial H}{\partial x_j}$ // $= -\frac{1}{\beta Z} \int dx_i \, x_i \frac{\partial (e^{-\beta H(q,p)})}{\partial x_j} =$

$\frac{1}{\beta Z} \int dx_1 ... dx_i ... dx_j ... dx_{6N} \cdot x_i \frac{\partial (e^{-\beta H(q,p)})}{\partial x_j}$.

Per a resoldre $\int dx_j \cdot x_i \frac{\partial (e^{-\beta H(q,p)})}{\partial x_j}$ ho farem per parts:

$$u = x_i \rightarrow du = dx_i = \frac{\partial x_j}{\partial x_i} dx_j = \delta_{ij} \, dx_j \qquad dv = dx_j = \frac{\partial}{\partial x_j} e^{-\beta H} \rightarrow v = e^{-\beta H}$$

per tant:

$$\int dx_j \cdot x_i \frac{\partial (e^{-\beta H(q,p)})}{\partial x_j} = x_i e^{-\beta H} - \int e^{-\beta H} \delta_{ij} \, dx_j$$

Termodinàmica i Mecànica estadística

Com $x_i e^{-\beta H}$ tendeix a zero ja què $0 \leq H(x) < +\infty$ tenim:

$$\langle x_i \frac{\partial H}{\partial x_j} \rangle = \frac{1}{\beta Z} \int dx_1 ... dx_i ... dx_j ... dx_{6N} \, e^{-\beta H} \delta_{ij} = \frac{\delta_{ij}}{\beta Z} Z = \frac{\delta_{ij}}{\beta} = \delta_{ij} k_B T \qquad q.v.d.$$

Pel teorema d'equipartició d'energia, podem destacar dues conseqüències importants:

Conseqüències:

1. $\boxed{\langle E_{cin} \rangle = \frac{1}{2} f_k k_B T}$

Tal i com hem vist al volum de mecànica clàssica, el hamiltonià d'un sistema el podem definir com $H = \sum_{i=1}^{f_k} p_i \dot{q}_i - L = \sum_{i=1}^{f_k} p_i \frac{\partial H}{\partial p_i} - L$; en què definim f_k com el número de graus de llibertat de les variables **p**; és a dir, el nombre de graus de llibertat cinètics del sistema (*translació, rotació, vibració...*).

Com que $H = E_{cin} + E_{pot}$ i $L = E_{cin} - E_{pot}$, podem fer $H + L = \sum_{i=1}^{f_k} p_i \frac{\partial H}{\partial p_i} = 2 E_{cin}$. Per tant:

$$\langle E_{cin} \rangle = \frac{1}{2} \sum_{i=1}^{f_k} \langle p_i \frac{\partial H}{\partial p_i} \rangle$$

que pel teorema d'equipartició de l'energia: $\sum_{i=1}^{f_k} \langle p_i \frac{\partial H}{\partial p_i} \rangle = \sum_{i=1}^{f_k} k_B T$, per tant:

$$\boxed{\langle E_{cin} \rangle = \frac{1}{2} f_k k_B T}$$

Termodinàmica i Mecànica estadística

EX:

a) Un gas ideal per un sistema aïllat $(f_k = 3N)$ **tenim que** $H = E_{cin} = \sum_i \dfrac{p_i^2}{2m}$

$$\langle E_{cin} \rangle = \langle H \rangle = U = \dfrac{3}{2} N k_B T$$

Aquest resultat que hem obtingut, és l'equació calòrica d'estat. A més a més tenim: $c_V = \left(\dfrac{\partial U}{\partial T} \right)_{V,N} \rightarrow c_V = f_k \dfrac{k_B}{2} = \dfrac{3}{2} k_B$

b) N oscil·ladors clàssics en 3 dimensions (Sòlid cristal·lí, 3 dimensions, N àtoms)

El hamiltonià d'una partícula és: $H_1 = \dfrac{1}{2m}(p_x^2 + p_y^2 + p_z^2) + \dfrac{k}{2}(x^2 + y^2 + z^2)$
aleshores:

$$\langle H_1 \rangle = \dfrac{1}{2m}(\langle p_x^2 \rangle + \langle p_y^2 \rangle + \langle p_z^2 \rangle) + \dfrac{k}{2}(\langle x^2 \rangle + \langle y^2 \rangle + \langle z^2 \rangle)$$

Només ens cal una component per a cada part, doncs per a totes serà el mateix i només caldrà afegir un factor **3**:

$$\langle p_x \dfrac{\partial H_1}{\partial p_x} \rangle = \dfrac{1}{m} \langle p_x^2 \rangle = k_B T \quad ; \quad \langle x \dfrac{\partial H_1}{\partial x} \rangle = k \langle x^2 \rangle = k_B T$$

aleshores:

$$\langle H_1 \rangle = \dfrac{1}{2}(3 k_B T) + \dfrac{1}{2}(3 k_B T) \rightarrow \boxed{U_1 = 3 k_B T}$$

Al haver-hi N oscil·ladors; $\langle H \rangle = N \langle U_1 \rangle$ i, finalment:

$$\boxed{\langle H \rangle = U = 3 N k_B T}$$

El teorema d'equipartició de l'energia però, té uns límits de validesa. Els sistemes que avaluem han de ser clàssics (*energia distribuïda de forma contínua*) i **ergòdics** (*si l'únic conjunt invariant de mesura no nul·la de l'hipersuperfície*

Termodinàmica i Mecànica estadística

d'energia constant de l'espai de les fases, és tota una hipersuperfície d'energua constant)[7]. Per tant, en sistemes quàntics, el teorema d'equipartició de l'energia no té validesa.

Per determinar si un sistema és o no quàntic, haurem de mesurar l'increment d'energia entre dos nivells energètics de dos microstats ($\Delta \varepsilon$) i, aleshores, si es compleix $\Delta \varepsilon \beta = \frac{\Delta \varepsilon}{k_B T} \ll 1$ és un sistema clàssic. Si no és així, tindríem un sistema quàntic.

2. Teorema del Virial

Pel teorema del virial, farem servir les q per fer servir el teorema d'equipartició de l'energia.

Com les equacions del moviment de *Hamilton* venen determinades per $\dot{q}_j = \frac{\partial H}{\partial p_j}$ i $\frac{\partial H}{\partial q_j} = -\dot{p}_j$; per tant, pel teorema del virial:

$$\langle E_{cin} \rangle = \frac{1}{2} \sum_{i=1}^{f_k} \langle p_i \frac{\partial H}{\partial p_i} \rangle = \frac{1}{2} \sum_{i=1}^{f_k} \langle q_i \frac{\partial H}{\partial q_i} \rangle = -\frac{1}{2} \sum_{i=1}^{f_k} \langle q_i \dot{p}_i \rangle = -\frac{1}{2} \sum_{i=1}^{f_k} \langle q_i F_i \rangle$$

Per tant, finalment:

$$\boxed{\langle E_{cin} \rangle = -\frac{1}{2} \sum_{i=1}^{f_k} \langle q_i F_i \rangle = \frac{1}{2} f_k k_B T}$$

EX:

Si tenim un gas ideal de N partícules en 3 dimensions: $f_k = 3$:

$$-\frac{3}{2} N k_B T = -\frac{1}{2} \sum_{i=1}^{f_k} \langle q_i F_i \rangle = // \text{ per la 2a llei de Newton } // = P \oint \vec{q} \ d\vec{S} = P \int_V \nabla \vec{q} \ dV = 3PV \quad ,$$

per tant: $\boxed{PV = N k_B T}$ que és *l'equació tèrmica d'estat*.

---

[7] A més a més, els promitjos temporals d'algunes magnituds, es poden obtenir promitjant sobre l'espai dels estats.

Termodinàmica i Mecànica estadística

5.3. Sistemes quàntics (*o discrets*)

En tot l'estudi anterior hem treballat sempre amb variables contínues; ara encararem el col·lectiu canònic amb variables discretes. Treballar amb variables discretes és el mateix que parlar de **sistemes quàntics**.

La informació del sistema ens l'ha de donar l'energia E (m, l, ...) que ens proporciona informació de la *Mecànica Quàntica* a través dels nivells energètics.

Per treballar aquests sistemes ho farem a partir de l'entropia de *Shannon*, que si la recordem, venia determinada per $S = -k_B \sum_s P_s \ln(P_s)$.

Aleshores, hem de tenir en compte els matisos següents:

- **Anomenem s al microstat** com una distribució específica o configuració de les partícules del meu sistema en els nivells energètics (*estats quàntics*). Es pot dir que és una reconfiguració dels estats de distribució de les meves partícules i cada microstat té una energia associada per nivells.

- **Anomenem P_s a la probabilitat** de que el sistema estigui justament en el microstat s quan l'observem.

- **Anomenem ε_s a l'energia** del microstat.

- **Anomenem $\rho(\varepsilon_s)$ a la probabilitat** de que el sistema estigui en un microstat d'energia ε_s .

- **Anomenem $g(s)$ a la degeneració** de l'estat s.

- **Anomenem $g(\varepsilon_s)$ a la degeneració** de l'energia

La probabilitat ha d'estar normalitzada i hem de fer entendre a la maximització que la temperatura estigui fixa (*ja què tenim el sistema connectat amb una font de calor "col·lectiu canònic"*) i que es produeixen fluctuacions. Aleshores, per tot això, tenim les condicions següents:

$$\sum_s P_s = 1 \quad ; \quad \langle E_s \rangle = \sum_s \varepsilon_s P_s \quad ; \quad g_1 = \sum_s P_s - 1 \quad ; \quad g_2 = \sum_s \varepsilon_s P_s - \langle E \rangle$$

Termodinàmica i Mecànica estadística

La segona expressió ens mostrar que fixar la temperatura condiciona fluctuacions d'energia.

Per tant, donades aquestes condicions, ha de complir:

$$\boxed{\frac{\partial S}{\partial P_i}+\lambda_1\frac{\partial g_1}{\partial P_i}+\lambda_2\frac{\partial g_2}{\partial P_i}=0}$$

Introduïnt la definició de l'entropia de *Shannon* i avaluant tots els termes diferencials:

$\frac{\partial S}{\partial P_i}=-k_B\left[\sum_s\frac{\partial P_s}{\partial P_i}\ln(P_s)+\sum_i P_s\frac{1}{P_s}\frac{\partial P_s}{\partial P_i}\right]=//$ *Només és probable i diferent de zero si* $s=i$; $\frac{\partial P_s}{\partial P_i}=\delta_{si}$. *Com estem derivant respecte totes les probabilitats P* $//=-k_B[\ln(P_i)+1]$.

De la mateixa manera, com derivem respecte la probabilitat *P*:

$$\frac{\partial g_1}{\partial P_i}=\sum_s\frac{P_s}{P_i}=1 \quad ; \quad \frac{\partial g_2}{\partial P_i}=+\sum_s\varepsilon_s\delta_{si}=\varepsilon_i$$

Si els igualem a l'equació que han de complir, ja que tenim tots els termes avaluats:

$$\boxed{-k_B[\ln(P_i)+1]+\lambda_1+\lambda_2\varepsilon_i=0}$$

per tant, tenim:

$$\ln(P_i)+1=\frac{\lambda_1+\lambda_2\varepsilon_i}{k_B} \quad \rightarrow \quad \ln(P_i)=\frac{\lambda_1}{k_B}+\frac{\lambda_2\varepsilon_i}{k_B}-1$$

i per definició tenim:

$$P_i=e^{+\lambda_2\varepsilon_i} \quad ; \quad P_s=\frac{e^{+\lambda_2\varepsilon_s}}{\sum_s e^{+\lambda_2\varepsilon_s}} \quad ; \quad Z=\sum_s e^{+\lambda_2\varepsilon_s}$$

Termodinàmica i Mecànica estadística

Introduïnt aquestes definicions:

$$S=-k_B\sum_n P_i\ln(P_i)=-k_B\sum_n \frac{e^{\lambda_2\varepsilon_i}}{Z}\ln\left(\frac{e^{\lambda_2\varepsilon_i}}{Z}\right)=-\frac{k_B}{Z}\sum_i\left[e^{\lambda_2\varepsilon_i}(\lambda_2\varepsilon_i-\ln Z)\right]=$$

$$=-\frac{k_B}{(Z)}\lambda_2\sum_i \varepsilon_i e^{\lambda_2\varepsilon_i}+\frac{k_B}{Z}\ln(Z)\sum_i e^{\lambda_2\varepsilon_i}\ \rightarrow$$

$$\boxed{S=-k_B\lambda_2 U+k_B\ln Z}$$

Si treballem amb la forma d'*Euler* per a l'energia lliure de Helmholtz, tenim el següent: $\mathscr{F}=U-TS\ \rightarrow\ S=\dfrac{U-\mathscr{F}}{T}=\dfrac{-\mathscr{F}}{T}+\dfrac{U}{T}$

Per tant:

$$\frac{-\mathscr{F}}{T}=k_B\ln(Z)\ \rightarrow\ \boxed{\mathscr{F}=-k_B T\ln(Z)}\ ;\ \frac{U}{T}=-k_B\lambda_2 U\ \rightarrow\ \boxed{\lambda_2=-\frac{1}{k_B T}}$$

També podem saber la **probabilitat** de que al observar el sistema, es trobi en el **microstat s** amb **energia** E_s. La funció de partició d'aquest sistema amb la probabilitat que observem, serà determinada per l'expressió $Z=\sum_s e^{-\beta\varepsilon_s}$ ja que sempre es troba de la normalització de la probabilitat.

Per tant, la probabilitat esmentada la podem trobar amb:

$$\boxed{P_s=\frac{e^{-\beta\varepsilon_s}}{\sum_s e^{-\beta\varepsilon_s}}}$$

A vegades els sistemes quàntics es poden degenerar. Quan existeix una degeneració la probabilitat ens ve determinada per:

$$\boxed{P_i=\frac{g(s)e^{-\beta\varepsilon_s}}{\sum_s g(s)e^{-\beta\varepsilon_s}}}$$

Termodinàmica i Mecànica estadística

La *Mecànica Quàntica* ens mostra i determina el valor (***la quantificació***) de l'energia al microstat $s(\varepsilon_s)$ i la degeneració del microstat *s* (*microstats que tenen la mateixa energia*) g (*s*).

A vegades sumem sobre nivells energètics i no per estats quàntics o microstats *s* construint una probabilitat com:

$$\boxed{P_s = \frac{g(E_s) e^{-\beta \varepsilon_s}}{\sum_{\varepsilon_s} g(\varepsilon_s) e^{-\beta \varepsilon_s}}}$$

A més a més, quan expressem la degeneració en funció de l'energia; coincideix amb el nombre de microstats, és a dir: $\boxed{g(\varepsilon_s) \equiv \Omega(\varepsilon_s)}$.

El tractament estadístic que hem fet servir, és l'estadística de **Maxwell-Boltzmann** que és un tractament estadístic clàssic de sistemes discrets o quàntics.

Per a sistemes quàntics, per fer-los amb més detall, s'ha d'estudiar amb un tractament estadístic quàntic de **Bose-Einstein (*Fermi-Dirac*)** que estudia sistema de **bosons (*fermions*)**.

En el cas dels bosons el tractament es basa amb partícules indistingibles i que es poden col·locar més d'una partícula en un mateix nivell d'energia.

Els fermions també són indistingibles, però obeeixen el principi d'exclusió de *Pauli*.

Més endavant farem un exemple de ressolució dels diferents tractaments, tot i que l'estudi de cadascún d'ells els farem amb més detall en temes posteriors.

El pas al límit clàssic o el pas al continu, ens permet passar d'un sistema d'estats quàntics a l'espai de fase d'una partícula. Si es complex que l'increment d'energia entre dos nivells energètics és molt més petit que $k_B T$: $\Delta \varepsilon \ll k_B T$ tenim:

$$\sum_s \to \int \frac{d^{3q} d^3 p}{h^3} = // \text{ Ens determina l'espectre energètic i és l'espai de fase}$$

d'una partícula $// = \int g(E) \, dE$ <u>Degeneració de l'energia del microstat de la partícula</u>.

Termodinàmica i Mecànica estadística

Aleshores, la funció de partició d'una partícula vindrà donada per:

$$Z_1 = \int g(E)\, dE\, e^{-\beta E} = \int \frac{d^3 q\, d^3 p}{h^3} e^{-\beta H(q,\,p)}$$

que la trobem a partir de la degeneració d'energia o per l'espai de fase d'una partícula.

- Si el sistema discret es tracta amb l'estadística de *Maxwell-Boltzmann*, tenim per a partícules distingibles (*per tant, sense la correcció de N!*):

$$Z = Z_1^N$$

- Si el sistema discret es tracta amb l'estadística quàntica, tant per a bosons com per fermions, tenim partícules indistingibles, per tant:

$$Z \neq Z_1^N$$

EX:

Calculem la funció de partició per un sistema de dues partícules en dos estats d'energia ε_1 *i* ε_2 *:*

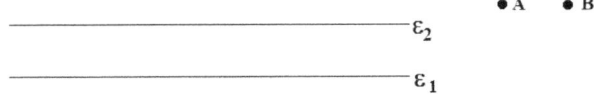

a) Suposem que obeeixen una estadística de Maxwell-Boltzmann

Avaluem els possibles microstats:

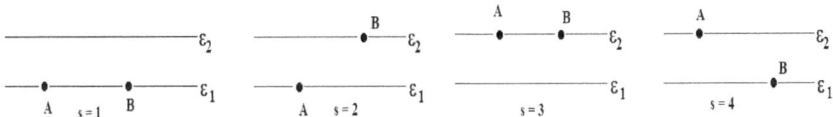

Per tant, disposem de quatre microstats.

Termodinàmica i Mecànica estadística

A continuació, fem una taula per avaluar els diferents microstats:

Taula 5.1.

S	E_s	$g(s)$	P_s
1	$2\varepsilon_1$	1	$\dfrac{e^{-2\beta\varepsilon_1}}{Z}$
2	$\varepsilon_1 + \varepsilon_2$	1	$\dfrac{e^{-\beta(\varepsilon_1+\varepsilon_2)}}{Z}$
3	$2\varepsilon_2$	1	$\dfrac{e^{-2\beta\varepsilon_2}}{Z}$
4	$\varepsilon_1 + \varepsilon_2$	1	$\dfrac{e^{-\beta(\varepsilon_1+\varepsilon_2)}}{Z}$

Avaluem els paràmetres:

$$g(s)=1 \quad ; \quad g(E_s)=\begin{matrix}g(2\varepsilon_1)=1\\ g(\varepsilon_1+\varepsilon_2)=2\\ g(2\varepsilon_2)=1\end{matrix}$$

per tant:

$$Z=\sum_{s=1}^{4} e^{-\beta E_s}=e^{-\beta E_1}+e^{-\beta E_2}+e^{-\beta E_3}+e^{-\beta E_4}=e^{-\beta(2\varepsilon_1)}+2e^{-\beta(\varepsilon_1+\varepsilon_2)}+e^{-\beta(2\varepsilon_2)}=Z$$

finalment:

$$\boxed{Z=\left(e^{-\beta(\varepsilon_1)}+e^{-\beta(\varepsilon_2)}\right)^2}$$

i, en conseqüència:

$$P_s=\frac{e^{-\beta E_s}}{Z} \quad ; \quad P(E_s)=\frac{g(E_s)e^{-\beta E_s}}{Z}$$

Termodinàmica i Mecànica estadística

A més a més, si ho fem per una partícula tenim:

$$Z_1 = e^{-\beta \varepsilon_1} + e^{-\beta \varepsilon_2}$$

i això compleix $\boxed{Z = Z_1^N}$ amb N com el nombre de partícules.

A la funció de partició de l'estadística de *Maxwell-Boltzmann* Z_{M-B} hem de tenir en compte la degeneració $Z = \sum_s g(s) e^{-\beta E_s}$.

Avaluem la probabilitat:

Per definició $P_s = \dfrac{e^{-\beta E_s}}{Z}$, per tant:

$$P_1 = \frac{e^{-2\beta \varepsilon_1}}{\left(e^{-\beta \varepsilon_1} + e^{-\beta \varepsilon_2}\right)^2} \; ; \; P_2 = P_4 = \frac{e^{-\beta(\varepsilon_1 + \varepsilon_2)}}{\left(e^{-\beta \varepsilon_1} + e^{-\beta \varepsilon_2}\right)^2} \; ; \; P_3 = \frac{e^{-2\beta \varepsilon_2}}{\left(e^{-\beta \varepsilon_1} + e^{-\beta \varepsilon_2}\right)^2}$$

Els possibles valors de l'energia del sistema són $2\varepsilon_1, \varepsilon_1 + \varepsilon_2, 2\varepsilon_2$; per tant, la probabilitat de tenir aquestes energies del nostre sistema són les aquestes:
$P(2\varepsilon_1) = P_1$, $P(2\varepsilon_2) = P_3$, $P(\varepsilon_1 + \varepsilon_2) = P_2 + P_4 = 2P_2$.

Aleshores: $\boxed{P(E_s) = \dfrac{g(E_s) e^{-\beta E_s}}{\sum_s g(E_s) e^{-\beta E_s}}}$

Per acabar, farem un estudi per avaluar com es comporta el sistema a altes i baixes temperatures. L'estat més probable, és el que té més probabilitat, ja què el sistema no està aïllat.

Com que $\varepsilon_2 > \varepsilon_1$ tenim que $P_1 > P_3$ i $P_1 > P_2$; per tant, P_1 **és més gran i més probable.**

Termodinàmica i Mecànica estadística

- **Altes temperatures**:

Com be sabem, $\beta \sim T^{-1}$, $\beta \ll 1$. Aproximant a l'ordre més baix:

$P_1 \simeq \frac{1}{4} \simeq P_2 = P_3 = P_4$. Tots els estats estan igualment poblats, per tant, tenen la mateixa probabilitat ja que l'energia tèrmica és molt baixa.

Podem calcular l'entropia de *Shannon*:

$$S = -k_B \sum_s P_s \ln(P_s) = -k_B \ln\left(\frac{1}{4}\right) = \boxed{S = k_B \ln(4)}$$

- **Baixes temperatures**

Per probabilitat, els estats s'aniran despoblant i P_1 serà el més probable. Al estar en el límit de la temperatura tendint a zero, $\beta \sim T^{-1}$, $\beta \gg 1$ i com la funció de partició és $Z = \left(e^{-\beta \varepsilon_1} + e^{-\beta \varepsilon_2}\right)^2$, tenim que $Z \simeq e^{-2\beta \varepsilon_1}$, per tant, $P_1 = 1$; $P_2 = P_3 = P_4 = 0$ i l'entropia serà *zero*.

b) Suposem que obeeixen una distribució Bose-Einstein

Al ser indistingibles, només tenim tres estats possibles:

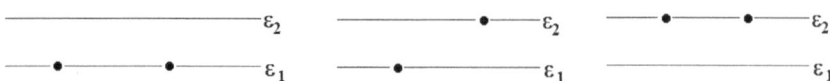

i, per tant, la funció de partició serà:

$$\boxed{Z = e^{-2\beta \varepsilon_1} + e^{-\beta(\varepsilon_1 + \varepsilon_2)} + e^{-2\beta \varepsilon_2}}$$

Termodinàmica i Mecànica estadística

c) Suposem que obeeixen una distribució Fermi-Dirac

A més a més de ser indistingibles, tenim que els spins iguals no poden compartir un mateix nivell energètic:

―――――●――― ε_2
―――●――――― ε_1

Amb funció de partició $\boxed{Z = e^{-\beta(\varepsilon_1 + \varepsilon_2)}}$

Anem a treballar amb alguns exemples:

EX:

1. Una partícula en una caixa de 3 dimensions i de costat L

Per trobar E_n hem de recórrer a la definició de longitud d'ona estacionària. Per De Broglie tenim $p = \frac{h}{\lambda}$ en què λ ha de complir una longitud d'ona de quantificació perquè l'ona sobrevisqui (*sigui estacionària*) dins la caixa. Aleshores $\lambda_i n = 2L$, $\lambda_i = \frac{2L}{n}$.

Calculem:

$$|\vec{p}|^2 = p_x^2 + p_y^2 + p_z^2 \; ; \; p_x = \frac{h}{\lambda_x} \; ; \; p_y = \frac{h}{\lambda_y} \; ; \; p_z = \frac{h}{\lambda_z} \quad \text{amb} \quad \lambda_x = \frac{2L}{n_x} \; ; \; \lambda_y = \frac{2L}{n_y} \; ;$$

$\lambda_z = \frac{2L}{n_z}$, per tant, l'energia ens vindrà determinada per:

$$E_n = \frac{|\vec{p}|^2}{2m} = \frac{1}{2m}(p_x^2 + p_y^2 + p_z^2) = \frac{h^2}{2m}\left(\frac{n_x^2}{4L^2} + \frac{n_y^2}{4L^2} + \frac{n_z^2}{4L^2}\right) = \frac{h^2}{8mL^2}(n_x^2 + n_y^2 + n_z^2) =$$

$$\boxed{E_n = \frac{n^2 h^2}{8mL^2}}$$

Ara anem a calcular la funció de partició per una partícula:

$$Z_1 = \sum_{n_x}\sum_{n_y}\sum_{n_z} e^{-\beta \frac{h^2}{8mL^2}(n_x^2 + n_y^2 + n_z^2)} = \left(\sum_{n_x = 0}^{\infty} e^{-\beta \frac{h^2 n_x^2}{8mL^2}}\right)^3$$

però això analíticament no es pot fer, per tant, fem el pas al continu al límit clàssic.

Termodinàmica i Mecànica estadística

Aleshores n passa a ser una variable contínua, per tant:

$$Z_1 = \left[\int_0^\infty e^{-\beta \frac{h^2 n_x^2}{8mL^2}} \, dn_x\right]^3 = // \text{ és una integral gaussiana } // = \left[\frac{1}{2}\sqrt{\frac{\pi}{\beta h^2} 8mL^2}\right]^3 =$$

$$= \frac{1}{8}\left(\frac{L}{h}\sqrt{8m k_B T \pi}\right)^3 = // \text{ com } L^3 \text{ és el volum } V \text{ de la caixa, podem expressar-ho com } // = \frac{1}{8}\frac{V}{h^3}\left(8m k_B T \pi\right)^{3/2} \text{. Finalment:}$$

$$\boxed{Z_1 = \frac{V}{h^3}\left(2m\pi k_B T\right)^{3/2}}$$

A continuació, treballem amb la degeneració de l'energia:

$$Z_1 = \int_0^\infty g(E) e^{-\beta E} \, dE \; ; \; \int \frac{d^3 q \, d^3 p}{h^3} = \int g(E) \, dE = \frac{V}{h^3}\int d^3 p = // \, d^3 p = 4\pi p^2 \, dp \, // =$$

$$= \frac{4\pi V}{h^3}\int p^2 \, dp \to * \quad \text{En el cas d'un gas ideal tenim} \quad E(q,p) = \frac{p^2}{2m} \to p^2 = 2mE$$

per tant, $p = \sqrt{2mE}$; $dp = \frac{\sqrt{2m}}{2\sqrt{E}} \, dE$, aleshores:

$$\to * \frac{4\pi V}{h^3}\int 2mE \frac{\sqrt{2m}}{2\sqrt{E}} \, dE \to \quad \boxed{g(E) = \frac{4\pi V}{h^3} m^{3/2} \sqrt{2E}} \; .$$

En aquest cas, $g(E)$ ha estat fàcil perquè E només depèn de la p. Si depengués de la p i de la q, caldria calcular $\Omega(E)$ de manera en que fèiem, ja que $\Omega(E) = g(E)$.

2. Oscil·lador harmònic clàssic i quàntic en 1 dimensió

Ens interessa conèixer el valor mig de l'energia. L'avaluarem de manera clàssica i quàntica.

Termodinàmica i Mecànica estadística

a) Oscil·lador Clàssic

El hamiltonià ens vindrà determinat per: $H = \dfrac{p^2}{2m} + \dfrac{1}{2}kx^2$; pel teorema d'equipartició de l'energia tenim: $\langle E \rangle = U = k_B T$.

Calculem la funció de partició:

$$Z = \dfrac{1}{h}\int dx\, dp\, e^{-\beta\left(\frac{p^2}{2m}+\frac{1}{2}kx^2\right)} = \dfrac{1}{h}\int_{-\infty}^{+\infty} dx\, e^{-\beta\left(\frac{1}{2}kx^2\right)} \int_{-\infty}^{+\infty} dp\, e^{-\beta\left(\frac{p^2}{2m}\right)} = // \text{ són integrals gaussianes } // = Z = \dfrac{1}{h}\sqrt{\pi\dfrac{2}{\beta}}\sqrt{\pi\dfrac{2m}{\beta}} = \dfrac{1}{h}\dfrac{2\pi}{\beta}\sqrt{\dfrac{m}{k}} \rightarrow \boxed{Z = \dfrac{2\pi}{\beta h}\sqrt{\dfrac{m}{k}}}$$

Observem que menys β tots els paràmetres són constants, per tant $Z \sim \dfrac{a}{\beta}$ amb $a = $ cnt. Per tant:

$$\langle E \rangle = \dfrac{-\partial \ln(Z)}{\partial \beta} = \dfrac{-1}{Z}\dfrac{\partial Z}{\partial \beta} = \dfrac{\beta}{a}\dfrac{a}{\beta^2} = \dfrac{1}{\beta} \rightarrow \boxed{\langle E \rangle = k_B T}$$

b) Oscil·lador quàntic

En un oscil·lador quàntic, l'energia ens vindrà determinada per l'expressió: $E_n = \hbar\omega\left(n+\dfrac{1}{2}\right)$ amb $n = 0, 1, 2, \ldots\ s = n$. Si estiguéssim en el cas de 3 dimensions, hi hauria una degeneració $g(n)$ i, per tant, $Z = \sum_n g(n) e^{-\beta E_n}$; però com ens trobem a 1 dimensió, a tot n tenim $g(n) = 1$. Per tant:

$$Z = \sum_n e^{-\beta E_n} = \sum_{n=0}^{\infty} e^{-\beta\left(\hbar\omega\left(n+\frac{1}{2}\right)\right)} = e^{-\beta\frac{\hbar\omega}{2}} \sum_{n=0}^{\infty} e^{-\beta\hbar\omega n}$$

Aquí tenim un polinomi tal què $\sum_{n=0}^{\infty} x^n = \dfrac{1}{1-x}$ i, finalment, trobem la funció de partició del sistema:

$$Z = \dfrac{e^{-\beta\frac{\hbar\omega}{2}}}{1-e^{-\beta\hbar\omega n}} = \boxed{Z = \dfrac{1}{e^{\beta\frac{\hbar\omega}{2}} - e^{-\beta\frac{\hbar\omega}{2}}}}$$

Termodinàmica i Mecànica estadística

Aleshores:

$$\langle E \rangle = \frac{-1}{Z}\frac{\partial Z}{\partial \beta} = +e^{\beta\frac{\hbar\omega}{2}} - e^{-\beta\frac{\hbar\omega}{2}} \frac{e^{\beta\frac{\hbar\omega}{2}} + e^{-\beta\frac{\hbar\omega}{2}}}{\left(e^{\beta\frac{\hbar\omega}{2}} - e^{-\beta\frac{\hbar\omega}{2}}\right)^2} \frac{\hbar\omega}{2} = // \quad \text{si sumem i restem la nostra}$$

expressió per $e^{\beta\frac{\hbar\omega}{2}} + e^{-\beta\frac{\hbar\omega}{2}}$

$$// = \frac{\hbar\omega}{2}\left[1 + \frac{2 e^{\beta\frac{\hbar\omega}{2}} - e^{-\beta\frac{\hbar\omega}{2}}}{e^{\beta\frac{\hbar\omega}{2}} - e^{-\beta\frac{\hbar\omega}{2}}}\right] =$$

$$\boxed{\langle E \rangle = \frac{\hbar\omega}{2}\left[\frac{1}{2} + \frac{1}{e^{\beta\hbar\omega} - 1}\right]}$$

Ara ens falta avaluar-lo a altes i baixes temperatures:

- **Altes temperatures**:

$\beta \ll 1 \rightarrow$ Si desenvolupem per *Taylor* $e^{-\beta\hbar\omega} \simeq 1 + \beta\hbar + ...$ tenim:

$$\boxed{\langle E \rangle \simeq \hbar\omega\left[\frac{1}{2} + \frac{1}{\beta\hbar\omega}\right] \simeq \frac{1}{\beta} = k_B T}$$

per tant, *a temperatures altes, un oscil·lador quàntic es comporta com un de clàssic.*

- **Baixes temperatures**:

$\beta \gg 1$ $\boxed{\langle E \rangle = \hbar\omega\left[\frac{1}{2} + e^{-\beta\hbar\omega}\right]}$ Si β no es fa tan gran, podem calcular c_V :

$c_V = \frac{\partial \langle E \rangle}{\partial T}$ i es pot comprovar que quan la temperatura tendeix a zero, la capacitat calorífica a volum constant també.

Si ho fem en tres dimensions, obtindríem el mateix resultat i, aquest conjunt d'oscil·ladors discrets es coneix com el model d'*Einstein* de sòlid[8].

---

8 Això ho veurem al tema 9 una mica per sobre i treballarem alguns exemples al volum de problemes.

Termodinàmica i Mecànica estadística

Termodinàmica i Mecànica estadística

Termodinàmica i Mecànica estadística

Tema 6.- Sistemes ideals en l'estadística clàssica

En aquest tema farem un estudi dels sistemes ideals, els quals venen **def**inits com **sistemes en què l'energia interna U només depèn de la temperatura T i el hamiltonià només té energia cinètica** (*les partícules no interactuen entre si*).

Els graus de llibertat del sistema ens condicionaran a l'energia cinètica de rotació, vibració, translació... Com hem vist amb anterioritat, si és un gas ideal monoatòmic, només considerem la *translació*.

En el tema de sistemes ideals, introduïrem la *distribució de Maxwell-Boltzmann* juntament amb altres distribucions que es basen amb aquesta darrera. També farem un cop d'ull, després d'exposar les distribucions, a les definicions de *pressió* i *efusió*.

Per acabar, treballarem amb sistemes que es veuen condicionats per la temperatura, però que no són "pròpiament" termodinàmics, com per exemple els *sistemes magnètics*.

6.1. Distribució de *Maxwell-Boltzmann*

En un gas ideal monoatòmic, la probabilitat de que una mol·lècula tingui una energia E és $P(E) = \dfrac{e^{-\beta E}}{Z}$. Com és un sistema ideal, només tenim energia cinètica, per tant: $E = E_{cin} = \dfrac{1}{2} m \vec{v}^{\,2}$, per tant, la densitat de probabilitat serà proporcional a $e^{-\beta E}$ tal què: $\rho(\vec{r}, \vec{v}) \sim e^{-\beta E} = e^{-\beta \frac{1}{2} \vec{v}^{\,2}}$.

La probabilitat de que una partícula estigui a $\vec{r}, \vec{r} + d\vec{r}$ i amb una velocitat de $\vec{v}, \vec{v} + d\vec{v}$; per tant:

$$d\vec{r}\, d\vec{v}\, \rho(\vec{r}, \vec{v}) = C e^{-\beta \frac{1}{2} \vec{v}^{\,2}} d\vec{r}\, d\vec{v}$$

amb C com una constant

Termodinàmica i Mecànica estadística

Si integrem l'expressió:

$\int d\vec{r} \int d\vec{v}\, \rho(\vec{r},\vec{v}) = C \int d\vec{r} \int d\vec{v}\, e^{-\beta\frac{m}{2}\vec{v}^2} = CV \int d^3v\, e^{\frac{-m\beta}{2}(v_x^2+v_y^2+v_z^2)} = //$ Anem a fer la integral. Podem agafar v_x com a general i al final elevar a 3 ja què totes les expressions són la mateixa per v_i, per tant: $\left[\int_{-\infty}^{+\infty} d^3v_x\, e^{\frac{-m\beta}{2}v_x^2}\right]^3$ que és una gaussiana i, finalment $\left[\frac{2\pi}{m\beta}\right]^{3/2}$; per tant $// = CV\left(\frac{2\pi}{m\beta}\right)^{3/2} = //$ al ser una distribució de probabilitat, la podem normalitzar i, finalment obtenim que el resultat serà $// = \int \rho(\vec{v})\, d\vec{v} = CV\left(\frac{2\pi}{m\beta}\right)^{3/2} = 1$.

Ara podem saber quin és el valor de la constant C del nostre sistema:

$$\boxed{C = \frac{1}{V}\left(\frac{m\beta}{2\pi}\right)^{3/2}}$$

i per tant, tenim:

$$\boxed{\rho(\vec{r},\vec{v}) = \frac{1}{V}\left(\frac{m\beta}{2\pi}\right)^{3/2} e^{-\frac{1}{2}m\beta\vec{v}^2}}$$

A més a més, com que $n = \frac{N}{V}$, si multipliquem per N a la nostra distribució de probabilitat i amb un valor de $n=1$; la probabilitat no depèn explícitament de $\vec{r}$ ja que aquesta ens defineix el volum i al multiplicar per N no ens apareix explícitament. Aleshores:

$$\boxed{\rho(\vec{v}) = \rho(v_x, v_y, v_z) = \left(\frac{m\beta}{2\pi}\right)^{3/2} e^{-\frac{m\beta}{2}(v_x^2+v_y^2+v_z^2)}}$$

Si ara estudiem la distribució de probabilitat amb un nombre N de partícules per unitat de volum superior a la unitat ($n \neq 1$ *es crea una distribució de les partícules*) tenim:

$$\boxed{f(\vec{r},\vec{v}) = f(\vec{v}) = n\left(\frac{m}{2\pi k_B T}\right)^{3/2} e^{-\frac{m}{2k_B T}\vec{v}^2}}$$

Funció de distribució de Maxwell-Boltzmann(Maxwelliana)

Termodinàmica i Mecànica estadística

6.2. Altres funcions de distribució

Si volem trobar la probabilitat de què un nombre de partícules tinguin la probabilitat que estem avaluant, caldrà fer $N\rho(\text{variables})$.

6.2.1. Distribució de components. Funció de distribució de v_x

Trobarem la funció de distribució d'una de les components, ja que el càlcul és anàleg per a totes, v_i, $g(v_i)$; ja que el moviment és isòtrop.

Definim els paràmetres que farem servir:

- $\boxed{g(v_x)}$: *nombre de partícules per unitat de volum que tenen una component x de la velocitat $\vec{v}$ igual a v_x.*

- $\boxed{g(v_x)\, dv_x}$: *nombre de partícules amb component x de $\vec{v}$ compressa entre v_x i $v_x + dv_x$, independent de v_y i v_z.*

Anem a fer el càlcul:

$$g(v_x)\, dv_x = \int\int_{z\ y} f(\vec{v})\, dv_x\, dv_y\, dv_z = dv_x \int dv_y \int dv_z\, f(\vec{v}) = // \quad si \quad agafem \quad la$$

funció $f(\vec{v})$ la $\vec{v}^2 = v_x^2 + v_y^2 + v_z^2$; per tant $e^{-\frac{m}{2k_BT}\vec{v}^2} = e^{-\frac{m}{2k_BT}v_x^2} e^{-\frac{m}{2k_BT}v_y^2} e^{-\frac{m}{2k_BT}v_z^2}$ // =

$$= dv_x\, n \left(\frac{m}{2\pi k_B T}\right)^{3/2} e^{-\frac{m}{2k_BT}v_x^2} \left[\int dv_z\, e^{-\frac{m}{2k_BT}v_z^2}\right] = // \quad \text{elevem al quadrat ja què la}$$

component y i la z de la velocitat són la mateixa i la integral, que és una gaussiana, val: $\frac{2\pi k_B T}{m}$ // =

$$\boxed{g(v_x)\, dv_x = n \left(\frac{m}{2\pi k_B T}\right)^{1/2} e^{-\frac{m}{2k_BT}v_x^2}\, dv_x}$$

Aquesta és la funció de distribució. Si volem saber la probabilitat de trobar una partícula amb component x de la velocitat v igual a v_x, ens caldrà dividir la funció de distribució $g(v_x)$ per n per a trobar la distribució de probabilitat

Termodinàmica i Mecànica estadística

$\rho(v_x)$:

$$\boxed{\rho(v_x)=\frac{g(v_x)}{n}=\left(\frac{m}{2\pi k_B T}\right)^{1/2} e^{-\frac{m}{2k_B T}v_x^2}}$$

anàlogament per v_y i v_z

Aquesta distribució és una gaussiana amb una banda d'amplitud igual a σ^2 .

Avaluem estadísticament terme a terme:

$$\langle v_x\rangle=\langle v_y\rangle=\langle v_z\rangle=0 \quad ; \quad \langle |v_x|\rangle=2\int_0^\infty \rho(v_x)v_x\,dv_x=\sqrt{\frac{2k_B T}{\pi m}}$$

$$\langle v_x^2\rangle=2\int_0^\infty \rho(v_x)v_x^2\,dv_x=\frac{k_B T}{m} \quad ; \quad \langle v_x^2\rangle=\langle v_y^2\rangle=\langle v_z^2\rangle=\frac{k_B T}{m}$$

Aleshores, fent servir els paràmetres:

$$\langle \sigma^2\rangle=\langle v_x^2\rangle-\langle v_x\rangle^2=\langle v_x^2\rangle-0=\frac{k_B T}{m}$$

A més a més, pel teorema d'equipartició de l'energia:

$$\langle E\rangle=\frac{m}{2}\langle v^2\rangle=\frac{m}{2}\left(\langle v_x^2\rangle+\langle v_y^2\rangle+\langle v_z^2\rangle\right)=\frac{m}{2}\frac{3k_B T}{m}= \quad \boxed{\langle E\rangle=\frac{3}{2}k_B T}$$

6.2.2. Distribució de *Maxwell-Boltzmann* del mòdul de la velocitat $\vec{v}$

Per poder avaluar la funció de probabilitat del mòdul de la velocitat, hem de buscar una funció de probabilitat que ens aparegui la variable que volem avaluar. Per fer-ho, hem de fer un canvi de variables de cartesianes a esfèriques, per tant, hem de fer el *Jacobià* de les variables $\left(f(v_x,v_y,v_z) \text{ a } f(v,\theta,\phi)\right)$.

Aleshores, el resultat del *Jacobià* és $v^2\sin\phi$.

Termodinàmica i Mecànica estadística

Fem els càlculs:

$$f(v)=\int_0^{2\pi} d\theta \int_0^{\pi} d\phi\, v^2 \sin\phi\, f(v_x,v_y,v_z) = \int_0^{2\pi} d\theta \int_0^{\pi} d\phi\, v^2 \sin(\phi)\, n\left(\frac{m}{2\pi k_B T}\right)^{3/2} e^{-\frac{mv^2}{2k_B T}} =$$

$$\boxed{f(v)=4\pi n v^2 \left(\frac{m}{2\pi k_B T}\right)^{3/2} e^{-\frac{mv^2}{2k_B T}}}$$

en què ja hem fet les integrals i hem substituït el valor de $f(v_x)$ elevat a tres, ja que eren tres variables per fer $f(v_x,v_y,v_z)$.

Si dividim $f(v)$ per n, obtenim la densitat de probabilitat:

$$\boxed{\rho(v)=4\pi v^2 \left(\frac{m}{2\pi k_B T}\right)^{3/2} e^{-\frac{mv^2}{2k_B T}}}$$

Ara és atractiu si representem $\rho(v)$ respecte v:

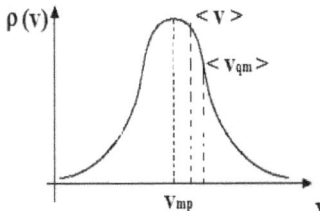

observem que tenim tres dades importants; anem-les a avaluar una per una:

- La **velocitat més probable** (v_{mp}) és la que correspon al màxim de la funció que no compleix una distribució gaussiana.

    Com és el punt màxim, la podem trobar fent la derivada i igualant a zero:

$$\frac{d\rho}{dv}=0 \rightarrow 2v e^{-(...)} - 2v^3 \frac{m}{2k_B T} e^{-(...)} = 0 \rightarrow \left(1-\frac{mv^2}{2k_B T}\right) 2v e^{(...)} = 0 \rightarrow$$

$$\boxed{v_{mp}=\sqrt{\frac{2k_B T}{m}}}$$

Termodinàmica i Mecànica estadística

- La *velocitat mitjana*: $\boxed{\langle v \rangle = \int_0^\infty v\rho(v)\,dv = \sqrt{\dfrac{8k_BT}{\pi m}}}$

- La *velocitat quadràtica mitjana* (v_{qm}) és la més important des del punt de vista termodinàmic, ja què ens determina la velocitat que correspon a l'energia. Per trobar-la:

$$\langle v^2 \rangle = \int_0^\infty v^2\rho(v)\,dv = \frac{3k_BT}{m} \rightarrow \boxed{v_{qm} = \sqrt{\langle v^2 \rangle} = \sqrt{\frac{3k_BT}{m}}}$$

és fàcil comprovar que:

$$\boxed{\langle E \rangle = \frac{1}{2}mv_{qm}^2}$$

6.2.3. Distribució de *Maxwell-Boltzmann* de l'energia

Passarem de la probabilitat de la velocitat a la de l'energia.

Expressem v en funció de E: $\quad E = \dfrac{m}{2}v^2 \rightarrow v = \sqrt{\dfrac{2E}{m}}\;;\; \dfrac{dv}{dE} = \sqrt{\dfrac{2}{m}}\dfrac{1}{2\sqrt{E}} = \dfrac{1}{2mE}$

Si treballem amb les probabilitats:

$$\rho(E) = \rho(v)\left|\frac{dv}{dE}\right| = \frac{1}{\sqrt{2mE}} 4\pi \frac{2E}{m}\left(\frac{m}{2\pi k_BT}\right)^{3/2} e^{\frac{-E}{k_BT}} = \boxed{\rho(E) = \frac{2}{\sqrt{\pi}} \frac{(E)^{1/2}}{(k_BT)^{3/2}} e^{\frac{-E}{k_BT}}}$$

Si fem el valor mig: $\boxed{\langle E \rangle = \int_0^\infty E\rho(E)\,dE = \dfrac{3}{2}k_BT}$

Observem que tots els resultats són expressions de l'equació calòrica d'estat, però com trobem l'equació tèrmica d'estat?

Termodinàmica i Mecànica estadística

6.3. Pressió

El moment linial bescanviat entre les partícules i una superfície, ens determina la *pressió*.

Si tenim una superfície S i les partícules impacten perpendicularment amb ella en la direcció z, en la direcció x i en la y, el moment linial de les partícules en l'intercanvi amb la superfície s'anul·la per definició.

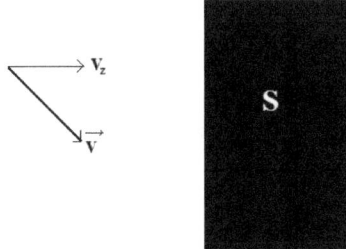

A continuació, farem un seguit de definicions que ens facilitaran el càlcul, però abans, cal remarcar que hi hauran partícules que impacten amb la paret $(+v_z)$ i d'altres que reboten $(-v_z)$. Aleshores:

- *Moment linial per totes les partícules*: $\boxed{\Delta p_z = 2 m v_z}$

- *Totes les partícules que impacten a S amb velocitat* v_z : $\boxed{\Delta N(v_z)}$

- *Nombre de molècules per unitat de volum amb* v_z :

$$\boxed{\Delta N(v_z) = n(v_z) S v_z \Delta t}$$

Per tant:

$$\boxed{\Delta p_z = 2 m v_z \Delta N(v_z)} \quad ; \quad \boxed{\Delta N(v_z) = \frac{N}{V} \rho(v_z) S v_z \Delta t}$$

en què hem fet servir que per distribució de Maxwell-Boltzmann:
$$n(v_z) = \frac{N}{V} \rho(v_z)$$

Termodinàmica i Mecànica estadística

Finalment:

$$\boxed{\Delta p_z = \frac{N}{V}\rho(v_z)\, 2\, m\, v_z^2\, S\, \Delta t}$$

Anem a fer els càlculs ja sabent que tenim velocitats d'impacte i de rebot, per tant, els límits d'integració aniran de $-\infty$ a $+\infty$ i, com la funció està preparada per avaluar-la amb $v_z > 0$ (de 0 a $+\infty$) ; només ens caldrà un factor $\frac{1}{2}$, per tant:

$$\Delta p_z = \frac{N}{V} m S \Delta t \int_{-\infty}^{+\infty} \rho(v_z) v_z^2 \, dv_z \;\rightarrow\; \frac{\Delta p_z}{S \Delta t} = P = \frac{F}{S} = \frac{mN}{V}\int_{-\infty}^{+\infty} v_z^2 \rho(v_z)\, dv_z = // \quad si$$

introduïm que $\rho(v_z) = \sqrt{\frac{m\beta}{2\pi}} e^{-\frac{m}{2}\beta v_z^2}$ $// = P = \frac{mN}{V}\int_{-\infty}^{+\infty} v_z^2 \sqrt{\frac{m\beta}{2\pi}} e^{-\beta\frac{m}{2}v_z^2} = //$ però

el terme de la integral ja l'hem vist al 6.2. que és $\langle v_z^2 \rangle = \frac{k_B T}{m}$; per tant $// =$

$$\boxed{P = \frac{N}{V} k_B T}$$
Equació tèrmica d'estat

6.4. Efusió

Considerem un gas ideal dins un recipient en què el moviment d'aquestes partícules microscòpicament ve descrit per la distribució de *Maxwell-Boltzmann*.

Si fem un forat al recipient, veiem que si van sortint les partícules, es produirà un decreixement exponencial amb el seu temps d'extinció (*perquè sortís el gas totalment, necessitaríem un temps infinit*), per tant, trobarem un **temps d'efusió** per l'orifici.

La representació esquemàtica del recípient amb les partícules ho veiem a continuació.

Termodinàmica i Mecànica estadística

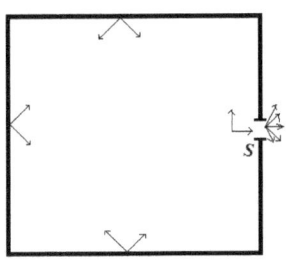

- Com hem vist abans, $\Delta N(v_z) = n(v_z) S v_z \Delta t$ és el número de partícules que col·lisionen amb l'àrea S i amb la direcció en la velocitat v_z (*ja que considerem tots els càlculs en l'eix z per facilitar i simplificar els càlculs a una component*).

Aleshores, el flux J el **def**inim com les partícules que xoquen amb la superfície S en un temps:

$$\boxed{J = \frac{\Delta N}{S \Delta t}}$$

Si volem avaluar el flux instantani de sortida en l'orifici:

$$J = \int_{v_z > 0} n(v_z) v_z \, dv_z = \frac{N}{V} \int_{v_z > 0} \rho(v_z) v_z \, dv_z = \frac{N}{V} \left(\frac{m\beta}{2\pi} \right)^{\frac{1}{2}} \int_{-\infty}^{+\infty} e^{-\beta \frac{m}{2} v_z^2} v_z \, dv = \frac{N}{V} \frac{1}{\sqrt{2 m \beta \pi}} =$$

$$\boxed{J = \frac{N}{V} \sqrt{\frac{k_B T}{2\pi m}} =}$$

També podem expressar el flux instantani com:

$$\boxed{J = \frac{P}{\sqrt{k_B T 2 \pi m}}} \qquad \boxed{J = \frac{n \langle v \rangle}{4}}$$

Podem fer vàries <u>conclusions</u>:

     i)   El gas que surt té menys energia que en el recipient tancat.

     ii)   El flux de les partícules és proporcional a la pressió.

     iii) El flux J és proporcional a $\dfrac{1}{\sqrt{M_{molar}}}$.

Abans d'avaluar la conclusió *iii)*, presentem dos sistemes connectats per un orifici en el què existeix una transmissió recíproca finita entre els dos fluids.

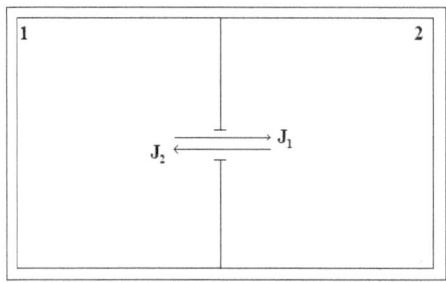

Quan els fluxos tinguin un mateix valor, deixarà d'haver-hi transmissió de gasos i, per tant, s'arriba a un **estat estacionari** $\boxed{J_1 = J_2}$.

Pensem amb una barca al mar, si es fa un forat, treus aigua per arribar a un estat estacionari; però l'equilibri seria no tenir el forat.

Observem que, tret de les variables corresponents a cada sistema, la resta (*les constants*) s'anul·len:

$$J_1 = J_2 \to \frac{P_1}{\sqrt{2\pi m k_B T_1}} = \frac{P_2}{\sqrt{2\pi m k_B T_2}} \to \frac{P_1}{\sqrt{T_1}} = \frac{P_2}{\sqrt{T_2}}$$

Per tant:

$$\boxed{J_1 = \frac{P_1}{\sqrt{T_1}} = \frac{P_2}{\sqrt{T_2}} = J_2}$$

Tornant a la conclusió ***iii)***; si tenim partícules *A* i *B*, aleshores:

$$\boxed{\frac{J^A}{J^B} = \frac{\sqrt{M^B_{molar}}}{\sqrt{M^A_{molar}}}}$$

Llei de Graham

EX:

Considerem que les partícules *A* són H_2 i les *B* O_2. Les seves masses molars són $M^A_{molar} = 2$; $M^B_{molar} = 32 \to \dfrac{J^{H_2}}{J^{O_2}} = \dfrac{\sqrt{32}}{\sqrt{2}} = 4 \to \boxed{J^{H_2} = 4 J^{O_2}}$.

6.5. Sistemes termodinàmics

Com ja hem parlat moltes vegades, el domini de la termodinàmica és molt ampli, introduïnt conceptes a l'abast de la majoria dels camps de la física.

En aquest apartat de sistemes termodinàmics, farem esment d'alguns sistemes de diferents marcs conceptuals de la física. Tot i que en parlarem de més d'un, ens dedicarem a estudiar d'una manera introductòria però a fons els sistemes magnètics.

6.5.1. Sistemes elàstics: Vareta elàstica

Si considerem una vareta de longitud L, a temperatura T i de secció A i feta d'un material elàstic, sabem que es produeix una tensió infinitesimal $d\tau$ si avaluem la vareta en una longitud infinitesimal dL.

Aleshores, **def**inim el ***Mòdul isoterm de Young*** E_T com una quantitat positiva que ens relaciona la tensió o l'esforç del sistema $\left(\sigma = \dfrac{d\tau}{A}\right)$ amb la deformació o estirament $\left(\varepsilon = \dfrac{dL}{L}\right)$, aleshores:

$$\boxed{E_T = \frac{\sigma}{\varepsilon} = \frac{L}{A}\left(\frac{\partial \tau}{\partial L}\right)_T}$$

Mòdul isoterm de Young

Una altra magnitud important que s'utilitza molt en aquests tipus de sistemes és ***l'expansió linial a tensió constant***: $\boxed{\alpha_\tau = \dfrac{1}{L}\left(\dfrac{\partial L}{\partial T}\right)_\tau}$ que ens representa una fracció de canvi en la longitud respecte la temperatura.

Si ara reescrivim la primera llei de la termodinàmica, obtenim:

$$\boxed{dU = T\, dS + \tau\, dL}$$

Termodinàmica i Mecànica estadística

Si ara treballem amb l'equació de *Gibbs* de l'energia lliure de *Helmholtz*, obtenim:

$$d\mathscr{F} = -S\, dT + \tau\, dL$$

que ens implica:

$$S = -\left(\frac{\partial \mathscr{F}}{\partial T}\right)_L \quad ; \quad \tau = -\left(\frac{\partial \mathscr{F}}{\partial L}\right)_T$$

Una relació de *Maxwell* que podem destacar és: $\left(\frac{\partial S}{\partial L}\right)_T = -\left(\frac{\partial \tau}{\partial T}\right)_L = A E_T \alpha_\tau$.

Per tant, amb la primera llei, també podem determinar la variació de la quantitat de calor ΔQ : $\quad \Delta Q = T \Delta S = A E_T \alpha_\tau T \Delta L$

6.5.2. Sistemes elèctrics: Materials dielèctrics

En el volum de "***Electromagnetisme: Teoria clàssica.***" quan parlàvem de materials dielèctrics vam fer un petit estudi per a rangs de temperatura, en què finalment trobàvem l'equació de *Langevin*, passant per l'equació de *Clausius-Massoti*:

$$\chi = \frac{N\alpha}{\varepsilon_0 - \frac{N\alpha}{3}} \quad amb \quad \alpha = \frac{3\varepsilon_0}{N}\frac{\varepsilon_r - 1}{\varepsilon_r + 2}$$

(*Clausius-Massoti*)

$$P = N\, p(T) = \frac{N p_0^2 E_m}{3 k_B T} = N \alpha E_m$$

(*Langevin*)

Són equacions pels dielèctrics a escales microscòpiques i amb presència de camps moleculars, concretament per la susceptibilitat elèctrica i per la polarització i α a l'equació de *Langevin* observem que depèn de la temperatura.

Termodinàmica i Mecànica estadística

L'equació de *Langevin* és una equació diferencial que ens descriu un moviment *Brownià;* tot i que aquest tipus de moviment no l'avaluarem en aquest volum.

6.5.3. Sistemes magnètics

Aquest tipus de sistemes si que els avaluarem amb més detall.

Si estudiem un sistema magnètic des del punt de vista termodinàmic, pel segon principi es pot trobar l'equació de *Gibbs* per aquest sistema. Com be sabem, tenim la relació $\vec{H} \equiv \frac{\vec{B}}{\mu_0} - \vec{M}$ i, a partir d'aquí, amb una variació infinitessimal del camp H (***intensitat de camp magnètic***) extern; fàcilment obtenim:

$$dU = T\,dS - \mu_0 M\,dH$$

Equació de Gibbs per un sistema magnètic

tal què l'equació fonamental serà $U(S, H)$ i podem determinar les seves equacions d'estat mitjançant:

$$T = \left(\frac{\partial U}{\partial S}\right)_H \quad ; \quad M = -\frac{1}{\mu_0}\left(\frac{\partial U}{\partial H}\right)_S$$

Trobant així l'*equació calòrica d'estat* $U(H, T)$ i l'*equació tèrmica d'estat* $M(H,T)$. Aquesta darrera la podem trobar fàcilment a partir de la **Llei de Curie:**

$$M = C\frac{H}{T}$$

Llei de Curie

en què **C** és una constant. Més endavant la demostrarem i la veurem amb més detall.

Termodinàmica i Mecànica estadística

Si ara baixem un nivell d'informació, de les equacions d'estat obtindrem les capacitats calorífiques:

- **_Capacitat calorífica a imantació constant_**: $\boxed{c_M = \left(\dfrac{dQ}{dT}\right)_M}$

- **_Capacitat calorífica a camp constant_**: $\boxed{c_H = \left(\dfrac{dQ}{dT}\right)_H}$

que finalment, si partim de $dU = dQ - \mu_0 M \, dH$ obtenim:

$$\boxed{c_M = \left(\frac{\partial U}{\partial T}\right)_M - \mu_0 M \left(\frac{\partial H}{\partial T}\right)_M} \quad ; \quad \boxed{c_H = \left(\frac{\partial U}{dT}\right)_H}$$

Al nivell més baix d'informació, tenim els **coeficients termodinàmics**. També en tindrem tres, però la **susceptibilitat magnètica** és rellevant pel sistema magnètic. Aquesta és equivalent a les k_T d'un sistema fluid i pren un valor de:

$$\boxed{\chi_m = \left(\frac{\partial H}{\partial M}\right)_T}$$

Segons el valor d'aquesta magnitud, classificarem els materials magnètics en dos grups[9]:

- $\chi_m > 0$ **paramegnètics** i **ferromagnètics**

- $\chi_m < 0$ **diamagnètics**

En funció de com s'orienten els spins dipolars del sistema al aplicar un camp extern, ens determinarà el valor de la susceptibilitat magnètica i la classificació dels materials.

---

[9] Ja els havíem avaluat al volum de **Electromagnetisme: Teoria clàssica**

Termodinàmica i Mecànica estadística

A més a més tenim que si el *camp és zero* ($H = 0$):

- Paramagnètics: Orientació aleatòria, per tant $\langle M \rangle = 0$.

- Ferromagnètics: Interacció entre spins, imantació M permanent.

Anàlogament als fluids, els materials paramagnètics seria el cas del gas ideal i, els ferromagnètics, el d'un gas ideal amb interacció.

Aleshores, els paramagnètics compleixen les condicions d'estabilitat i, per tant, no tenen transicions de fase. En canvi, els ferromagnètics no les compleixen i tenen transicions de fase; en concret, la més interessant és la transició de ferromagnètic a paramagnètic.

A continuació farem un estudi del paramagnetisme clàssic i quàntic:

- 6.5.3.1. **Paramegnetisme clàssic**

L'energia potencial d'un material paramagnètic en un estudi clàssic, ve determinada per $E_{pot} = -\mu_0 \vec{M} \cdot \vec{H}$. Si tenim N spins idèntics, la imantació serà proporcional al *moment dipolar magnètic* $\vec{\mu}$, tal què $\vec{M} = N\vec{\mu}$ i, per tant, finalment obtenim:

$$\boxed{E_{pot} = -\mu_0 N \vec{\mu} \cdot \vec{H}}$$

Si tenim un dipol magnètic, la seva energia serà: $\boxed{\varepsilon_1 = -\mu_0 \vec{\mu} \cdot \vec{H}}$

Considerem el cas que es presenta a la figura següent, amb un camp H en la direcció z:

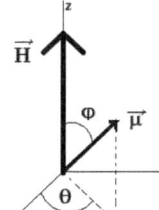

Per tant, l'energia serà: $\varepsilon_1 = -\mu_0 \mu \cos(\varphi) H$.

Si ara anem al canònic, trobem que $Z_1 = \int d\Gamma \, e^{-\beta \varepsilon_1}$.

Els angles ens defineixen el nostre espai de fases $d\Gamma$, cada parell de $\{\theta, \varphi\}$ és un microstat, una orientació a l'espai. Per tant, l'espai de fases és el *diferencial de l'angle sòlid* $d\Omega = \sin(\varphi) \, d\varphi \, d\theta$.

Termodinàmica i Mecànica estadística

Anem a calcular la nostra funció de partició sabent que $d\Gamma = d\Omega$; $\varphi \in [0,\pi]$; $\theta \in [0, 2\pi)$.

$Z_1 = \int_0^{2\pi} d\theta \int_0^{\pi} \sin(\varphi) \, d\varphi \, e^{\beta\mu_0\mu H \cos(\varphi)} = //$ fem els canvis de variable $x = \cos\varphi$; $\alpha = \beta\mu_0\mu H$
i $dx = -\sin\varphi \, d\varphi$ és a dir, avaluant els casos $\varphi = 0 \to x = -1$; $\varphi = \pi \to x = 1$ // =
$= 2\pi \int_{-1}^{1} dx \, e^{\alpha x} = \boxed{Z_1 = \frac{2\pi}{\alpha}(e^{\alpha} - e^{-\alpha})} = \frac{4\pi}{\alpha}\sinh(\alpha) \to$ *Desfent els canvis:*

$$\boxed{Z_1 = \frac{4\pi}{\beta\mu_0\mu H} \sinh(\beta\mu_0\mu H)}$$

Per fer el lligam entre la mecànica estadística i la termodinàmica, ens caldrà treballar amb l'energia lliure de *Helmholtz*: $\mathscr{F} = -k_B T \ln(Z)$.

Abans de continuar, hem de pensar que l'equació de *Gibbs* no és la mateixa que en el cas de fluids, aleshores, l'haurem de trobar:

$\mathscr{F} = U - TS \to d\mathscr{F} = dU - S \, dT - T \, dS = T \, dS - \mu_0 M \, dH - S \, dT - T \, dS =$

$$\boxed{d\mathscr{F} = -S \, dT - \mu_0 M \, dH}$$

amb:

$$\boxed{S = -\left(\frac{\partial \mathscr{F}}{\partial T}\right)_H} \quad ; \quad \boxed{M = -\frac{1}{\mu_0}\left(\frac{\partial \mathscr{F}}{\partial H}\right)_T}$$

Si agafem la funció de partició $Z_1 = \frac{2\pi}{\alpha}(e^{\alpha} - e^{-\alpha})$ amb la definició de canvi de variable que havíem dessignat per α ($\alpha = \beta\mu_0\mu H$) , podem trobar l'expressió per a l'energia interna U. Abans però, presentem els canvis de diferenciació:

$$\frac{\partial}{\partial \beta} = \frac{\partial}{\partial \alpha}\frac{\partial \alpha}{\partial \beta} = \mu_0 \mu H \frac{\partial}{\partial \alpha} \quad ; \quad \frac{\partial}{\partial H} = \frac{\partial}{\partial \alpha}\frac{\partial \alpha}{\partial H} = \beta\mu_0\mu\frac{\partial}{\partial \alpha}$$

Per tant:

$$U_1 = -\left(\frac{\partial \ln Z_1}{\partial \beta}\right)_H = -\mu_0\mu H \frac{\partial \ln Z_1}{\partial \alpha} = -\mu_0\mu H \frac{\alpha}{2\pi} \frac{2\pi}{e^{\alpha}-e^{-\alpha}}\left[-\frac{1}{\alpha^2}(e^{\alpha}-e^{-\alpha}) + \frac{1}{\alpha}(e^{\alpha}+e^{-\alpha})\right]$$

Termodinàmica i Mecànica estadística

si simplifiquem:

$$U_1 = -\mu_0 \mu H \left[-\frac{1}{\alpha} + \frac{e^\alpha + e^{-\alpha}}{e^\alpha - e^{-\alpha}} \right]$$

aleshores:

$$\boxed{U = N U_1 = -\mu_0 \mu H N \; \mathscr{L}(\alpha)}$$
Equació calòrica d'estat

en què $\mathscr{L}(\alpha) = \frac{e^\alpha + e^{-\alpha}}{e^\alpha - e^{-\alpha}} - \frac{1}{\alpha} = \coth(\alpha) - \frac{1}{\alpha}$ **_Funció de Langevin_**.

Per trobar l'equació tèrmica d'estat, ens cal treballar amb la imantació:

$$M = -\frac{1}{\mu_0}\left(\frac{\partial \mathscr{F}}{\partial H}\right)_T = \frac{N}{\mu_0} k_B T \left(\frac{\partial \ln Z_1}{\partial H}\right)_T = \frac{N k_B T}{\mu_0} \beta \mu_0 \mu \frac{\partial \ln Z_1}{\partial \alpha} = // \text{ com } \frac{\partial \ln Z_1}{\partial \alpha} = \frac{-U_1}{\mu \mu_0 H} // =$$

$$= -N\mu \frac{U_1}{\mu_0 \mu H} = \frac{N}{\mu_0 H} \mu_0 \mu H \; \mathscr{L}(\alpha)$$. Aleshores:

$$\boxed{M = N \mu \; \mathscr{L}(\alpha)}$$
Equació tèrmica d'estat

Podem observar que α és adimensional i desfent β : $\alpha = \frac{\mu_0 \mu H}{k_B T}$ que ens relaciona magnetisme i termodinàmica a partir d'energies.

Els spins es senten pertorbats tèrmicament i segons el valor de α ens determinarà qui predomina el sistema. Al sistema hi ha una desordenació tèrmica i el camp extern H intenta ordenar la direccionalitat dels spins del sistema.

Si representem la funció de *Langevin* $\mathscr{L}(\alpha)$:

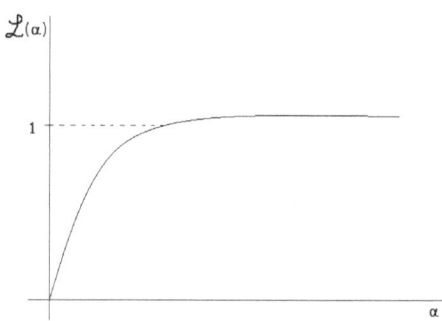

Observem que la funció creix fins a saturar-se a 1.

Anem a estudiar els dos règims.

- <u>Règim 1</u>: $\alpha \gg 1$: *(camps intensos)*

  Si $\alpha \gg 1 \rightarrow \mu_0 \mu H \gg k_B T$; aleshores, el sistema està molt ordenat.

  Observant els exponents i els valors de α a la funció $\mathscr{L}(\alpha)$ tenim que $\boxed{\mathscr{L}(\alpha) \simeq 1}$.

  Aleshores, $U \simeq -\mu_0 \mu H N = $ $\boxed{U = N\varepsilon_1}$ *N-vegades* l'energia d'un dipol, és a dir, tots els dipols estan orientats al camp.

  Per tant, tindrem màxima imantació possible, ja què $\mathscr{L}(\alpha) \simeq 1$. És l'anomenada ***imantació de saturació*** amb valor de $\boxed{M_s \simeq N\mu}$

- <u>Règim 2</u>: $\alpha \ll 1$: *(camps febles)*

  Si $\alpha \ll 1 \rightarrow \mu_0 \mu H \ll k_B T$; aleshores, el sistema està molt desordenat (pertorbat). Treballem amb aproximacions per *Taylor* a la funció de *Langevin*:

$$\mathscr{L}(\alpha) \simeq -\frac{1}{\alpha} + \frac{1+\alpha+\frac{\alpha^2}{2}+\frac{\alpha^3}{6}+1-\alpha+\frac{\alpha^2}{2}-\frac{\alpha^3}{6}}{1+\alpha+\frac{\alpha^2}{2}+\frac{\alpha^3}{6}-\left(1-\alpha+\frac{\alpha^2}{2}-\frac{\alpha^3}{6}\right)} = -\frac{1}{\alpha} + \frac{\alpha^2+2}{2\alpha+\frac{\alpha^3}{3}} =$$

Termodinàmica i Mecànica estadística

$$=\frac{1}{\alpha}\left[-1+\frac{1}{2}\frac{2+\alpha^2}{1+\frac{\alpha^2}{6}}\right]=// \quad \text{com podem fer el desenvolupament de Taylor}$$

$$de \quad \frac{1}{1+x}\simeq 1-x+... \quad // \quad =\frac{1}{\alpha}\left[-1+\frac{1}{2}(2+\alpha^2)\left(1-\frac{\alpha^2}{6}\right)\right]=\frac{1}{\alpha}\left[-1+\frac{1}{2}\left(2-\frac{\alpha^2}{3}+\alpha^2\right)\right]=$$

$$=\frac{1}{\alpha}\left[\frac{\alpha^2}{3}\right]\rightarrow \quad \boxed{\mathscr{L}(\alpha)\simeq\frac{\alpha}{3}} \quad .$$

Aleshores, com $\quad M=N\mu\,\mathscr{L}(\alpha) \quad : \quad M=N\mu\,\frac{\alpha}{3}= \quad \boxed{M\simeq\frac{N\mu^2\mu_0 H}{3k_B T}}$

Llei de Curie

Si volem determinar el desordre o la llibertat d'spins, cal treballar i determinar l'entropia del sistema. Per definició, tenim:

$$S=\frac{U-\mathscr{F}}{T}=\frac{U}{T}+k_B N\ln(Z_1)=-\frac{\mu_0\mu H N}{T}\mathscr{L}(\alpha)+k_B N\ln\left[\frac{2\pi}{\alpha}(e^\alpha-e^{-\alpha})\right]\rightarrow$$

$$\frac{S}{k_B}=-\frac{\mu_0\mu H N}{k_B T}\mathscr{L}(\alpha)+N\ln\left[\frac{2\pi}{\alpha}(e^\alpha-e^{-\alpha})\right] \quad . \text{ Treballem les dues parts de}$$
l'equació:

i) $\quad -\mu_0\mu H\beta=\alpha \quad$; per tant, la primera component de la suma per l'equació es pot reduir a $\quad \xi(\alpha^2) \quad .$

ii) La segona part anirem a desenvolupar per Taylor:

$$\frac{2\pi}{\alpha}\left[1+\alpha+\frac{\alpha^2}{2}+\frac{\alpha^3}{6}-\left(1-\alpha+\frac{\alpha^2}{2}-\frac{\alpha^3}{6}\right)\right]\simeq\frac{2\pi}{\alpha}\left[2\alpha+\frac{\alpha^3}{3}\right]=4\pi\left[1+\frac{\alpha^2}{6}\right] \quad , \quad per$$
tant:

$$\ln\left[4\pi\left(1+\frac{\alpha^2}{6}\right)\right]=\ln(4\pi)+\ln\left(1+\frac{\alpha^2}{6}\right) \quad . \text{ El terme } \quad \ln\left(1+\frac{\alpha^2}{6}\right)\simeq\frac{\alpha^2}{6}\sim\xi(\alpha^2) \quad .$$

Termodinàmica i Mecànica estadística

Finalment tenim:

$$\frac{S}{k_B} = N \ln(4\pi) + \xi(\alpha^2) \rightarrow \quad \text{Si calculem l'entropia a camp H zero } \alpha=0 \text{ i, per tant:}$$

$$\boxed{S_{(H=0)} = k_B N \ln(4\pi)}$$

El nombre total de microstats del nostre sistema, ens vindrà determinat per l'angle sòlid: $d\Omega = \sin\varphi \, d\varphi \, d\theta \rightarrow \int d\Omega = 4\pi$ i 4π és el nombre de microstats per un spin, per tant, *microstat total* $\Omega_N = (4\pi)^N$ i, finalment:

$$\boxed{S_{(H=0)} = k_B N \ln(\Omega_N)}$$

- ### 6.5.3.2. Paramegnetisme quàntic

La diferència que hi ha del paramagnetisme clàssic, és que no totes les orientacions del moment dipolar magnètic $\vec{\mu}$ són possibles, ja que estan quantitzades. És a dir, les $\mu_z \neq \mu \cos(\varphi)$ i seran: $\mu_z = \mu \sigma_i$; definint σ_i com un nombre quàntic de l'spin; $i = 1, ..., N$ nombre de cada spin i $\sigma_i = -J, -J+1, ..., J-1, J$ amb J com spin amb $2J+1$ orientacions.

Aleshores, $\varepsilon_i = -\mu_0 \mu_z H = -\mu_0 \mu H \sigma_i$ dipol i-èssim ($i = 1, ..., N$ dipols)

EX:

*Per exemple, pels electrons definim **g** com el factor **giromagnètic** i per tant, amb un valor de* $\boxed{\vec{\mu} = g \frac{\vec{e}}{2m_e} \vec{L}}$. $\vec{L}$ Està quantificat, per tant L_z també. Per tant: $\vec{\mu} \vec{H} = g \frac{eH}{2m_e} L_z \rightarrow$ $\boxed{\mu_B = g \frac{\vec{e} \hbar H}{2m_e} m_J}$ amb μ_B : **<u>Magnetó de Bohr</u>**

El nombre d'orientacions ens dóna el nombre de possibles microstats. Un cas fàcil

Termodinàmica i Mecànica estadística

és el de l'electró $J = 1/2$ i $\sigma_i = -\dfrac{1}{2}, \dfrac{1}{2}$.

Per tant, l'**energia total del sistema** serà: $\varepsilon = \sum\limits_{i=1}^{N} \varepsilon_i =$ $\boxed{\varepsilon = -\mu_0 \mu H \sum\limits_{i=1}^{N} \sigma_i}$

Els paramagnètics no tenen interacció entre els spins que componen el dipol. Si tenim interacció (*ho veurem més endavant; seria* $\varepsilon = -\mu_0 \mu H \sum\limits_{i=1}^{N} \sigma_i + \varepsilon_{int}$). Per tant, podem calcular la funció de partició que, al no haver-hi interacció tindrem $Z = Z_1^N$:

$$Z = \sum_{\{\sigma_1,...,\sigma_N\}} e^{-\beta\varepsilon} = \sum_{\sigma_1}\sum_{\sigma_2}\cdots\sum_{\sigma_N} e^{\beta\mu_0\mu H(\sigma_1+...+\sigma_N)} = \boxed{Z = \left(\sum_{\sigma_i} e^{\beta\mu_0\mu H \sigma_i}\right)^N}$$

- Treballem el paramagnetisme d'spin 1/2:

$$J = \frac{1}{2} \quad ; \quad \sigma_i = -\frac{1}{2}, \frac{1}{2} \quad ; \quad Z = \left(e^{\frac{1}{2}\beta\mu_0\mu H} + e^{-\frac{1}{2}\beta\mu_0\mu H}\right)^N$$

- **Equacions d'estat**

Primer hem de trobar l'energia lliure de *Helmholtz*:

$\mathscr{F} = -k_B T \ln(Z) = -N k_B T \ln\left[\cosh\left(\dfrac{\alpha}{2}\right)\right]$ amb $\alpha = \beta\mu_0\mu H$. *Si reescrivim Z, obtenim:*

$$Z = \left(e^{\frac{\alpha}{2}} + e^{-\frac{\alpha}{2}}\right)^N \rightarrow \boxed{Z_1 = 2\cosh\left(\frac{\alpha}{2}\right)} \;;\; \boxed{Z = 2^N \cosh^N\left(\frac{\alpha}{2}\right)} \;.$$

Aleshores: $\langle E \rangle = -\left(\dfrac{\partial \ln(Z)}{\partial \beta}\right)_H =$ // *fent ús de* $\dfrac{\partial}{\partial \beta} = \mu_0\mu H \dfrac{\partial}{\partial \alpha}$ // $= -N\mu_0\mu H \dfrac{\partial \ln(Z_1)}{\partial \alpha} =$

$-N\mu\mu_0 H \dfrac{1}{2\cosh\left(\frac{\alpha}{2}\right)} \dfrac{2}{\alpha}\sinh\left(\dfrac{\alpha}{2}\right) =$ $\boxed{\langle E \rangle = -N\dfrac{\mu\mu_0 H}{2}\tanh\left(\dfrac{\alpha}{2}\right)}$

Equació calòrica d'estat

Termodinàmica i Mecànica estadística

Per $d\mathscr{F}$ tenim:

$$M=-\frac{1}{\mu_0}\left(\frac{\partial \mathscr{F}}{\partial H}\right)_T=\frac{N}{\mu_0}k_B T\left(\frac{\partial \ln(Z_1)}{\partial H}\right)_T=// \text{ fent ús de } \frac{\partial}{\partial H}=\beta\mu_0\mu\frac{\partial}{\partial \alpha}//=\frac{N}{\mu_0}k_B T\beta\mu_0\mu\frac{1}{Z_1}\left(\frac{\partial Z_1}{\partial \alpha}\right)=$$

$$=N\mu\frac{1}{2\cosh\left(\frac{\alpha}{2}\right)}2\sinh\left(\frac{\alpha}{2}\right)\frac{1}{2}=\quad \boxed{M=\frac{N\mu}{2}\tanh\left(\frac{\alpha}{2}\right)}$$

Equació tèrmica d'estat

Anem a veure una altra manera interessant de trobar les equacions d'estat; a partir de la probabilitat:

$$1\text{ spin}\to \varepsilon = \begin{cases}\dfrac{\mu_0\mu H}{2} & \downarrow \text{ down} \\[6pt] -\dfrac{\mu_0\mu H}{2} & \uparrow \text{ up}\end{cases}\qquad \uparrow \vec{H}$$

Aleshores, les probabilitats ens vindran definides per:

$$P(\uparrow)=\frac{e^{-\frac{1}{2}\beta\mu_0\mu H}}{Z_1} \quad ; \quad P(\downarrow)=\frac{e^{\frac{1}{2}\beta\mu_0\mu H}}{Z_1}$$

Per tant, l'energia interna ens vindrà determinada per:

$$U=N\langle \varepsilon_1\rangle =N(\varepsilon_\uparrow P(\uparrow)+\varepsilon_\downarrow P(\downarrow))=\frac{N}{2}\mu_0\mu H\left[\frac{e^{-\frac{1}{2}\beta\mu_0\mu H}}{Z_1}-\frac{e^{\frac{1}{2}\beta\mu_0\mu H}}{Z_1}\right]=$$

$$=-\frac{N}{2}\mu_0\mu H\frac{e^{\frac{\alpha}{2}}-e^{-\frac{\alpha}{2}}}{2\cosh\left(\frac{\alpha}{2}\right)}= \quad \boxed{U=-\frac{N}{2}\mu_0\mu H\tanh\left(\frac{\alpha}{2}\right)}$$

Ara doncs, $\langle M\rangle =N\langle \mu_z\rangle =N\mu\langle \sigma_i\rangle$; calculem $\langle \sigma_i\rangle$:

$$\langle\sigma_i\rangle = -\frac{1}{2}P(\downarrow) + \frac{1}{2}P(\uparrow) = \frac{1}{2}\left[\frac{e^{\frac{\alpha}{2}} - e^{-\frac{\alpha}{2}}}{2\cosh\left(\frac{\alpha}{2}\right)}\right] = \frac{1}{2}\tanh\left(\frac{\alpha}{2}\right) \quad ; per\ tant:$$

$$\boxed{\langle M \rangle = \frac{N\mu}{2}\tanh\left(\frac{\alpha}{2}\right)}$$

A continuació avaluarem, tal i com havíem fet pel paramagnetisme clàssic, el sistema a partir del terme α a l'spin $\frac{1}{2}$ al límit d'altes i baixes temperatures.

- Règim 1: $\alpha \ll 1$: **Límit a altes temperatures.**

Si $\alpha \ll 1 \rightarrow \mu_0\mu H \ll k_B T$, desenvolupem:

$$\tanh\left(\frac{\alpha}{2}\right) = \frac{e^{\frac{\alpha}{2}} - e^{-\frac{\alpha}{2}}}{e^{\frac{\alpha}{2}} + e^{-\frac{\alpha}{2}}} \simeq \frac{1 + \frac{\alpha}{2} + \frac{\alpha^2}{8} - \left(1 - \frac{\alpha}{2} + \frac{\alpha^2}{8}\right)}{1 + \frac{\alpha}{2} + \frac{\alpha^2}{8} + \left(1 - \frac{\alpha}{2} + \frac{\alpha^2}{8}\right)} \simeq \frac{\alpha}{2 + \frac{\alpha^2}{4}} \simeq \frac{\alpha}{2}$$

Per l'equació tèrmica d'estat tindrem doncs:

$$\boxed{M \simeq \frac{N\mu^2\mu_0 H}{4 k_B T}}$$

<u>Llei de Curie</u>

El comportament és semblant a la funció de *Langevin*. També s'observa que es comporta com en un sistema paramagnètic clàssic, però el valor de la imantació és diferent per un factor del nombre quàntic.

També es podria calcular l'entropia a partir de l'expressió $S = -\left(\frac{\partial \mathscr{F}}{\partial T}\right)_H$ i calcular-la amb $S(H = 0, T)$ i al no haver-hi orientació fixe, hem d'agafar o avaluar tots els spins desordenats.

Ens donaria un microstat $\Omega = 2^N$; $S_{(H=0,T)} = k_B \ln(\Omega) \rightarrow$ i, per tant:

$$\boxed{S_{(H=0)} = k_B N \ln(2)}$$

i es pot comprovar que es recupera.

Termodinàmica i Mecànica estadística

- <u>Règim 2</u>: $\alpha \gg 1$: **Límit a baixes temperatures.**

Si $\alpha \gg 1 \rightarrow \mu_0 \mu H \gg k_B T$, es dedueix que la imantació serà màxima:

$$\boxed{M \simeq \frac{N\mu}{2}}$$ i, per tant, l'energia interna ens vindrà determinada per:

$$\boxed{U \simeq -N \mu_0 \frac{\mu}{2} H}$$

Si ara estudiem el nostre sistema amb el <u>col·lectiu microcanònic</u>, cada microstat ve donat per les diferents configuracions dels spins amb N spins i dues orientacions probables:

$\uparrow\uparrow\downarrow\uparrow\downarrow\downarrow\downarrow\uparrow\uparrow\downarrow\uparrow\downarrow\downarrow\uparrow\uparrow\uparrow...^{N)}$ $N_{(\uparrow)}; N_{(\downarrow)} \rightarrow N = N_{(\uparrow)} + N_{(\downarrow)}$; $E = \varepsilon_{(\uparrow)} N_{(\uparrow)} + \varepsilon_{(\downarrow)} N_{(\downarrow)}$

per tant, $\varepsilon_{(\uparrow)} = -\mu_0 \mu \frac{H}{2}$; $\varepsilon_{(\downarrow)} = \mu_0 \mu \frac{H}{2} \rightarrow$ $\boxed{E = \frac{\mu_0 \mu H}{2} [N_{(\downarrow)} - N_{(\uparrow)}]}$

que hem fet servir les dues lleis de conservació de N i E. Aleshores, el microstat dependrà de E, H i N:

$$\boxed{\Omega(E, H, N) = \frac{N!}{N_{(\downarrow)}!\ N_{(\uparrow)}!}}$$

Si fem uns canvis fent servir $N = N_{(\uparrow)} + N_{(\downarrow)}$, $N_{(\downarrow)} - N_{(\uparrow)} = \frac{2E}{\mu_0 \mu H}$ podem relacionar-ho amb $N_{(\downarrow)} = \frac{1}{2}\left(N + \frac{2E}{\mu_0 \mu H}\right)$; $N_{(\uparrow)} = \frac{1}{2}\left(N - \frac{2E}{\mu_0 \mu H}\right)$, per tant:

$$\boxed{\Omega(E, H, N) = \frac{N!}{\left(\frac{N}{2} - \frac{E}{\mu_0 \mu H}\right)!\left(\frac{N}{2} + \frac{E}{\mu_0 \mu H}\right)!}}$$

A continuació, farem un càlcul en què deixarem l'expressió més senzilla per

Termodinàmica i Mecànica estadística

realitzar els càlculs. No són complicats, però són molt ferragossos i els deixarem pel lector.

Podem trobar l'entropia a partir de la fórmula de *Boltzmann*:

$$S = k_B \ln(\Omega) = k_B \ln(N!) - k_B \ln\left[\left(\frac{N}{2} - \frac{E}{\mu_0 \mu H}\right)!\right] - k_B \ln\left[\left(\frac{N}{2} + \frac{E}{\mu_0 \mu H}\right)!\right]$$

Si fem servir la fórmula d'*Stirling*: $\ln(N!) \simeq N \ln(N) - N$, per aproximar, finalment obtenim:

$$\boxed{\ln(\Omega) \simeq N \ln(N) - \frac{N}{2}\ln\left(\frac{N}{2} - \frac{E}{\mu_0\mu H}\right) + \frac{E}{\mu_0\mu H}\ln\left(\frac{N}{2} - \frac{E}{\mu_0\mu H}\right) - \frac{N}{2}\ln\left(\frac{N}{2} + \frac{E}{\mu_0\mu H}\right) - \frac{E}{\mu_0\mu H}\ln\left(\frac{N}{2} + \frac{E}{\mu_0\mu H}\right) = \frac{S}{k_B}}$$

Com que $S(E,H) \rightarrow dS = \left(\frac{\partial S}{\partial H}\right)_E dH + \left(\frac{\partial S}{\partial E}\right)_H dE = \frac{1}{T} dE + \frac{\mu M}{T} dH$

Jugant amb elles tenim:

$$\frac{1}{T} = \left(\frac{\partial S}{\partial E}\right)_H \quad ; \quad M = \frac{T}{\mu}\left(\frac{\partial S}{\partial H}\right)_E = \frac{T}{\mu} k_B$$

per tant:

$$\frac{1}{T} = \left(\frac{\partial S}{\partial E}\right)_H = k_B \left(\frac{\partial \ln(\Omega)}{\partial E}\right)_H = // \text{ Substituïnt } \ln(\Omega) \text{ i derivant-lo respecte } E \text{ i}$$

mantenint el camp H constant, obtenim l'*equació calòrica d'estat* en funció de *E, H, N*.

- ***Paramagnetisme d'spin J (J enter)***

Tenim $\varepsilon_i = -\mu_0 \mu H \sigma_i$; $\sigma_i = -J, ..., J$, per tant, la funció de partició serà:

$$Z_1 = \sum_{\sigma_i=1}^{J} e^{\beta\mu_0\mu H \sigma_i} = 1 + \sum_{\sigma_i=1}^{J} e^{\alpha\sigma_i} + \sum_{\sigma_i=1}^{J} e^{-\alpha\sigma_i} = \boxed{Z_1 = \frac{\sinh\left[\alpha\left(J+\frac{1}{2}\right)\right]}{\sinh\left[\frac{\alpha}{2}\right]}}$$

Termodinàmica i Mecànica estadística

Si busquem les equacions d'estat, obtindrem:

$$U = -N\mu_0 \mu\, H\, J\, B_J\left(\frac{\alpha}{2}\right) \quad ; \quad M = N\mu J\, B_J\left(\frac{\alpha}{2}\right)$$

Definint la *funció de Billovin* com $\quad B_J\left(\frac{\alpha}{2}\right) = \frac{1}{J}\left[\left(J+\frac{1}{2}\right)\coth\left(\alpha\left(J+\frac{1}{2}\right)\right) - \frac{1}{2}\coth\left(\frac{\alpha}{2}\right)\right]$

i sabent que la imantació a *altes temperatures* és:

$$M \simeq \frac{N\mu^2 \mu_0 H}{3 k_B T} J(J+1)$$

Termodinàmica i Mecànica estadística

Termodinàmica i Mecànica estadística

Termodinàmica i Mecànica estadística

Tema 7.- Transicions de fase

En aquest tema parlarem de les transicions de fase. Les transicions de fase no són més que quan un sistema viola les condicions d'estabilitat i es torna heterogeni (*parts del sistema amb diferents densitats*). Quan les ones electromagnètiques de la llum infereixen sobre el sistema, aquest canvia d'aspecte (*o de fase en el nostre cas*).

Per exemple, si l'aigua es congela observem un color blanquinós en la transició. Aquesta transició de canvi d'aspecte, de propietats i, fins i tot, de material; és el que ens interessa estudiar i són les anomenades *transicions de fase*.

7.1. Diagrames *P-V*, *P-T*, *P-µ*

Per estudiar i visualitzar les transicions de fase, és molt útil representar el nostre sistema amb les variables de les què depèn. Aquestes representacions reben el nom de *Diagrames P-V* (*P-T* , *P-µ*) segons les variables en què ho representem.

La més habitual per iniciar un estudi de transició, és la *representació d'isotermes al pla P-V*.

Per un gas ideal, tenim que $\left(\frac{\partial P}{\partial V}\right)_T < 0$ **sempre**, és a dir, les isotermes són monòtones decreixents. Com que $k_T = -\frac{1}{V}\left(\frac{\partial V}{\partial P}\right)_T > 0$ les isotermes són compatibles amb el gas ideal i, a més a més, no hi ha una transició de fase.

Termodinàmica i Mecànica estadística

Per un gas ideal $P = \dfrac{nRT}{V}$ i el seu *diagrama P-V* és:

Diagrama P-V per un gas ideal

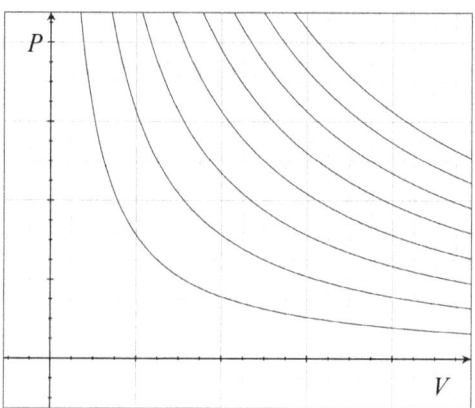

Si ara treballem amb un gas real, a temperatures elevades tenim el mateix comportament que per un gas ideal. Però a mesura que disminuïm la temperatura, la isoterma té un punt d'inflexió en un cert moment. Aquesta isoterma s'anomena *isoterma crítica* i es produeix a una *temperatura crítica* T_C.

A temperatura crítica, tenim que $\left(\dfrac{\partial P}{\partial V}\right)_{T_c} = 0$ i $k_T \to \infty$, per tant, divergeix. Aquest punt d'inflexió que es produeix a la isoterma crítica s'anomena ***punt crític***, per tant, les fluctuacions, tal i com havíem vist, per l'energia eren: $\langle (\Delta E)^2 \rangle = \langle E^2 \rangle - \langle E \rangle^2 = k_B T c_V$; que depenen de c_V.

Per a les variables extensives, per exemple el volum; també havíem vist que les fluctuacions eren tals què $\langle (\Delta V)^2 \rangle \sim k_T$, per tant, proporcionals a k_T i, en conseqüència, les fluctuacions en la densitat són molt grans.

Per exemple, per un gas real que complix l'equació de *Van der Waals*, en el seu comportament: $\left(P + \dfrac{a}{v^2}\right)(v-b) = RT$, la representació d'isotermes al pla P-V

Termodinàmica i Mecànica estadística

serà:

Diagrama P-V per un gas de Van der Waals

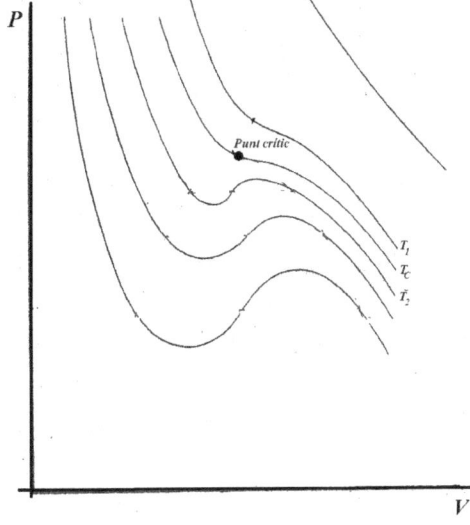

En què el rang de temperatures ens ve determinat per

$$T_1 > T_C > T_2$$

Entre T_1 i T_2 es troba T_C que ens informa d'un canvi de fase.

S'observa també que a T_2 el gas té una transició de fase, ja que el pendent de la corba és positiu i això comporta a que $k_T < 0$.

La informació és molt important, ja que la pressió augmenta amb el volum i, aquí, es trenca l'estabilitat mecànica (*sistema inestable mecànicament*).

Una condició necessària i suficient per a què existeixi la transició de fase, és que el sistema tingui una temperatura crítica i, per tant, *existeixi el punt crític*.

A continuació presentarem un experiment en què tenim un pistó que comprimeix un gas en *fase vapor* i un baròmetre que mesura la pressió del sistema. Les parets del pistó són de vidre (conductor tèrmic) i el sistema resta dins un bany d'aigua a temperatura T, tal i com representem a continuació:

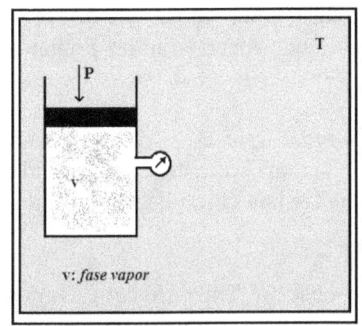

La temperatura a avaluar, segons l'havíem definit, és la T_2 i presentarem els diagrames *P-V* i *P-μ* per a fer un estudi més detallat del què succeeix a cada tram.

Per això cada tram li assignarem una lletra per avaluar-ho més còmodament i representarem de color clar el que s'observa experimentalment

Termodinàmica i Mecànica estadística

i en color fosc els valors teòrics.

L'experiència comença al punt G que és el de màxim volum; anem a veure-ho:

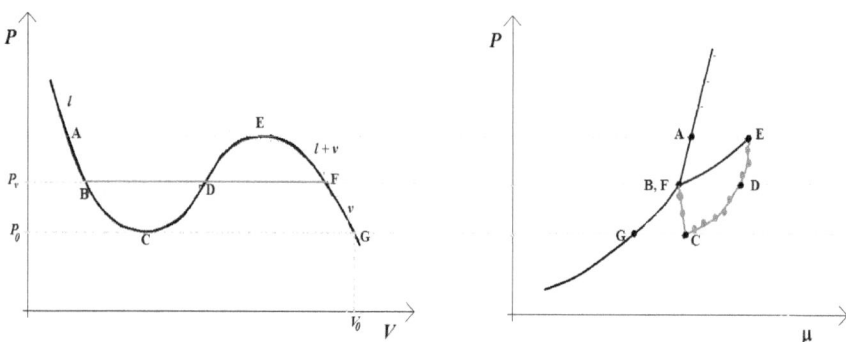

en què definim els termes de P_v com *pressió vapor* i v és la fase vapor, l la fase líquida i $l + v$ la fase líquid-vapor.

Estudiem els trams:

- **Tram BC / EF / BF / CE:**

  Observem que BC i EF al diagrama P-V són estats que compleixen que $k_T > 0$, però són estats metaestables.

  Experimentalment, són trams que es poden observar amb petites fluctuacions, ja que passarien a ser estats estables. Aplicant grans pertorbacions no es podran observar, que és el que passa en el nostre cas.

  A l'estat F, el gas (*vapor*) comença a expulsar calor (*es va refredant*) i es comença a convertir en líquid. És per això que apareixeran les primeres gotes.

  El tram **BF** és l'anomenat **segment conodal**, que és el que s'observa experimentalment. En aquest segment, hi ha una coexistència de líquid i vapor. Si l'experiment es realitza amb moltíssima cura i de manera molt fina, observem els estats **BC** i **EF**.

  BC és el tram de **líquid sobreescalfat** i s'observa l'expansió entre els dos

Termodinàmica i Mecànica estadística

punts per la isoterma.

EF és el tram de **vapor sotarefredat** i s'observa la compressió entre els dos punts per la isoterma.

En el tram **CE** es viola la condició d'estabilitat $k_T<0$. Si ara l'observem al diagrama P-μ, el tram **CE** és un <u>estat inestable</u> i el representem amb punts.

Si analitzem una mica més el tram **BF** quan coexisteixen líquid i vapor, també tenim **equilibri material**, ja què $m_l+m_v=$cnt al llarg del procés.

A més a més, el punt C té més energia perquè és metaestable.

Però el més interessant és que els estats B i F estan, com hem dit, en equilibri, ja què $P_B=P_F$ i $T_B=T_F$; per tant: $\boxed{\mu_B=\mu_F}$.

En els estats metaestables **EF** i **BC**, tenen més μ que els seus corresponents estables i el sistema prefereix, en l'experiment, passar pels punts més estables.

Observem que en els punts inestables del sistema ja no hi vol passar.

- **Tram GA**:

    Mirant el diagrama P-μ, els estats que es fa en el tram **GA** són estats *stables.*

Encara ens queda un diagrama per estudiar.

El diagrama **P-T** és molt útil, ja que obtenint $P = P(T)$ podem aconseguir molta informació. Representant les isotermes en un diagrama P-V i traslladant les funcions en el diagrama P-T obtenim la representació següent:

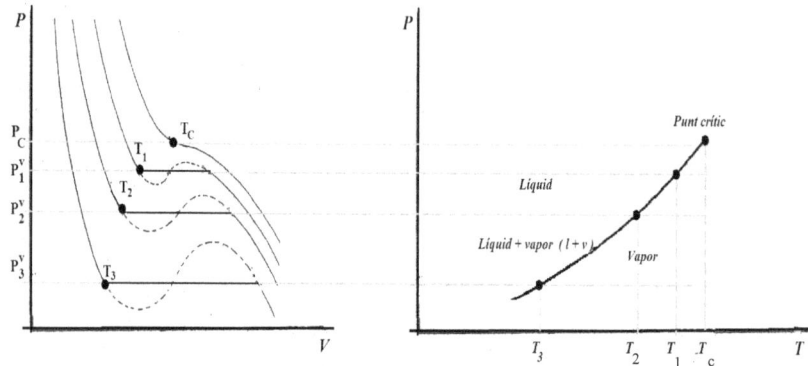

Aleshores, el diagrama **P-T** ens determina la funció anomenada **corba de coexistència** (**c.c**) que ens separa dos estats. En cada punt assenyalat de temperatures situats a la corba de coexistència, tal i com bé diu el nom i com havíem vist amb el tram de punts **BF**, tenim una coexistència de dos estats i, per tant, el potencial químic serà, pel nostre exemple $\boxed{\mu_l = \mu_v}$ [10].

Per fer un diagrama general amb tres estats possibles, **def**inim el **punt triple**, que és el punt en què coexisteixen els tres estats possibles del sistema (*les tres fases en equilibri tèrmic, material i químic*). La representació gràfica seria:

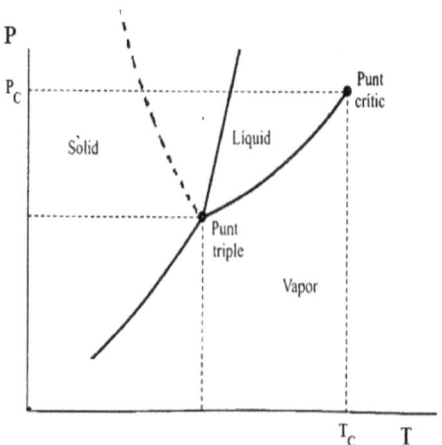

---

10 Anem a deixar clar els subíndex i abreviacions: **s : sòlid** ; **v : vapor** ; **l : líquid**

Termodinàmica i Mecànica estadística

Si volem determinar els punts de la corba de coexistència, cal determinar el pendent de la funció tal què $\left(\dfrac{\partial P(T)}{\partial T}\right)$ és el pendent de la recta. Si avaluem entre dues de les tres fases qualssevol, assignant α i β a dos estats diferents possibles, aleshores per definició tindrem $\mu^\alpha = \mu^\beta$ i, per tant: $d\mu^\alpha = d\mu^\beta$.

Treballem ara amb l'energia lliure de *Gibbs molar* en la seva forma diferencial, és a dir $d\mu$, tenim:

$$\boxed{d\mu^\alpha = -s^\alpha\, dT + v^\alpha\, dP} \quad ; \quad \boxed{d\mu^\beta = -s^\beta\, dT + v^\beta\, dP}$$

Aleshores $d\mu^\alpha = d\mu^\beta \to [s^\beta - s^\alpha] = dT = [v^\beta - v^\alpha]\, dP$, si aïllem $\dfrac{dP}{dT}$ per determinar el pendent, obtenim:

$$\boxed{\left(\dfrac{dP}{dT}\right)_{C.C} = \dfrac{s^\beta - s^\alpha}{v^\beta - v^\alpha}}$$

Equació de Clapeyron

7.1.1. Calor latent (*o entalpia*) de la transició de fase

Quan passem d'una fase menys condensada (***més condensada***) a una més condensada (***menys condensada***) el sistema allibera (***absorbeix***) energia en forma de calor, ja que es trenca (***lliga més fortament***) les forces intermoleculars.

És a dir, si el sistema expulsa calor la variació de la calor entre les dues forces serà negativa o, en altres paraules, $T[s^\alpha - s^\beta] < 0$.
Si el sistema absorbeix calor, la variació de la calor entre dues fases serà positiva, per tant, $T[s^\alpha - s^\beta] > 0$.

Aleshores, si treballem amb l'equació de *Clapeyron* tenim:

$$\left(\dfrac{dP}{dT}\right)_{C.C} = \dfrac{T(s^\beta - s^\alpha)}{T(v^\beta - v^\alpha)} = \boxed{\left(\dfrac{dP}{dT}\right)_{C.C} = \dfrac{l}{T\Delta v}}$$

en que es defineix $T(s^\beta - s^\alpha) = l$ com **la calor latent.**

Termodinàmica i Mecànica estadística

Aquesta equació ens dóna el pendent de les corbes del diagrama *P-T*. Per trobar la representació gràfica hem d'integrar, però caldrà trobar la constant d'integració per no trobar les famílies de corbes.

Sabent un punt, es poden discriminar les altres corbes. Anem a integrar:

$$\frac{dP}{dT} = \frac{l}{T \Delta v} = // \text{ considerem que } l \text{ i } \Delta v \text{ són pràcticament constants } // =$$

$$\int_{P_0}^{P} dP = \frac{l}{\Delta v} \int_{T_0}^{T} \frac{dT}{T} = \boxed{P = P_0 + \frac{l}{\Delta v} \ln\left(\frac{T}{T_0}\right)}$$

Anem a avaluar el pendent de les corbes de coexistència al passar d'una fase a una altra.

a) Canvi de fase líquid vapor l – v (*vaporització*):

Avaluem els dos termes de la divisió: $\frac{dP}{dT}$ és el pendent, per tant:

$$s^{(v)} - s^{(l)} > 0 \quad ; \quad v^{(v)} - v^{(l)} = // \, v = \frac{1}{\rho} \, // = \frac{1}{\rho^{(v)}} - \frac{1}{\rho^{(l)}} = \frac{\rho^{(l)} - \rho^{(v)}}{\rho^{(v)} \rho^{(l)}} > 0$$

és fàcil veure-ho, ja què el vapor ocupa més volum que el líquid i en les densitats, el líquid és més dens i el producte entre densitats sempre és positiu, ja que les densitats sempre són positives. Per tant:

$$\boxed{\left(\frac{dP}{dT}\right)_{C.C} > 0}$$

<u>Sempre per a tot procés de vaporització</u>

b) Canvi de fase de sòlid a vapor s – v (*sublimació*):

Avaluant els termes de la divisió, observem que, com a la vaporització, el desordre molecular és més gran a l'estat vapor que al sòlid, per tant, obtenim la relació entre les entropies de $s^{(v)} - s^{(s)} > 0$, per la mateixa raó que a la

Termodinàmica i Mecànica estadística

vaporització, $v^{(v)}-v^{(s)}=\dfrac{\rho^{(s)}-\rho^{(v)}}{\rho^{(v)}\rho^{(s)}}>0$. Aleshores, el pendent serà:

$$\boxed{\left(\dfrac{dP}{dT}\right)_{C.C}>0}$$

Sempre per a tot procés de sublimació

c) Canvi fase líquid a sòlid (<u>solidificació</u>):

En aquest cas el terme $s^{(l)}-s^{(s)}>0$ sempre. Però el volum/densitats dependrà de la substància, per tant, $v^{(l)}-v^{(s)}=\dfrac{\rho^{(s)}-\rho^{(l)}}{\rho^{(l)}\rho^{(s)}}$:

- >0 La majoria de substàncies, la densitat de la fase sòlida és més gran que la densitat de la fase líquida, per tant: $\boxed{\left(\dfrac{dP}{dT}\right)_{C.C}>0}$.

- <0 En el cas de l'aigua o el bismut, la fase sòlida és menys densa que la líquida. Aquest comportament l'hem representat a la gràfica del punt tríple amb una línia de punts discontínua, per tant: $\boxed{\left(\dfrac{dP}{dT}\right)_{C.C}<0}$.

Altres canvis de fase són les següents:

- *De **vapor a sòlid** anomenada **<u>sublimació inversa</u>***

- *De **vapor a líquid** anomenada **<u>condensació</u>***

- *De **sòlid a líquid** anomenada **<u>fusió</u>***

*A més a més si juguem amb l'entalpia del sistema, tenim que aquesta creix de l'estat sòlid, al líquid i després al gas i que si juguem amb la ionització del gas o estat vapor, podem passar a l'estat de fase de **plasma** des de l'estat **vapor** amb la **<u>ionització</u>** (**<u>desionització</u>**) en el cas de passar de **plasma a vapor.***

7.2. Equilibri vapor – fase condensada

Recordem que a l'apartat anterior, vam transformar l'equació de *Clapeyron* relacionant-la amb la definició de la calor latent com: $\left(\dfrac{dP}{dT}\right)_{C.C} = \dfrac{l}{T(v^\alpha - v^\beta)}$.

Assignant ara a les variables $\alpha = v\,(vapor)$ i $\beta = c\,(fase\,condensada)$. La *fase condensada* és la fase de coexistència *líquid – sòlid*.

Per a trobar la pressió en funció de la temperatura i així determinar la corba de coexistència en l'equilibri *vapor – fase condensada*, ens caldrà fer algunes hipòtesis prèviament:

- **La calor latent *l* és constant**. La farem constant per treure-la de la integral. Si tinguéssim $l\,(T)$, tampoc seria cap dificultat, el problema és si depèn d'altres paràmetres.

- $\boxed{v^{(v)} \gg v^{(c)}}$. El volum del vapor sempre és més gran.

- **La fase vapor es comporta com un gas ideal**, és a dir $\boxed{v^{(v)} = \dfrac{RT}{P}}$

Aleshores, per *Clapeyron* tenim:

$$\left(\frac{dP}{dT}\right)_{C.C} = \frac{l}{T(v^{(v)} - v^{(c)})} \simeq \frac{l}{Tv^{(v)}} = \frac{Pl}{RT^2} \rightarrow \int_{P_0}^{P} \frac{dP}{P} = \frac{l}{R}\int_{T_0}^{T}\frac{dT}{T^2} \rightarrow \ln\left(\frac{P}{P_0}\right) = \frac{l}{R}\cdot\frac{1}{T}\Big|_{T_0}^{T}$$

Per tant, finalment obtenim: $\boxed{P(T) = P_0\, e^{\frac{l}{R}\left(\frac{1}{T_0} - \frac{1}{T}\right)}}$

Per trobar la pressió podem recórrer a $P_0 - \rho g h$. D'altra banda, si trobem empíricament una relació del tipus $\ln(P) = A - \dfrac{B}{T}$ amb A i B com a constants reals, observem que les hipòtesis són prou bones, ja què el resultat s'ajusta a l'obtingut teòricament.

7.3. Punt crític

Hem vist als apartats anteriors el concepte de punt crític com un punt "tope" al diagrama **P-T** i venia determinat per una **temperatura crítica** T_C, una **pressió crítica** P_C i, també, un **volum crític** V_C. Per tant, després de la temperatura crítica, no hi ha coexistència de fases, però si per sota.

A més a més, en aquest punt la homogeneïtat es trenca i dins els seus dominis tenen propietats químiques diferents.

Així doncs, el **punt crític** és la corba de coexistència líquid – vapor (*només existeix aquí*) i té un pendent $\dfrac{dP}{dT}$ no definit, presentant una singularitat en què no es pot distingir entre líquid i vapor.

La singularitat la veiem per l'equació de *Clapeyron*: $\dfrac{dP}{dT} = \dfrac{s^{(v)} - s^{(l)}}{(v^{(v)} - v^{(l)})} = \dfrac{0}{0}$!!!

Per tant, tot i que el sistema en el punt crític **és estable**, tots els coeficients termodinàmics es fan infinits, és a dir, α, k_T, c_P, c_V tendeixen a infinit i com aquests estan relacioncionats amb les fluctuacions, aquestes també divergeixen.

Les funcions resposta es comporten divergent a $|T - T_C|^{-\gamma}$ amb γ com l'exponent crític i és diferent a cada funció resposta, però és el mateix per totes les substàncies per a cada coeficient.

Aleshores, perqué un sistema tingui canvis de fase, ha de tenir un punt crític. Anem a representar dues gràfiques amb les que treballarem a continuació:

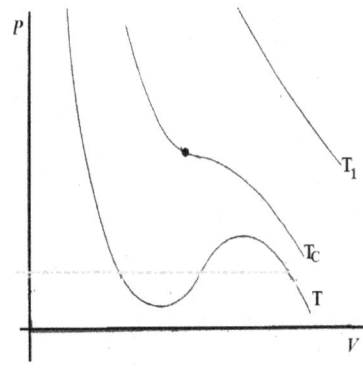
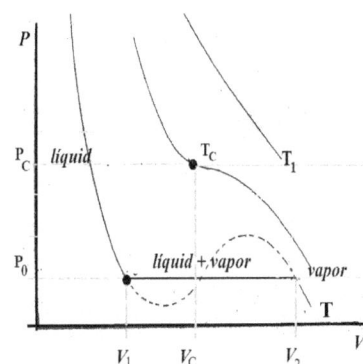

Termodinàmica i Mecànica estadística

Observem que a la gràfica **1**. el diagrama P-V corresponent a T té un pou anomenat *estat metaestable*

Després observem a la gràfica **2**. que T en el diagrama P-V es torna estable. A més a més, podem afegir que abans de V_1 tenim estat líquid fins arribar a les coordenades (V_1, P_0) després fins a V_2, en un interval al que anomenarem $\Delta V (\Delta V = V_2 - V_1)$ tenim un procés isòbar a P_0 en què coexisteixen l'estat líquid i el vapor i al arribar a V_2, a partir d'aquí tenim estat vapor.

Finalment, també podem obtenir al diagrama les *coordenades del punt crític* tal què $\boxed{(P_C, V_C, T_C)}$.

Anem a fer els càlculs.

Tenim que $P_0 = P(T, V_1)$, però particularment, al ser isòbar, també tenim que $P_0 = P(T, V_2) = P(T, V_1 + \Delta V)$.

Ara desenvolupem l'expressió en sèrie de *Taylor* al voltant de V_1 :

$$P_0 = P(T, V_1) + \left(\frac{\partial P}{\partial V_1}\right)_T (\Delta V) + \frac{1}{2}\left(\frac{\partial^2 P}{\partial V_1^2}\right)_T (\Delta V)^2 + \theta(\Delta V)^3$$

Aleshores, igualant els termes de la darrera expressió amb $P_0 = P(T, V_1)$ ja que ho és també, tenim: $0 = \left(\frac{\partial P}{\partial V_1}\right)_T (\Delta V) + \frac{1}{2}\left(\frac{\partial^2 P}{\partial V_1^2}\right)_T (\Delta V)^2 + \theta(\Delta V)^3$.

Si ara dividim tots els termes per ΔV, tindrem que l'expressió ens queda com:
$\left(\frac{\partial P}{\partial V_1}\right)_T + \frac{1}{2}\left(\frac{\partial^2 P}{\partial V_1^2}\right)_T (\Delta V) + \theta(\Delta V)^3 = 0$.

Finalment, com que $\Delta V \to 0$ quan $T \to T_C$ ens quedarà:

$$\boxed{\left(\frac{\partial P}{\partial V}\right)_{T=T_c} = 0}$$

Termodinàmica i Mecànica estadística

Aquest resultat és una *condició necessària* al punt crític, però no suficient, ja que obtindríem dues equacions amb tres incògnites de l'estil $\phi(V_C, T_C, N)=0$ o bé $P_C(T_C, V_C, N)=0$. Per tant, ens falta una informació més. Aquesta nova informació la trobem per les condicions d'estabilitat.

El punt crític és un estat d'*equilibri estable*. Si establim les condicions d'estabilitat, el potencial a estudiar és el potencial lliure de *Helmholtz*, per tant, expressada en forma diferencial: $d\mathscr{F} = -P\,dV - S\,dT + \mu\,dN$ i, la condició d'estabilitat, recordem, era que $\left(\dfrac{\partial^2 \mathscr{F}}{\partial V^2}\right)_{T,N} > 0$.

Per definició, tenim que la pressió ens ve definida per $-P = \left(\dfrac{\partial \mathscr{F}}{\partial V}\right)_{T,N}$, aleshores, podem relacionar ambdues: $\left(\dfrac{\partial^2 \mathscr{F}}{\partial V^2}\right)_{T,N} = -\left(\dfrac{\partial P}{\partial V}\right)_{T,N}$ i, això, acabem de veure que perqué sigui un punt crític la condició és que ha de ser zero.

Aleshores, per assegurar l'estabilitat, s'han de mirar derivades d'ordre superior. Com $\mathscr{F}$ en isotermes és mínim a l'equilibri, hem d'imposar que:

- $\left(\dfrac{\partial^3 \mathscr{F}}{\partial V^3}\right)_{T,N} = 0$ i així evitem punt d'inflexió.

- $\left(\dfrac{\partial^4 \mathscr{F}}{\partial V^4}\right)_{T,N} > 0$, aleshores $\left(\dfrac{\partial^3 P}{\partial V^3}\right)_{T=T_c} < 0$

És a dir, en el punt crític s'ha de complir:

$$\boxed{\left(\dfrac{\partial P}{\partial V}\right)_{T=T_c} = 0 \quad ; \quad \left(\dfrac{\partial^2 P}{\partial V^2}\right)_{T=T_c} = 0 \quad ; \quad \left(\dfrac{\partial^3 P}{\partial V^3}\right)_{T=T_c} < 0}$$

Amb les equacions de condició que tenim al punt crític podem determinar V_C, T_C i també P_C.

Termodinàmica i Mecànica estadística

EX:

Treballarem amb l'equació del model de gas de Van der Waals. Aquest model descriu el comportament de varis gasos reals i que veurem amb més detall al següent tema. El gas de Van der Waals té un comportament que compleix l'equació: $\boxed{P=\dfrac{RT}{v-b}-\dfrac{a}{v^2}}$ *en què ja hem deixat la pressió en funció de les variables a avaluar i hem reduït els valors a variables específiques.*

Aleshores, seguint les condicions al punt crític, treballarem amb les coordenades del mateix:

- $\left(\dfrac{\partial P}{\partial V}\right)_T = \dfrac{-RT}{(v-b)^2}+\dfrac{2a}{v^3}=0 \rightarrow \boxed{\dfrac{RT}{(v-b)^2}=\dfrac{2a}{v^3}}$

- $\left(\dfrac{\partial^2 P}{\partial V^2}\right)_T = \dfrac{2RT}{(v-b)^3}+\dfrac{6a}{v^4}=0 \rightarrow \boxed{\dfrac{RT}{(v-b)^3}=\dfrac{3a}{v^4}}$

Si dividim la primera igualtat per la segona, tenim que $\boxed{v-b=\dfrac{2}{3}v}$.

Aleshores, com les condicions són del punt crític, obtenim les coordenades per ordre tal i com les presentem:

$\boxed{v_C=3b} \rightarrow \boxed{T_C=\dfrac{8a}{27Rb}} \rightarrow \boxed{P_C=\dfrac{a}{27b^2}}$

Ens interessa veure com es comporten les magnituds termodinàmiques al punt crític:

- $\Delta v = v^{(v)}-v^{(l)} \rightarrow 0$

- $\Delta s = s^{(v)}-s^{(l)} \rightarrow 0 \rightarrow l=T\Delta s \rightarrow 0$

Termodinàmica i Mecànica estadística

Les funcions resposta, en canvi, creixen desorbitadament:

- $k_T = -\dfrac{1}{V}\left(\dfrac{\partial V}{\partial P}\right)_{T,N} \to \infty$

- $\alpha \to \infty$; c_P i $c_V \to \infty$

Si interpretem això des del punt de vista estadístic, observem que les fluctuacions es disparen, ja que són proporcionals a les funcions respostes (*aquestes varien com* $k_B c_V T^2$). Per tant, tal i com havíem dit, les fluctuacions divergeixen com funcions del tipus $|T-T_C|^{-\gamma}$. En el cas del gas de *Van der Waals*, l'exponent crític γ ve donat per $\boxed{k_T = \dfrac{4b}{3R}|T-T_C|^{-1}}$.

7.4. Teoria de *Landáu*

Al 1962, *Lev Landáu* va guanyar el premi nobel de física per la seves teories pioneres sobre la matèria condensada, en especial de l'heli líquid. Va formular la teoria que porta el seu nom **Teoria de Landáu,** que ens relaciona les transicions de fase de primer (*discontínues*) i segon (*contínues*) ordre a través d'un **paràmetre d'ordre** $\boxed{\eta}$ [11]. Aquest paràmetre d'ordre el podem trobar en tots els sistemes i pren un valor de $\eta = m$ (*imanació*) pels sistemes magnètics, $\eta = v = \dfrac{1}{\rho}$ (*volum molar*) pels fluids ...

Per cada fase, el paràmetre d'ordre pren un valor, però concretament en una, la **desordenada**, tenim un valor de $\boxed{\eta = 0}$ (com a cas ideal).

Per exemple, treballem amb l'energia lliure de *Helmholtz* molar: $\boxed{f(T, y, \eta)}$

---
[11] En aquest cas, ordre significa sistemes amb molta entropia.

Termodinàmica i Mecànica estadística

L'estudi d'aquesta teoria es pot realitzar amb qualsevol potencial i, per tant, y serà una o una altra variable extensiva.

Aleshores, el potencial expressat amb el paràmetre d'ordre, es pot escriure com un polinomi de grau 4 per descriure les transicions de fase de primer i segon ordre tal què:

$$f(T,y,\eta) = f_0(T,y) + \alpha_1 \eta + \alpha_2 \eta^2 + \alpha_3 \eta^3 + \alpha_4 \eta^4$$

amb $\alpha_i = \alpha_i(T,y)$

Anem a estudiar les transicions per ordres separats:

7.4.1. Transicions de fase de primer ordre

Com hem comentat abans, les transicions de fase de primer ordre es caracteritzen perquè la primera derivada del potencial termodinàmic en què realitzem els càlculs, és discontínua.

Aquests, es solen caracteritzar per l'existència de la calor latent. Tal i com havíem vist a la definició de la calor latent, en la transició s'absorbeix o s'allibera energia proporcionalment al tamany del sistema. Durant el procés, la temperatura es manté constant i, com l'energia no es pot transmetre instantàniament, durant el procés coexisteixen regions amb diferents fases.

En les zones properes a la coexistència de fases, el potencial ens presenta dos mínims: Un mínim global que caracteritza a l'estat estable i un altre mínim que caracteritza a un estat metaestable.

El sistema en equilibri es troba en estat estable, però una pertorbació suficient pot portar a un subsistema a l'estat metaestable. No obstant això, una pertorbació menor el tornaria a l'estat estable.

En la coexistència de fases, els dos mínims tenen el mateix valor i a cadascun li correspon un valor determinat del paràmetre d'ordre, que és on es reflexa la coexistències de fases.

Anem a representar les isotermes en un gràfic de l'energia lliure de *Helmholtz* molar respecte el paràmetre d'ordre ($f(T, y, \eta)$ vs η):

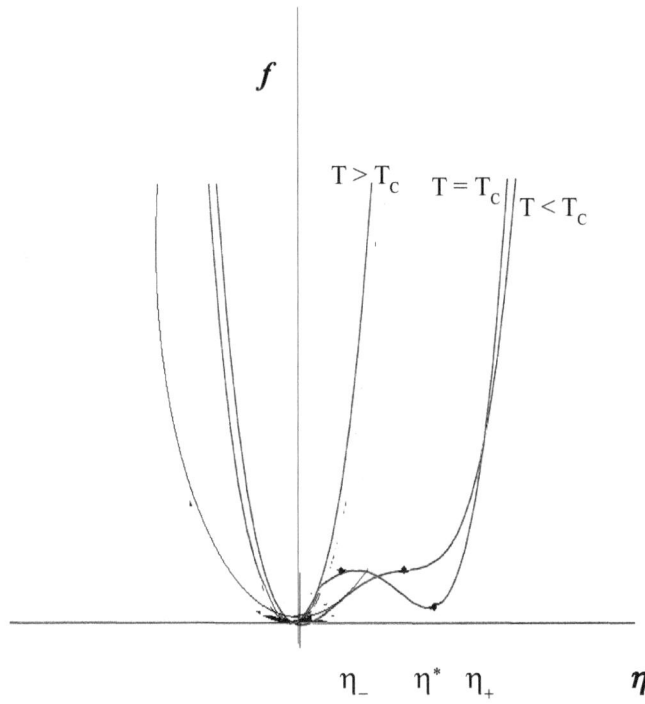

Avaluem la funció $f(T,y,\eta)$:

Segons les nostres definicions, $\left(\dfrac{\partial f}{\partial \eta}\right)_{\eta=0}=0$; $\left(\dfrac{\partial f}{\partial \eta}\right)_{\eta=\eta\pm}=0$. Aleshores, derivant f respecte η tenim:

$$\boxed{\alpha_1 + 2\alpha_2\eta - 3\alpha_3\eta^2 + 4\alpha_4\eta^3 = 0}$$

Per tant, per condicions $\boxed{\alpha_1=0}$, en conseqüència $\eta(2\alpha_2 - 3\alpha_3\eta + 4\alpha_4\eta^2) = 0$.

Com per $\eta=0$ es compleix, hem d'imposar que $\boxed{2\alpha_2 - 3\alpha_3\eta + 4\alpha_4\eta^2 = 0}$.

Aleshores, podem tenir dues solucions per al paràmetre d'ordre, amb $\alpha_3>0$:
$$\eta_\pm = \frac{3\alpha_3 \pm \sqrt{9\alpha_3^2 - 32\alpha_2\alpha_4}}{8\alpha_4}$$

Termodinàmica i Mecànica estadística

Per tant, si avaluem segons els rangs de temperatures:

- **$T > T_C$**: aleshores, $\eta=0$ és estable; $\eta_\pm$ són inestables. Per tant, el valor de α_2 es trobarà tal què: $\alpha_2 > \dfrac{9\alpha_3^2}{32\alpha_4}$

- **$T = T_C$**: aleshores, $\eta=0$ és estable i els valors del paràmetre d'ordre en què el radicant és zero, correspondrà a $\eta_\pm$ i són metaestables. Per tant, el valor de α_2 es trobarà tal què: $\alpha_2 = \dfrac{9\alpha_3^2}{32\alpha_4}$.

- **$T < T_C$**: aleshores, $\eta=0$ és estable i els valors del paràmetre d'ordre positius, tal què η_+ és metaestable. Per tant, $\alpha_2 < \dfrac{9\alpha_3^2}{32\alpha_4}$, aleshores, el que tenim és $f(\eta=0) < f(\eta_+) \rightarrow 0 < \alpha_2\eta_+^2 - \alpha_3\eta_+^3 + \alpha_4\eta_+^4$. Finalment, si ho arreglem una mica jugant amb les expressions, el que obtenim és:

$$0 < \alpha_2 - \alpha_3\eta_+$$

Si ara substituïm el valor del paràmetre d'ordre a la inequació:

$$\eta_+ < \frac{2\alpha_2}{\alpha_3} \rightarrow \frac{3\alpha_3 + \sqrt{9\alpha_3^2 - 32\alpha_2\alpha_4}}{8\alpha_4} < \frac{2\alpha_2}{\alpha_3}$$

què si fem una mica de càlcul, elevant al quadrat i simplificant termes, obtenim: $\boxed{\alpha_2 > \dfrac{1}{4}\dfrac{\alpha_3^2}{\alpha_4}}$.

Si multipliquem a dalt i abaix per 4 per comparar termes, observem que el rang de valors per α_2 de:

$$\boxed{\dfrac{8\alpha_3^2}{32\alpha_4} < \alpha_2 < \dfrac{9\alpha_3^2}{32\alpha_4}}$$

Aleshores, en aquest rang, ens podem trobar en punts en què tindrem coexistència de fases (corresponents al segment conodal que havíem vist apartats enrere), amb punts inestables, estables i metaestables.

Si representem les isotermes en aquest darrer tram de la temperatura, el que

Termodinàmica i Mecànica estadística

obtenim és: ($f(T, y, \eta^*)$ vs η) :

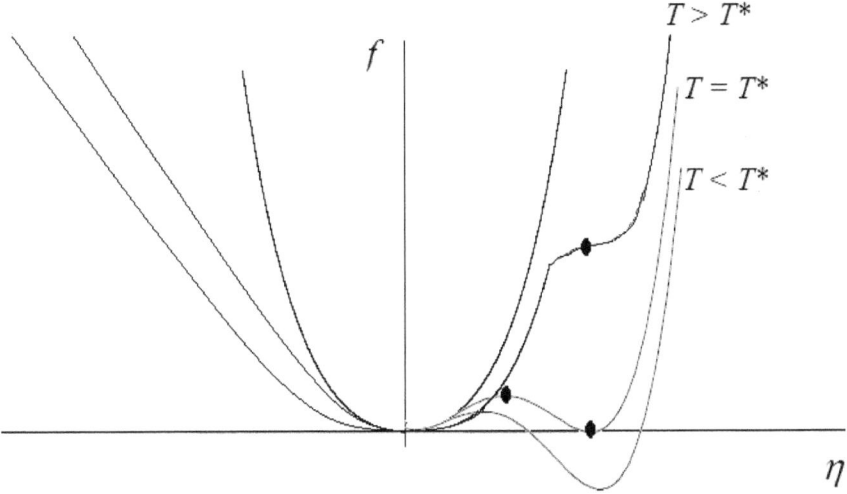

Anem a veure-les una per una:

a) $T > T^*$, *fase desordenada* $\eta=0$

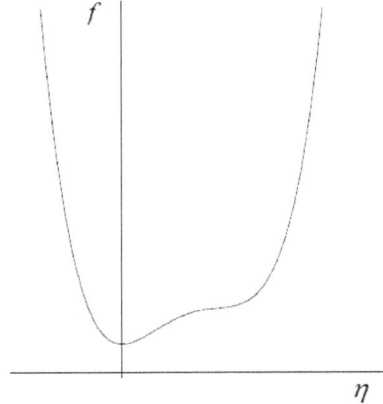

b) $T > T^*$, *fase ordenada*

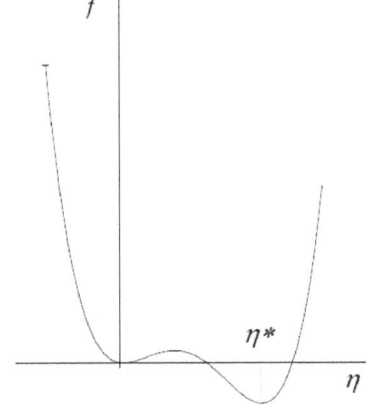

Termodinàmica i Mecànica estadística

c) $T = T^*$, *corba de coexistència entre fases* $\eta = \eta^*$

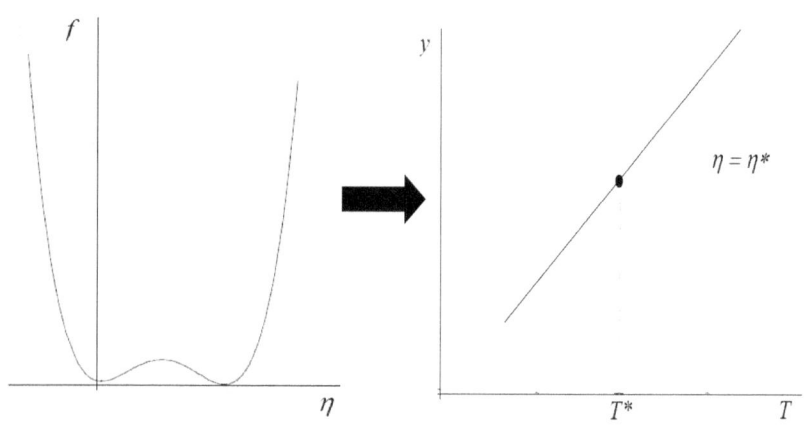

Avaluem la funció $f(T, y, \eta^*)$:

Com per $\eta = 0$ es compleix, hem d'imposar que $\boxed{2\alpha_2 - 3\alpha_3\eta^* + 4\alpha_4\eta^{*2} = 0}$ (1)

Damunt la corba de coexistència, tenim que es compleix $T = T^*$, aleshores, per les condicions $f(\eta=0) = f(\eta=\eta^*)$, per tant:

$$f(\eta=0) = f_0 \; ; \; f(\eta=\eta^*) = f_0 + \alpha_2\eta^{*2} - \alpha_3\eta^{*3} + \alpha_4\eta^{*4}$$

Ajuntant: $\eta^{*2}[\alpha_2 - \alpha_3\eta^* + \alpha_4\eta^{*2}] = 0 \rightarrow \boxed{\alpha_2 - \alpha_3\eta^* + \alpha_4\eta^{*2} = 0}$ (2)

Si multipliquem (2) per 2 i comparem amb (1):

$$-\alpha_3\eta^* + 2\alpha_4\eta^{*2} = 0 \rightarrow \boxed{\eta^* = \frac{\alpha_3}{2\alpha_4}}$$

Aleshores, substituïnt el valor de η^* a (2):

$$\alpha_2 - \alpha_3\left(\frac{\alpha_3}{2\alpha_4}\right) + \alpha_4\left(\frac{\alpha_3^2}{4\alpha_4^2}\right) = 0 = \alpha_2 - \frac{1}{4}\frac{\alpha_3^2}{\alpha_4} = 0 \rightarrow \boxed{\alpha_2 = \frac{\alpha_3^2}{4\alpha_4}}$$

Termodinàmica i Mecànica estadística

Finalment, podem concloure que:

$$\boxed{f(T,y,\eta)=f_0(T,y)+\alpha_2\eta^2+\alpha_3\eta^3+\alpha_4\eta^4}$$

amb:

$$\boxed{\alpha_1=0 \; ; \; \alpha_2=\frac{\alpha_3^2}{4\alpha_4} \; ; \; \eta=0 \; ; \; \eta^*=\frac{\alpha_3}{2\alpha_4} \; ; \; \alpha_3\neq 0}$$

En el punt crític, pot ser que $\alpha_3=0$, però si no ens trobem en aquest punt i es compleix en algun altre punt que $\alpha_3=0$, aleshores ens carregaríem la teoria de Landáu.

Amb aquesta teoria podem avauar el sistema. Per exemple, tal i com havíem esmentat en l'explicació de transicions de fase de primer ordre, amb la calor latent:

$$l=T\Delta s=T\left(s(\eta=0)-s(\eta=\eta^*)\right); s=-\left(\frac{\partial f}{\partial T}\right)_y$$

Coneixent els valors dels α_i podem determinar tota la informació.

7.4.2. Transicions de fase de segon ordre

Les transicions de fase d'ordre superior són transicions de fase contínues i la primera derivada del potencial termodinàmic en què estiguem avaluant, és contínua. Aquestes transicions no tenen associada una calor latent.

Ens centrarem en l'estudi de les transicions de fase de segon ordre, en què la segona derivada del potencial termodinàmic és discontínua.

Termodinàmica i Mecànica estadística

Anem a representar les isotermes en un gràfic de l'energia lliure de *Helmholtz* molar respecte el paràmetre d'ordre ($f(T, y, \eta)$ vs η):

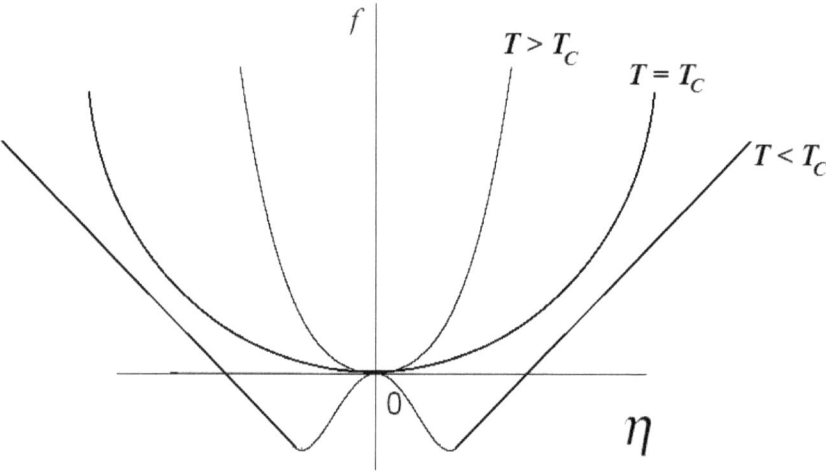

que és una funció parella amb una representació de corbes isotermes.

En aquest cas, al estar al segon ordre, ens trobem en el punt crític i, tal i com havíem previst, $\alpha_3 = 0$ perquè f és parella i així evitem l'existència d'estats metaestables. Per tant:

$$f(T,y,\eta) = f_0(T,y) + \alpha_1 \eta + \alpha_2 \eta^2 + \alpha_4 \eta^4$$

Si volem trobar els paràmetres α_i, com abans:

$$\left(\frac{df}{d\eta}\right)_{\eta=0} = \alpha_1 + 2\alpha_2 \eta + 4\alpha_4 \eta^3 = 0 \rightarrow \boxed{\alpha_1 = 0} ,$$

aleshores: $\eta(2\alpha_2 + 4\alpha_4 \eta^2) = 0$

Com que $\eta = 0$ és solució per la fase desordenada, hem d'imposar que es compleixi $2\alpha_2 + 4\alpha_4 \eta^2 = 0 \rightarrow \boxed{\eta = \pm\sqrt{-\frac{\alpha_2}{2\alpha_4}}}$.

Termodinàmica i Mecànica estadística

La transició de fase en una isoterma cap a temperatura crítica (ja sigui amb temperatura superior o inferior a la crítica) ha de ser contínua.

Per tant, per coincidir els resultats i que la **transició** sigui **contínua** al punt crític $(T=T_C)$ ha de complir:

$\alpha_2(T=T_C)=0$; $\alpha_2(T<T_C)<0$; $\alpha_4>0$ *per definició i s'observa a la representació*.

α_2 es pot representar més còmode agafant-la com:

$$\boxed{\alpha_2(T,y)=\alpha_0(y)(T-T_C)}$$

amb $\alpha_0>0$

Hem d'assegurar-nos que siguin mínims. Per fer-ho cal avaluar les derivades, recordant que el valor de l'energia de *Helmholtz* molar és de:

$$f(T,y,\eta)=f_0(T,y)+\alpha_2\eta^2+\alpha_4\eta^4$$

per tant:

$\dfrac{\partial^2 f}{\partial \eta^2}>0$; introduïnt el valor de η que hem trobat abans:

$$\dfrac{\partial^2 f}{\partial \eta^2}=2\alpha_2+12\alpha_4\eta^2=2\alpha_2+12\alpha_4\left(-\dfrac{\alpha_2}{2\alpha_4}\right)= \boxed{-4\alpha_2\geq 0}$$

Amb això determinem que α_2 ha de ser negativa per sota del punt crític.

A prop del punt crític $(T\simeq T_C$ a l'ordre zero$)$ les α_i es comporten com a constants. Aleshores:

$$f(T,y,\eta)=f_0+\alpha_2\left(-\dfrac{\alpha_2}{2\alpha_4}\right)+\alpha_4\left(\dfrac{\alpha_2^2}{4\alpha_4^2}\right)=f_0-\dfrac{1}{4}\dfrac{\alpha_2^2}{\alpha_4}$$

Termodinàmica i Mecànica estadística

i finalment:

$$\boxed{f(T,y,\eta) \simeq f_0(T,y) \;;\; T \geq T_C}$$
domina $\eta = 0$

$$\boxed{f(T,y,\eta) \simeq f_0 - \frac{1}{4\alpha_4}\alpha_0^2(T-T_C)^2 \;;\; T \leq T_C}$$
domina $\eta = \eta^*$

amb α_0 **i** α_4 **com a constants.**

El què ens presenta una discontinuïtat són els coeficients termodinàmics i les capacitats calorífiques.

Per **Ex**emple, anem a trebalar amb $(\Delta c_y)_{T=T_C}$:

La grafíca d'aquesta capacítat calorífica la representem a continuació:

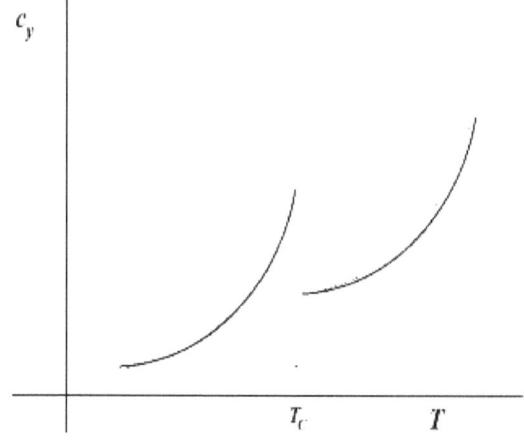

Aleshores, per definició tenim:

$$s(T,y) = -\left(\frac{\partial f}{\partial T}\right)_y \quad ; \quad c_y = T\left(\frac{\partial s}{\partial T}\right)_y$$

Si calculem el salt de discontinuïtat:

- $s = -\left(\dfrac{\partial f}{\partial T}\right)_y = -\dfrac{\partial f_0}{\partial T} \quad ; \quad T \geq T_C$

- $s = -\left(\dfrac{\partial f}{\partial T}\right)_y = -\dfrac{\partial f_0}{\partial T} - \left(-\dfrac{\alpha_0^2}{2\alpha_4}(T-T_C)\right) = -\dfrac{\partial f_0}{\partial T} + \dfrac{\alpha_0^2}{2\alpha_4}(T-T_C) \quad ;$

  quan $T \leq T_C$

Aleshores, com $c_y = T\left(\dfrac{\partial s}{\partial T}\right)_y$, tenim les dues opcions:

- $c_y = -T\dfrac{\partial^2 f_0}{\partial T^2} \quad ; \quad T \geq T_C$

- $c_y = -T\dfrac{\partial^2 f_0}{\partial T^2} + \dfrac{\alpha_0^2}{2\alpha_4}T \quad ; \quad T \leq T_C$

Per tant, com s és una funció contínua, podem ajuntar ambdós termes i, d'aquesta manera, trobem el salt en la discontinuïtat de c_y que es produeix en el punt crític:

$$\boxed{\left(\Delta c_y\right)_{T=T_C} = \dfrac{\alpha_0^2}{2\alpha_4}T_C}$$

Punt lambda

Termodinàmica i Mecànica estadística

7.5. Model d'*Ising* en l'aproximació de camp mig

El model d'*Ising (1925)* és un model o teoria aproximada que serveix per descriure el comportament d'un sistema amb interacció. Nosaltres avaluarem el ***model d'Ising en l'aproximació de camp mig***.

Considerant un sistema paramagnètic quàntic d'spins:

$$\boxed{E = -\mu_0 H \sum_{i=1}^{N} \sigma_i - J \sum_{\langle ij \rangle} \sigma_i \sigma_j}$$

en què el segon terme fa referència a l'**energia d'interacció en el model de Heisenberg**, que és un model d'interacció binària i *J* és la constant d'acoblament dels spins o, en altres paraules, el ***paràmetre d'interacció***.

També introduïm l'aproximació de camp mig (*de tots els spins, cada un veu a cada spin com un promig de tots els altres*)

- ***Aproximació de camp mig i nombre de primers veïns***:

    Aquí el que tenim és: $\sigma_i \sigma_j \simeq -\langle \sigma_i \rangle^2 + \langle \sigma_i \rangle [\sigma_i + \sigma_j]$ com l'aproximació de camp mig, per tant:

$$\boxed{\sum_{\langle ij \rangle} \sigma_i \sigma_j \simeq -\frac{z}{2} \langle \sigma_i \rangle^2 N + \langle \sigma_i \rangle z \sum_{i=1}^{N} \sigma_i}$$

amb z com la **correcció per nombre de primers veïns** i es divideix per dos per evitar repeticions.

Per tant, finalment obtenim:

$$\boxed{E = -\left(\mu_0 H + \langle \sigma \rangle z J\right) \sum_{i=1}^{N} \sigma_i + \frac{J z \langle \sigma \rangle^2 N}{2} = -H_{eff} \sum_{i=1}^{N} \sigma_i + \frac{J z \langle \sigma \rangle^2 N}{2}}$$

amb $H_{eff} = \mu_0 H + J z \langle \sigma \rangle$ que ens determina que cada spin té un camp extern del camp mig definit per la interacció entre veïns.

Termodinàmica i Mecànica estadística

Aleshores, si calculem la funció de partició Z:

$$Z = \sum_{\langle \sigma_i \rangle} e^{\beta(\mu_0 H + \langle \sigma \rangle zJ)\sum_{i=1}^{N} \sigma_i} + e^{-\beta \frac{Jz\langle \sigma \rangle^2 N}{2}} = e^{-\beta \frac{Jz\langle \sigma \rangle^2 N}{2}} \sum_{\sigma_1} \sum_{\sigma_2} \cdots \sum_{\sigma_{2N}} e^{\beta(\mu_0 H + \langle \sigma \rangle zJ)(\sigma_1 + \sigma_2 + \ldots \sigma_N)} =$$

$$= Z = e^{-\beta \frac{Jz\langle \sigma \rangle^2 N}{2}} \left[\sum_{\sigma_i} e^{\beta(\mu_0 H + \langle \sigma \rangle zJ)\sigma_i} \right]^N = // \text{ suposant que només poden estar}$$

amunt o avall, és a dir, $\quad \sigma_i = \pm 1 \; // = e^{-\beta \frac{Jz\langle \sigma \rangle^2 N}{2}} \left[e^{\beta(\mu_0 H + \langle \sigma \rangle zJ)} + e^{-\beta(\mu_0 H + \langle \sigma \rangle zJ)} \right]^N =$

$$\boxed{Z = e^{-\beta \frac{Jz\langle \sigma \rangle^2}{2} N} 2^N \cosh^N\left(\beta \mu_0 H + \beta J \langle \sigma \rangle z\right)}$$

Ara podem treballar, com sempre, amb $\mathscr{F} = -k_B T \ln(Z)$ i estudiar el sistema magnètic termodinàmicament. Aleshores tenim:

$$\boxed{\mathscr{F} = \frac{Jz\langle \sigma \rangle^2}{2} - \frac{N}{\beta} \ln\left[\cosh\left(\beta\mu_0 H + \beta J \langle \sigma \rangle z\right)\right]}$$

7.5.1. Equació tèrmica d'estat

Sabem que $M = M(H, T)$; per tant $\quad M = N \langle \mu \rangle = N \mu_0 \langle \sigma \rangle \rightarrow \langle \sigma \rangle = \dfrac{M}{N \mu_0}$.

Jugant amb les definicions per la imantació a partir de l'energia lliure de *Helmholtz* tenim:

$$M = -\left(\frac{\partial \mathscr{F}}{\partial H}\right)_T = k_B T \frac{1}{Z} \left(\frac{\partial Z}{\partial H}\right)_T = N k_B T \frac{1}{Z} \left(\frac{\partial Z}{\partial H}\right)_T = // \text{ introduïnt la funció de}$$

partició que havíem obtingut fa un moment i fem les derivades tenim:

$$M = N k_B T \frac{2\beta \mu_0}{2 \cosh\left(\beta \mu_0 H + \beta J z \langle \sigma \rangle\right)} \sinh\left(\beta \mu_0 H + \beta J z \langle \sigma \rangle\right) =$$

$$\boxed{M = N \mu_0 \tanh\left[\beta \mu_0 H + \beta \frac{Jz}{2} \langle \sigma \rangle\right]}$$

Termodinàmica i Mecànica estadística

Podem arreglar-ho una mica, a partir de les definicions prèvies de $\langle \sigma \rangle = \dfrac{M}{N \mu_0}$:

$$\boxed{\dfrac{M}{N \mu_0} = \tanh\left[\beta \mu_0 H + \beta J z \dfrac{M}{N \mu_0}\right]}$$

Aleshores, **def**inim $\boxed{m = \dfrac{M}{N \mu_0}}$ com la *imantació mitja per un dipol*:

$$\boxed{m = \tanh\left[\beta \mu_0 H + \beta J z m\right]}$$
Imantació mitja per un dipol

Observem que no es pot aïllar m en funció de H, el què ens indica que encara que no hi hagi camp obtenim una imantació romanent[12]. Aleshores, quan existeixen les solucions? Tenim un comportament extrany i això ens determina una transició de fase.

Si $J = 0$ tindrem $\boxed{m = \tanh(\beta \mu_0 H)}$ que és un dipol paramagnètic (*equival al gas ideal*) i definim la **susceptibilitat magnètica com** $\boxed{\chi_m \equiv \left(\dfrac{\partial m}{\partial H}\right)_T}$ que ens determinarà quan es produeix una transició de fase al avaluar les condicions estadístiques.

Anem a veure les transicions de fase:

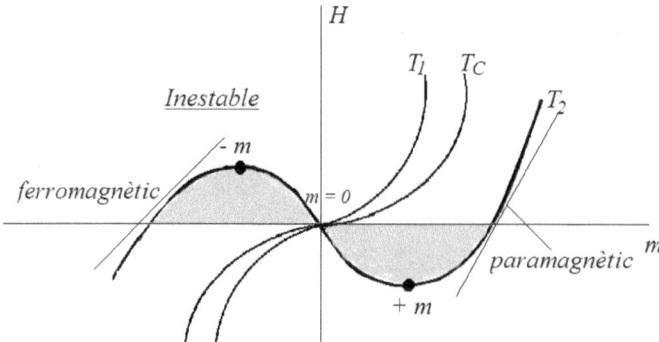

---

12 D'aquí també la demostració de perquè els imants funcionen sense camp extern i també guarda relació amb el cicle d'histèresis vist al volum de *Electromagnetisme. Teoria clàssica*

Termodinàmica i Mecànica estadística

A T_C es produeix un punt d'inflexió. A $T_2 < T_C$ existeix una transició de fase. Aleshores, **def**inim $y_1 = m$, tal què $\boxed{y_2 = \tanh(\beta\mu_0 H + Jz\beta m)}$.
Suposem que $H = 0$, per tant no hi ha camp extern i la imantació és nul·la (*sistema paramagnètic*) per tant: $\boxed{y_2 = \tanh(Jz\beta m)}$; aleshores:

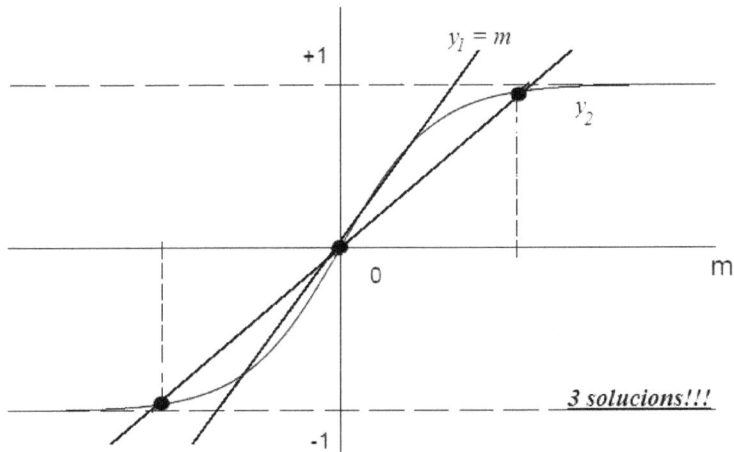

per tant:

$$\frac{dy_1}{dm}\bigg|_{m=0} < \frac{dy_2}{dm}\bigg|_{m=0} \rightarrow 1 < Jz\beta \rightarrow \frac{Jz}{k_B T} > 1 \rightarrow \boxed{T < \frac{Jz}{k_B}}$$

Definint la ***temperatura de Curie*** com $\boxed{T_C = \frac{Jz}{k_B}}$:

- $\boxed{T < T_C}$ hi ha 3 solucions: $m = 0$; $\pm m^* \neq 0$

    El cas $m = 0$ és inestable $x < 0$.

    El cas $\pm m$ són estables (*ferromagnètics i paramagnètics*).

    * Transició paramagnètic/ferromagnètic

Termodinàmica i Mecànica estadística

- $\boxed{T > T_C}$ tenim $m = 0$ quan el sistema és **paramagnètic** per absència de camp. Per tant, $x > 0$ i és estable.

Si representem **m** en funció de la temperatura amb camp zero ($H = 0$), tenim el **_Diagrama bifurcació_**:

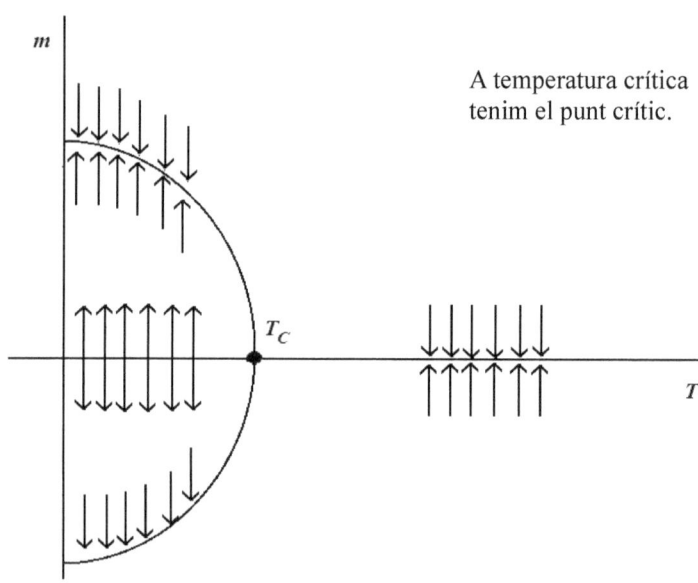

A temperatura crítica tenim el punt crític.

Anem a estudiar el punt crític:

$m = \tanh(J z \beta m)$; per valors de la imantació petits, hem d'aproximar per Taylor $\left(\tanh(x) \simeq x - \dfrac{x^3}{3}\right)$, per tant:

$m \simeq J z \beta m - \dfrac{1}{3}(J z \beta)^3 m^3 = \dfrac{1}{3}(J z \beta)^3 m^2 = (-1 + J z \beta)$; a més a més com es compleix $J z \beta = \dfrac{T_C}{T}$ tenim finalment:

$$\boxed{m^2 = 3\left(\dfrac{T_C}{T} - 1\right)\dfrac{T^3}{T_C^3}}$$

Termodinàmica i Mecànica estadística

A part de *m* petites, volem estar en punts propers als valors de la temperatura crítica. Utilitzem una variable reduïda:

$$t=\frac{T-T_C}{T_C} \rightarrow t+1=\frac{T}{T_C} \rightarrow m^2=3\left(\frac{1}{T+1}-1\right)(1+t)^3=3\left[(1+t)^2-(1+t)^3\right]\simeq -3\,t=$$
$$=\frac{3T_C-T}{T_C} \rightarrow \boxed{m\simeq\sqrt{3}\sqrt{\frac{T_C-T}{T_C}}}$$

A camp nul, segons el model d'*Ising* en l'aproximació de camp mig, tenim l'expressió universal:

$$\boxed{m\sim(T_C-T)^{\frac{1}{2\beta}}}$$

Els experiments ens diuen que al **ferro** β té un valor de $\beta=0.34$, al **níquel** $\beta=0.41$, al $CrBr_2$ $\beta=0.37$ ... finalment, tenim:

$$\boxed{m=\tanh\left(\beta\mu_0 H+\frac{T_C}{T}m\right)}$$

Si ara estudiem el comportament de la susceptibilitat magnètica a prop del punt crític $(a\ T=T_C)$; fent l'aproximació per *Taylor* de la funció $\tanh(x)$ com l'hem realitzat i definit abans, tenim:

$$m\simeq\beta\mu_0 H+\frac{T_C}{T}m-\frac{1}{3}\left(\frac{T_C}{T}\right)^3 m^3\ ;\ \left(\frac{\partial m}{\partial H}\right)_T\simeq\beta\mu_0+\frac{T_C}{T}\left(\frac{\partial m}{\partial H}\right)_T-\frac{1}{3}\left(\frac{T_C}{T}\right)^3 3m^2\left(\frac{\partial m}{\partial H}\right)_T$$

per definició: $\boxed{\chi_m=\left(\frac{\partial m}{\partial H}\right)_T}$, per tant:

$$\chi\simeq\beta\mu_0+\frac{T_C}{T}-\frac{1}{3}\left(\frac{T_C}{T}\right)^3 3m^2\chi_m \rightarrow \chi_m\left(1-\frac{T_C}{T}+\left(\frac{T_C}{T}\right)^3 m^2\right)\simeq\beta\mu_0 \rightarrow$$

$$\boxed{\chi\simeq\frac{\beta\mu_0}{1-\frac{T_C}{T}+m^2\left(\frac{T_C}{T}\right)^3}}$$

Termodinàmica i Mecànica estadística

Aleshores:

$$\overline{m} \simeq \begin{cases} \boxed{0 \; ; \; T > T_C} \\ \\ \boxed{\pm\sqrt{3}\sqrt{\dfrac{T_C - T}{T_C}} \; ; \; T < T_C} \end{cases}$$

Avaluem al rang de temperatures:

- $\boxed{T > T_C}$: $m = 0 \rightarrow \chi_m \sim \dfrac{1}{T - T_C}$ (*estable i obtindríem una gràfica de* $\chi_m(T)$ *com la de m (T)*).

- $\boxed{T < T_C}$: $\chi_m = \dfrac{\beta\mu_0}{1 - \dfrac{T_C}{T} + \left(\dfrac{T_C}{T}\right)^3 3\dfrac{T_C - T}{T_C}}$.

Avaluant el denominador amb variables reduïdes:

$$1 - \dfrac{1}{t+1} + \dfrac{3}{(t+1)^3}(1-(t+1)) = 1 - \dfrac{1}{t+1} - \dfrac{3t}{(1+t)^3} = \dfrac{t}{t+1} - \dfrac{3t}{(1+t)^3} \simeq \text{ aproximant}$$

$$\simeq 1 - \dfrac{1}{t+1} - \dfrac{3t}{(1+t)^3} = -2t = 2\dfrac{T_C - T}{T_C} \quad ; \textit{ per tant:}$$

$$\boxed{\chi_m \simeq \dfrac{\beta\mu_0}{2\dfrac{T_C - T}{T_C}} \sim \dfrac{1}{T_C - T} \sim \chi_m}$$

Termodinàmica i Mecànica estadística

Com $\chi_m \sim \dfrac{1}{|T-T_C|}$; la funció $\chi_m(T)$ té una discontinuïtat a T_C i es comporta assimptòticament:

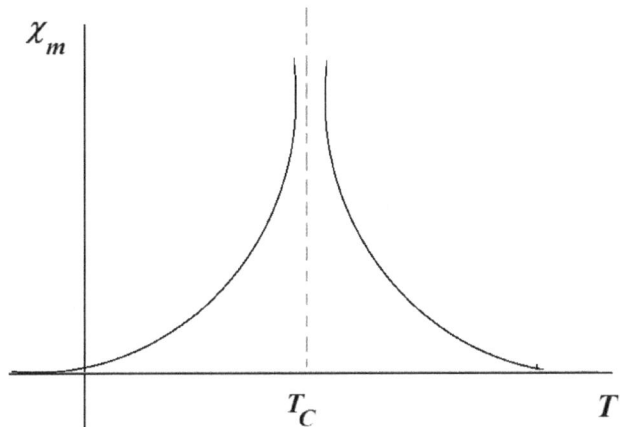

A continuació presentem alguns dels coeficients γ per a materials:

Material	$\boxed{\gamma}$
Fe	1.33
Ni	1.35
CO	1.21
Cr Br$_2$	1.22
Cr O$_2$	1.63

Finalment, destaquem resultats importants del model d'*Ising* en l'aproximació de camp mig:

$$\boxed{m \sim (T_C - T)^{\frac{1}{2}}} \quad ; \quad \boxed{\chi \sim |T_C - T|^{-1}}$$

Termodinàmica i Mecànica estadística

A la *Teoria de Landau* ($H = 0$), tenim:

$$f(T,m) = -k_B \ln\left[2\cosh\left(\frac{T_C}{T}m\right)\right] \simeq -k_B T \ln 2 - k_B T \frac{1}{2}\left(\frac{T_C}{T}\right)^2 m^2 + k_B T \frac{1}{12}\left(\frac{T_C}{T}\right)^4 m^4$$

Transició de fase de segon ordre

$$\left(\frac{\partial f}{\partial m}\right)_T = 0 \;\rightarrow\; -k_B T \left(\frac{T_C}{T}\right)^2 m + \frac{k_B T}{3}\left(\frac{T_C}{T}\right)^4 m^3 = 0$$

fase desordenada i paramagnètica

Una solució d'aquesta equació és $m = 0$, corresponent a la fase ordenada (*sistema paramagnètic*). Una altra solució és:

$$m = \pm \frac{T}{T_C}\sqrt{3}$$

7.5.2. Cadena d'*Ising* unidimensional (*Open Ising Chain*)

Imaginem-nos una xarxa unidimensional, és a dir, una cadena de N spins tal què la seva única orientació sigui *up* o *down* $\sigma_i = \pm 1$ de tal manera que:

```
    1  2  3 ···      ···       ···      N
    •  •  •  •          •          •      •
    σ₁ σ₂ σ₃ ···     ···        ···      σ_N
```

i considerem que no tenim camp extern ($H=0$), però tenim interacció entre els spins.

Aleshores, l'energia del sistema només serà la d'interacció: $E = -\sum_{i=1}^{N-1} J_i \sigma_i \sigma_{i+1}$ en què ja queda implícit que la interacció és entre propers veïns.

Si volem calcular la funció de partició, hem de partir de l'expressió

$$Z = \sum_{\sigma_1}\sum_{\sigma_2}\cdots\sum_{\sigma_N} e^{\beta \sum_{i=1}^{N-1} J_i \sigma_i \sigma_{i+1}}$$

Termodinàmica i Mecànica estadística

Per tant, per trobar la funció de partició del sistema, hem de fer-ho per inducció:

- $N = 2$: $Z_2 = \sum_{\sigma_1}\sum_{\sigma_2} e^{\beta J_1 \sigma_1 \sigma_2} = \sum_{\sigma_1}\left(e^{\beta J_1 \sigma_1} + e^{-\beta J_1 \sigma_1}\right) =$ // com tenim que les dues possibles orientacions són +1, -1 i el cosinus és una funció parella, podem fer el doble d'una orientació ja que el resultat d'ambdues és el mateix// $= Z_2 = 2 \sum_{\sigma_1} \cosh(\beta \sigma_1 J_1) =$ $\boxed{Z_2 = 4\cosh(\beta J_1)}$.

- $N = 3$: $Z_3 = \sum_{\sigma_1}\sum_{\sigma_2}\sum_{\sigma_3} e^{\beta(J_1\sigma_1\sigma_2 + J_2\sigma_2\sigma_3)} = \sum_{\sigma_1}\sum_{\sigma_2} e^{\beta J_1 \sigma_1 \sigma_2} \sum_{\sigma_3 = \pm 1} e^{\beta J_2 \sigma_2 \sigma_3} =$

$= Z_3 = 2\cosh(\beta J_2) \sum_{\sigma_1}\sum_{\sigma_2} e^{\beta J_1 \sigma_1 \sigma_2} =$ $\boxed{Z_3 = 2\cosh(\beta J_2) Z_2}$.

Aleshores, si extrapolem el resultat tenim: $Z_{j+1} = 2\cosh(\beta J_j) Z_j$ per valors de $j = 2, 3, \ldots, N-1$. Per tant, per N spins el que tenim és una funció de partició tal què:

$$Z = 2\cosh(\beta J_{N-1}) \cdot 2\cosh(\beta J_{N-2}) \cdot \ldots \cdot 2\cosh(\beta J_2) \, 2\cosh(\beta J_1) \cdot 2$$

que finalment obtenim:

$$\boxed{Z = 2^N \prod_{i=1}^{N-1} \cosh(\beta J_i)}$$

Aleshores, una vegada obtinguda la funció de partició, ja podem avaluar el sistema termodinàmicament i ho podem trobar tot. Ara, però, ens interessa saber quina relació hi ha entre un spins qualssevol separats una distància r que ens ho determinarà la *funció de correlació entre spins.*

Una funció de correlació entre spins ens ve determinada per l'expressió $G(r) = \langle \sigma_i \sigma_{i+r} \rangle$.

Si definim la probabilitat d'un microstat (de tenir una configuració donada) com $P(\sigma_1, \ldots, \sigma_N) = \dfrac{e^{\beta \sum_{i=1}^{N-1} J_i \sigma_i \sigma_{i+r}}}{Z}$, observem que, si avaluem la funció de correlació

Termodinàmica i Mecànica estadística

tot fent el promig:

$$G(r)=\sum_{\sigma_1}...\sum_{\sigma_N}\sigma_i\sigma_{i+r}\,P(\sigma_1,...,\sigma_N)=\frac{1}{Z}\sum_{\sigma_1}...\sum_{\sigma_N}e^{\beta(J_1\sigma_1\sigma_2+J_2\sigma_2\sigma_3+...+J_{N-1}\sigma_{N-1}\sigma_N)}$$

aleshores, podem fer productes de parelles intermitges, tal què el producte entre elles (les de mateix spin $\sigma_{i+j}\sigma_{i+j}=1$) de manera que $\sigma_i\sigma_{i+r}=(\sigma_i\sigma_{i+1})(\sigma_{i+1}\sigma_{i+2})(\sigma_{i+2}\sigma_{i+3})...(\sigma_{i+r-1}\sigma_{i+r})$, és a dir, que l'expressió per la correlació ens quedarà:

$$G(r)=\sum_{\sigma_1}...\sum_{\sigma_{i-1}}e^{\beta(J_1\sigma_1\sigma_2+...+J_{i-1}\sigma_{i-1}\sigma_i)}\sum_{\sigma_i}...\sum_{\sigma_{i+r}}(\sigma_i\sigma_{i+1})(\sigma_{i+1}\sigma_{i+2})...(\sigma_{i+r-2}\sigma_{i+r-1})$$

$$(\sigma_{i+r-1}\sigma_{i+r})e^{\beta(J_i\sigma_i\sigma_{i+1}+...+J_{i+r-1}\sigma_{i+r-1}\sigma_{i+r})}\sum_{\sigma_{i+r+1}}...\sum_{\sigma_N}e^{\beta(J_{i+r+1}\sigma_{i+r+1}\sigma_{i+r+2}+...+J_{N-1}\sigma_{N-1}\sigma_N)} = //\quad \text{si}$$

ara fem servir: $\sigma_i\sigma_{i+1}e^{\beta J_i\sigma_i\sigma_{i+1}}=\dfrac{\partial}{\partial(\beta J_i)}e^{\beta J_i\sigma_i\sigma_{i+1}}\;//=$

$$=G(r)=\frac{1}{Z}\frac{\partial}{\partial(\beta J_i)}\frac{\partial}{\partial(\beta J_{i+1})}...\frac{\partial}{\partial(\beta J_{i+r})}Z=\quad \boxed{G(r)=\prod_{j=1}^{i+r}\tanh(\beta J_j)}$$

Si ara considerem que la constant d'acoblament és la mateixa per a tots els casos, és a dir $J_i=J$, obtenim $\boxed{G(r)=[\tanh(\beta J)]^r}$.

Aleshores, la <u>*longitud d'interacció*</u> del nostre sistema d'spins, decreixerà exponencialment com $G(r)=e^{-\frac{r}{l}}=[\tanh(\beta J)]^r \to -\frac{1}{l}=\ln[\tanh(\beta J)] \to$

$$\boxed{l=-\frac{1}{\ln[\tanh(\beta J)]}}$$

La J és l'energia típica d'interacció i β és l'energia tèrmica, amb el què observem que βJ és el qüocient entre elles. Aleshores, a partir d'aquest paràmetre, podem avaluar aquesta longitud d'interacció i la relació de dominis de sengles energies.

Quan βJ és gran, $J \gg \beta$ i aleshores ens fa el sistema més rígid i l'acoblament i la interacció entre els spins és més forta amb veïns més llunyans.

Termodinàmica i Mecànica estadística

Quan βJ és petit, $\beta \gg J$ i aleshores les partícules tenen més llibertat i es troben més excitades amb el què observaríem que es mouen més aleatòriament.

7.5.3. Cadena d'*Ising* periòdica

La cadena d'*Ising* periòdica la podem definir com una cadena de N spins amb condicions periòdiques (o també anomenades toroïdals) que compleixen la relació $\sigma_{N+1} = \sigma_1$.

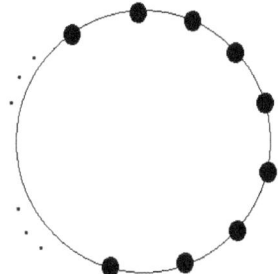

Si apliquem el model d'*Ising* amb el camp extern:

$$E = -\mu_0 H \sum_{i=1}^{N} \sigma_i - J \sum_{i=1}^{N} \sigma_i \sigma_{i+1}$$

Una observació és que aquí el que tenim és:

$$\sum_{i=1}^{N} \sigma_i = \sigma_1 + \sigma_2 + ... + \sigma_N$$

$$\sum_{i=1}^{N} \sigma_{i+1} = \sigma_2 + \sigma_3 + ... + \sigma_N + \sigma_{N+1}$$

però com $\sigma_{N+1} = \sigma_1$; tenim $\boxed{\sigma_{i+1} = \sigma_i}$. Aleshores:

$$\frac{1}{2} \sum_{i=1}^{N} (\sigma_i + \sigma_{i+1}) = \sum_{i=1} N \sigma_i$$

Per tant, l'energia finalment ens quedarà:

$$E = -\mu_0 H \frac{1}{2} \sum_{i=1}^{N} (\sigma_i + \sigma_{i+1}) - J \sum_{i=1}^{N} \sigma_i \sigma_{i+1} \equiv \sum_{i=1}^{N} E(\sigma_i, \sigma_{i+1})$$

Termodinàmica i Mecànica estadística

en què $\quad E(\sigma_i, \sigma_{i+1}) = -\mu_0 \dfrac{H}{2}(\sigma_i + \sigma_{i+1}) - J \sigma_i \overset{N}{\sigma_{i+1}}$

Aleshores, si volem avaluar la funció de partició:

$$\boxed{Z = \sum_{\sigma_1} \cdots \sum_{\sigma_N} e^{-\beta \sum_{i=1}^{N} E(\sigma_i, \sigma_{i+1})} = \sum_{\langle \sigma_i \rangle} \prod_{i=1}^{N} e^{-\beta E(\sigma_i, \sigma_{i+1})}}$$

Si tenim una matriu de transferència $\hat{T}$, tal què la definim[13] com:

$$\boxed{T_{\sigma_i, \sigma_{i+1}} = \langle \sigma_i \,|\hat{T}|\, \sigma_{i+1} \rangle = e^{-\beta E(\sigma_i, \sigma_{i+1})}}$$

amb la relació de tancament de $\quad \sum_i |\sigma_i\rangle\langle\sigma_i| = 1 \quad$.

Aleshores:

$$Z = \sum_{\langle \sigma_i \rangle} \langle \sigma_1 |\hat{T}| \sigma_2 \rangle \langle \sigma_2 |\hat{T}| \sigma_3 \rangle \cdots \langle \sigma_{N-1} |\hat{T}| \sigma_N \rangle \langle \sigma_N |\hat{T}| \sigma_{N+1} \rangle$$

Però al trobar-nos en condicions periòdiques tenim $\sigma_{N+1} = \sigma_1$ i, per tant:

$$\boxed{Z = \sum_{\sigma_1} \langle \sigma_1 |\hat{T}^N| \sigma_1 \rangle = T_r(\hat{T}^N)}$$

amb T_r com la traça de la matriu, és a dir:

$$\hat{T} = \begin{pmatrix} T_{++} & T_{+-} \\ T_{-+} & T_{--} \end{pmatrix} = \begin{pmatrix} e^{\beta \mu_0 H + \beta J} & e^{-\beta J} \\ e^{-\beta J} & e^{-\beta \mu_0 H + \beta J} \end{pmatrix}$$

Aleshores, per calcular la funció de partició Z, hem de diagonalitzar la matriu de transferència $\hat{T}$ i fer-li un canvi de base.

---

[13] Tots aquests conceptes de matriu de transferència i de relació de tancament ho veurem amb més detall al volum de **Mecànica Quàntica**.

Termodinàmica i Mecànica estadística

Si definim P com la matriu canvi de base, tenim que $\hat{T}_D \equiv$ **Matriu de transferència diagonal**.

Si fem $\hat{T}_D = P^{-1}\hat{T}P$; $\hat{T} = P\hat{T}_D P^{-1}$ i elevem a N, comparant termes observem que

$$T_r(\hat{T}^N) = T_r(\hat{T}_D^N) = \lambda_+^N + \lambda_-^N = \lambda_+^N\left(1 + \left(\frac{\lambda_-}{\lambda_+}\right)^N\right) = Z$$

amb $\lambda_- < \lambda_+$, quan N és gran tenim $1 \gg \left(\frac{\lambda_-}{\lambda_+}\right)^N$ i, per tant $\boxed{Z \simeq \lambda_+^N}$.

Fem un breu recordatori de la diagonalització. Per diagonalitzar una matriu, havíem de trobar uns valors de λ tal què es compleix:

$$M_D = \begin{vmatrix} a_{11}-\lambda & a_{12} & \ldots & a_{1n} \\ a_{21} & a_{22}-\lambda & \ldots & a_{2n} \\ . & . & \ldots & . \\ . & . & \ldots & . \\ a_{n1} & a_{n2} & \ldots & a_{nn}-\lambda \end{vmatrix} = 0$$

Que en el nostre cas seria:

$$\hat{T}_D = \begin{vmatrix} e^{\beta\mu_0 H + \beta J} - \lambda & e^{-\beta J} \\ e^{-\beta J} & e^{-\beta\mu_0 H + \beta J} - \lambda \end{vmatrix} = 0$$

Termodinàmica i Mecànica estadística

Termodinàmica i Mecànica estadística

Tema 8.- Gasos reals

En aquest tema estudiarem els gasos reals. Una de les propietats dels gasos reals, cosa que l'ideal no tenia, és que experimenten interaccions moleculars i, per tant, les equacions dels gasos ideals ja no seran vàlides quan estudiem aquests tipus de gasos.

Per definir-los, definirem el *factor de compressibilitat* (z) i trobarem els *coeficients del virial* que ens determinaran equacions d'estat i una correcció del comportament ideal.

Presentarem el *potencial d'intereacció* i la *funció de partició configuracional* i parlarem de la *llei d'estats corresponents*.

Com no tenim una única equació d'estat, per un gas real que sigui general, presentarem bons models, és a dir, que siguin senzills de ressoldre i amb un abast ampli. Nosaltres avaluarem el gas de *Van der Waals* i el model de *Dieterici*, que són bons models i els més habituals.

Per acabar, treballarem amb la liqüefacció de gasos mitjançant els experiments de l'*expansió de Joule* i l'*efecte Joule-Kelvin* (o *Joule-Thompson*).

8.1. Factor de compressibilitat. Desenvolupament del virial

Definirem el *factor de compressibilitat*, representat per z; de manera analítica com $z = \dfrac{v}{v^{id}}$, en què v^{id} és el volum que tindria el gas en les mateixes condicions si es comportés com un gas ideal. En descripció física, podríem dir que és una desviació de la idealitat del gas real.

Aleshores, si $z \to 1$ el gas és més ideal. A més a més, com que $v^{id} = \dfrac{RT}{P}$, tindrem $\boxed{z = \dfrac{Pv}{RT}}$.

Podem representar $z(P)$ o $z\left(\dfrac{1}{v}\right)$ ja que el comportament és semblant:

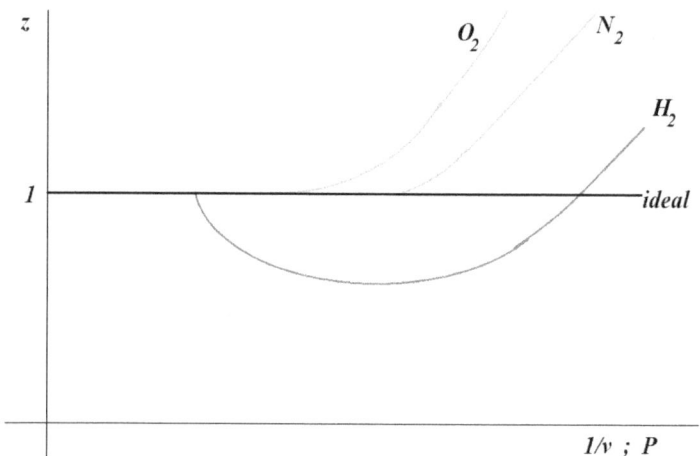

En el límit de baixes pressions o grans volums, tots els gasos tendeixen a comportar-se com a gasos ideals.

Si volem trobar les equacions d'estat de gasos reals, hem de treballar amb el **desenvolupament del virial**.

Aquest desenvolupament, pretén expressar z com a sèria de potències de P o de $\dfrac{1}{v}$, és a dir $\dfrac{Pv}{RT}=1+$ correccions del comportament ideal.

Observant la gràfica, les correccions a l'origen són petites, però a mesura que augmentem P o disminuïm v, aquestes augmenten. Per tant:

$$\boxed{z=\frac{Pv}{RT}=1+B_2(T)\frac{1}{v}+B_3(T)\frac{1}{v^2}+\ldots=1+\sum_{k=1}^{\infty}B_{k+1}(T)\frac{1}{v^k}}$$

$$\boxed{z=1+\tilde{B}_2(T)P+\tilde{B}_3(T)P^2+\ldots=1+\sum_{k=1}^{\infty}\tilde{B}_{k+1}(T)P^k}$$

amb $B_k(T)$ i $\tilde{B}_k(T)$ com a **coeficients del virial**.
L'equació d'estat d'un sistema és única, per tant, existeix una relació entre els

coeficients $B_k(T)$ i $\tilde{B}_k(T)$. Per trobar-la, aïllem la pressió de la primera equació:

$$P = \frac{RT}{v} + \frac{RT\,B_2(T)}{v^2} + \frac{RT\,B_3(T)}{v^3} + \ldots$$

Substituïm a la segona equació:

$$z = \frac{Pv}{RT} = 1 + \tilde{B}_2(T)\left[\frac{RT}{v} + \frac{RT\,B_2(T)}{v^2} + \ldots\right] + \tilde{B}_3(T)\left[\frac{RT}{v} + \frac{RT\,B_2(T)}{v^2} + \ldots\right]^2 + \ldots =$$

$$= 1 + \tilde{B}_2(T)RT\frac{1}{v} + \left(RT\,B_2\tilde{B}_2 + R^2T^2\tilde{B}_3\right)\frac{1}{v^2} + \ldots \rightarrow \frac{B_2}{v} + \frac{B_3}{v^2} + \ldots = \frac{\tilde{B}_2 RT}{v} + \frac{\tilde{B}_2 B_2 RT}{v^2} +$$

$$+ \tilde{B}_3\frac{R^2T^2}{v^2} + \ldots \quad \text{. Per tant, relacionant termes, obtenim:}$$

$$\boxed{B_2(T) = \tilde{B}_2(T)RT} \quad ; \quad \boxed{B_3(T) = RT\left[B_2(T)\tilde{B}_2(T) + \tilde{B}_3(T)RT\right]}$$

Quants més coeficients tinguem més precisió tindrem. No obstant això, una bona aproximació seria:

$$\boxed{\frac{Pv}{RT} \simeq 1 + B_2(T)\frac{1}{v} + \ldots}$$

ja que $B_2(T)$ és la correcció més important del virial, perquè conté tota la informació que correspon a la interacció molecular, al tamany de les partícules, a la distància entre elles... i això ens ho diferencia d'un gas ideal.

Per tant, ens interessa saber el coeficient $B_2(T)$. Tenim dos casos per avaluar-los en el gas real i un cas particular pel gas ideal:

- $\boxed{B_2(T) < 0}$: És un gas real amb *potencial intermolecular atractiu*, és a dir $P < P^{id}$; $v < v^{id}$.

- $\boxed{B_2(T) > 0}$: És un gas real amb *potencial intermolecular repulsiu*, per tant $P > P^{id}$; $v > v^{id}$.

Termodinàmica i Mecànica estadística

- $B_2(T) = 0$: Es comporta com un **gas ideal** en aquesta temperatura.

Quan es comporta com un gas ideal, la temperatura en què s'anul·la el coeficient es coneix com la **temperatura de Boyle** (T_B). Si la representem:

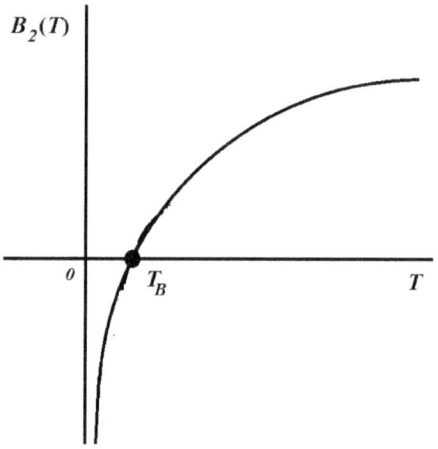

La manera experimental de trobar $B_2(T)$ i $B_3(T)$ es fa $v(z-1) \simeq B_2 + B_3 \dfrac{1}{v}$. Si ho representem per fer un rang de temperatures, cal fixar una temperatura inicial (T_0) :

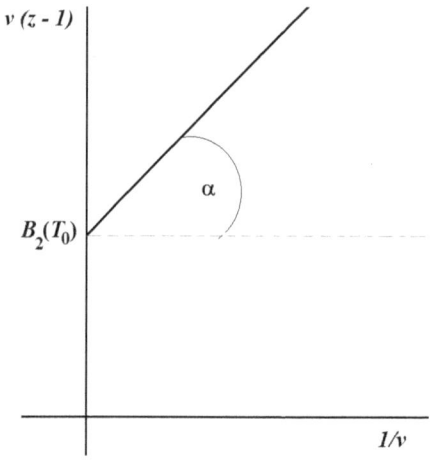

En què $B_3(T)$ és el pendent de la recta tal què:

$$\tan(\alpha) = B_3(T_0)$$

Termodinàmica i Mecànica estadística

EX: *Trobar el coeficient del virial* $B_2(T)$ *de l'equació de Van der Waals.*

$$\left(P+\frac{a}{v^2}\right)(v-b)=RT \;\rightarrow\; P=\frac{RT}{v-b}-\frac{a}{v^2} \;\rightarrow\; \frac{Pv}{RT}=\frac{v}{v-b}-\frac{a}{vRT}=\frac{1}{1-\frac{b}{v}}-\frac{a}{vRT}=//$$

Fem el desenvolupament $\dfrac{1}{1-\dfrac{b}{v}}\simeq 1+\dfrac{b}{v}\,// =\quad 1+\left(b-\dfrac{a}{RT}\right)\dfrac{1}{v}+...\quad ;\; \textit{per tant:}$

$$\boxed{B_2(T)=b-\frac{a}{RT}}$$

8.2. Potencial d'interacció. Funció de partició configuracional

Si continuem amb l'objectiu de trobar $B_2(T)$ de forma analítica, ens cal considerar el hamiltonià, que en aquest cas és:

$$\boxed{H=\sum_{i=1}^{N}\frac{\vec{p}_i^{\,2}}{2m}+\Phi(\vec{r}_1,...,\vec{r}_n)}$$

en què el terme $\Phi(\vec{r}_i)$ que ens apareix és perquè al ser un gas real, hem de tenir en compte l'energia d'interacció entre les partícules. Per això, **def**inim $\Phi(\vec{r}_i)$ com el ***potencial d'interacció***.

Si el representem, obtenim una gràfica de l'estil:

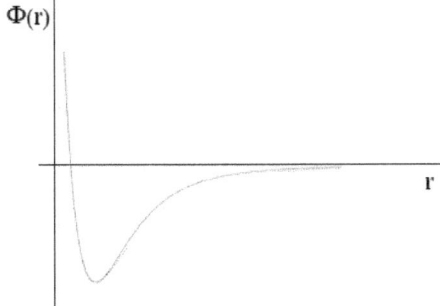

Termodinàmica i Mecànica estadística

Amb la representació del potencial d'interacció, hi han moltes aproximacions. Una d'elles és l'aproximació ***d'esferes dures*** que ens crea una barrera de potencial que, a mesura que augmentem *r*, en el tram d'aproximació tenim diferents trams, però en definitiva, amb qualsevol model d'aproximació el potencial tendeix a zero a distàncies molt elevades.

Comencem a trobar la funció de partició en el cas del gas ideal:

$$Z^{id} = \frac{1}{h^{3N} N!} \int \prod_{i=1}^{N} d\vec{p} \int \prod_{i=1}^{N} d\vec{q} \, e^{-\beta \sum_{i=1}^{N} \frac{\vec{p}_i^2}{2m}} = \boxed{Z^{id} = \frac{V^N}{h^{3N} N!} \int \prod_{i=1}^{N} d\vec{p} \, e^{-\beta \sum_{i=1}^{N} \frac{\vec{p}_i^2}{2m}}}$$

Ara calculem la del gas real. En aquest cas la funció de partició total ja no serà Z_1^N sinó que tindrà un valor diferent. Si no considerem les correccions (*igualment es simplifiquen*) obtenim:

$$Z = \int \prod_{i=1}^{N} d\vec{p} \int \prod_{i=1}^{N} d\vec{r}_i \, e^{-\beta \sum_{i=1}^{N} \frac{\vec{p}_i^2}{2m}} e^{-\beta \Phi(\vec{r}_1, \dots, \vec{r}_N)} = // \quad \text{si apliquem la definició}$$

$$\text{de la Z ideal} \quad // = \frac{Z^{id}}{V^N} \int \prod_{i=1}^{N} d\vec{r}_i \, e^{-\beta \Phi(\vec{r}_1, \dots, \vec{r}_N)} = \boxed{Z = \frac{Z^{id}}{V^N} Z_u} \, .$$

Aleshores, definim $\boxed{Z_u = \int \prod_{i=1}^{N} d\vec{r}_i \, e^{-\beta \Phi(\vec{r}_1, \dots, \vec{r}_N)}}$ com la ***funció de partició configuracional***. Per calcular.la, ens cal trobar primer el valor mig del potencial:

$$\langle \Phi \rangle = \int \prod_{i=1}^{N} d\vec{p}_i \int \prod_{i=1}^{N} d\vec{r}_i \, \Phi(\vec{r}_1, \dots, \vec{r}_N) \frac{e^{-\beta \sum_i \frac{\vec{p}_i^2}{2m}} e^{-\beta \Phi}}{Z} = \frac{1}{Z} \int \prod_{i=1}^{N} d\vec{p}_i \int \prod_{i=1}^{N} d\vec{r}_i \, e^{-\beta \sum_i \frac{\vec{p}_i^2}{2m}} e^{-\beta \Phi}$$

aleshores, tenim les relacions següents:

$$\frac{1}{Z_u} = \frac{1}{Z} \int \prod_{i=1}^{N} d\vec{p}_i \, e^{-\beta \sum_i \frac{\vec{p}_i^2}{2m}} \qquad -\frac{\partial Z_u}{\partial \beta} = \int \prod_{i=1}^{N} d\vec{r}_i \, e^{-\beta \Phi}$$

Termodinàmica i Mecànica estadística

per tant:

$$\langle \Phi \rangle = -\frac{1}{Z_u}\frac{\partial Z_u}{\partial \beta} = -\frac{\partial \ln(Z_u)}{\partial \beta} \rightarrow \ln(Z_u) = -\int_0^\beta \langle \Phi \rangle \, d\beta' + C$$

Com que $\lim_{\beta \to 0} Z_u = V^N \rightarrow C = \ln(V^N)$ i, per tant, finalment tenim:

$$\boxed{\ln\left(\frac{Z_u}{V^N}\right) = -\int_0^\beta \langle \Phi \rangle \, d\beta'}$$

Suposant que el gas es poc dens i que, així, les interaccions intermoleculars són només binàries, podem escriure el potencial d'interacció en funció del potencial d'un parell de partícules com:

$$\boxed{\langle \Phi \rangle = \frac{N(N-1)}{2}}$$

i com N és molt gran: $\langle \Phi_1 \rangle = \dfrac{\int d\vec{r}_i \, d\vec{r}_j \, e^{-\beta \Phi(|\vec{r}_i - \vec{r}_j|)} \Phi(|\vec{r}_i - \vec{r}_j|)}{\int d\vec{r}_i \, d\vec{r}_j \, e^{-\beta \Phi}} = //$ *fent les substitucions corresponents amb les definicions anteriors, finalment tenim:*

$$\boxed{\langle \Phi_1 \rangle = -\frac{\partial \ln(Z_u^{(1)})}{\partial \beta}}$$

amb $\quad Z_u^{(1)} = \int d\vec{r}_i \, d\vec{r}_j \, e^{-\beta \Phi(|\vec{r}_i - \vec{r}_j|)}$

Treballant amb $Z_u^{(1)}$, com integrem sobre un espai i per isotropia $(|\vec{r}_i - \vec{r}_j|)$:

$$Z_u^{(1)} = \int d^3r \, e^{-\beta \Phi(r)} = // \text{ sumant i restant } 1 // = \int d^3r \left(e^{-\beta \Phi(r)} - 1\right) + \int d^3r =$$

$$\boxed{Z_u^{(1)} = V\left(1 + \frac{I(\beta)}{V}\right)}$$

En què definim $I(\beta)$ com: $\boxed{I(\beta) = \int d^3r \left[e^{-\beta \Phi(r)} - 1\right]}$ o bé, si fem servir que $d^3r = 4\pi r^2 \, dr$: $\boxed{I(\beta) = 4\pi \int_0^\infty r^2 dr \left(e^{-\beta \Phi(r)} - 1\right)}$

Termodinàmica i Mecànica estadística

$I(\beta)$ només té presència en distàncies intermoleculars ja què $\dfrac{I(\beta)}{V}$ és molt més petit que 1 i, per tant, podem aproximar desenvolupant per *Taylor* l'expressió $\ln\left(1+\dfrac{I(\beta)}{V}\right)\simeq\dfrac{I(\beta)}{V}$. Això ho necessitarem a continuació quan calculem $\langle\Phi_1\rangle$:

$$\langle\Phi_1\rangle=-\dfrac{\partial}{\partial\beta}\ln V\left(1+\dfrac{I(\beta)}{V}\right)=-\dfrac{\partial}{\partial\beta}\ln\left(1+\dfrac{I(\beta)}{V}\right)\simeq-\dfrac{\partial}{\partial\beta}\left(\dfrac{I(\beta)}{V}\right)=\ \textit{finalment}$$

obtenim:

$$\boxed{\langle\Phi_1\rangle=-\dfrac{1}{V}\dfrac{\partial I(\beta)}{\partial\beta}}$$

Com hem suposat interaccions intermoleculars binàries i N és molt gran, podríem relacionar el potencial com el potencial d'un parell de partícules de la següent manera: $\boxed{\langle\Phi\rangle\simeq\dfrac{N^2}{2}\langle\Phi_1\rangle\simeq\dfrac{N^2}{2}\dfrac{\partial\ln\left(Z_u^{(1)}\right)}{\partial\beta}}$.

Si ara substituïm el valor de $\langle\Phi_1\rangle$ a l'expressió, obtenim:

$$\boxed{\langle\Phi\rangle=-\dfrac{N^2}{2V}\left(\dfrac{\partial I(\beta)}{\partial\beta}\right)}$$

Si calculem $\ln(Z_u)$ tenim: $\boxed{\ln(Z_u)\simeq\dfrac{N^2}{2}\ln\left(Z_u^{(1)}\right)+C}$ amb C com una constant. Si volem esbrinar el seu valor, ens cal fer el límit de $\beta\to 0$ per trobar el valor dels dos termes. Per tant:

$$\lim_{\beta\to 0}(Z_u)=V^N\ ;\ \lim_{\beta\to 0}Z_u^{(1)}=V\ ;\ \textit{finalment}:\ C=\ln\left(V^N\right)-\dfrac{N^2}{2}\ln(V)$$

Si tornem a l'inici $Z=\dfrac{Z^{id}}{V^N}Z_u$, podem fer els càlculs següents:

$$\ln(Z)=\ln\left(Z^{id}\right)+\ln\left(\dfrac{Z_u}{V^N}\right)\simeq //\ \textit{per definició}\ \ln\left(\dfrac{Z_u}{V^N}\right)=-\int_0^\beta\langle\Phi\rangle\,d\beta=\dfrac{N^2}{2V}\int_0^\beta\left(\dfrac{\partial I}{\partial\beta}\right)d\beta=$$

Termodinàmica i Mecànica estadística

$$= \frac{N^2}{2V} I(\beta) \; ; \; ja \; que \; I(0)=0 \; //\quad \boxed{\ln(Z) \simeq \ln(Z^{id}) + \frac{N^2}{2V} I(\beta)}$$

Si volem trobar $B_2(T)$ ens cal determinar l'equació tèrmica d'estat. Per fer-ho, podem treballar amb *l'energia lliure de Helmholtz*:

$$\mathscr{F} = -k_B T \ln(Z) = -k_B T \ln\left(\frac{Z^{id} Z_u}{V^N}\right) = -k_B T \ln(Z^{id}) - k_B T \ln\left(\frac{Z_u}{V^N}\right) = // \quad per$$

definicions anteriors i de sistemes ideals, tenim //=

$$\boxed{\mathscr{F} = \mathscr{F}^{id} - \frac{k_B T N^2 I(\beta)}{2V}}$$

Equació d'un gas amb interaccions binàries

Per trobar l'equació tèrmica d'estat, hem de trobar la pressió. La podem calcular a partir de les definicions:

$$P = -\left(\frac{\partial \mathscr{F}}{\partial V}\right)_T = -k_B T \left(\frac{\partial \ln(Z)}{\partial V}\right)_T = k_B T \left[\frac{\partial \ln(Z^{id})}{\partial V} - \frac{N^2}{2V^2} I(\beta)\right] = // \frac{N}{V} = v^{-1} //=$$

$$= k_B T \frac{\partial \ln(Z^{id})}{\partial V} - k_B T \frac{1}{2v^2} I(\beta) = \quad \boxed{P = \frac{k_B T}{v} - \frac{k_B T}{2v^2} I(\beta)}$$

Per trobar $B_2(T)$ ens serà més còmode expressar-ho així: $\frac{Pv}{k_B T} \simeq 1 - \frac{I(\beta)}{2v}$, aleshores, pel desenvolupament del virial tenim:

$$\frac{Pv}{k_B T} \simeq 1 - \frac{I(\beta)}{2v} \simeq 1 + \frac{B_2(T)}{v} + ...$$

Aleshores, observem la relació $B_2(T) = -\frac{1}{2} I(\beta)$ que, reescrivint l'expressió de $I(\beta)$ obtenim:

$$\boxed{B_2(T) = -2\pi \int_0^\infty r^2 \, dr \left[e^{-\beta \Phi(r)} - 1\right]}$$

8.3. Equació de *Van der Waals*

En aquest apartat, treballarem els coeficients del virial per trobar l'equació de *Van der Waals*, un bon model per descriure el comportament d'alguns gasos reals.

Calculem, en primer lloc $B_2(T)$. Suposem l'estructura pel potencial $\Phi(r)$ en l'aproximació d'esferes dures, presentant una barrera de potencial a una distància σ (*de l'ordre del diàmetre de la molècula, ja que això és l'aproximació d'esferes dures*). Si ho representem:

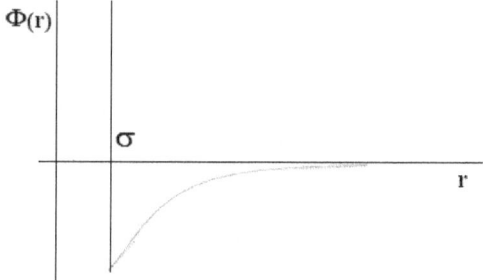

Suposant també que el règim de temperatures és clàssic, per tant, treballem amb temperatures no molt baixes, tenim: $\left|\dfrac{g(r)}{k_B T}\right| = \beta\,|g(r)| \ll 1 \rightarrow e^{-\beta \Phi} \simeq 1 - \beta\,g(r)$, per tant:

$$B_2(T) = 2\pi\left[\int_0^{\sigma} r^2\,dr + \int_{\sigma}^{\infty} r^2\,dr\,\beta\,|g(r)|\right] = 2\pi\dfrac{\sigma^3}{3} + \dfrac{2\pi}{k_B T}\int_{\sigma}^{\infty} r^2\,|g(r)|\,dr$$

en què $2\pi\dfrac{\sigma^3}{3}$ és proporcional al volum molecular i la integral és negativa ja que el potencial és atractiu (*per tant, negatiu*).

Aleshores, podem definir uns coeficients $\boxed{a = -2\pi\int_{\sigma}^{\infty} r^2\,|g(r)|\,dr > 0}$ (*interacció de llarg abast*) i $\boxed{b = \dfrac{2\pi}{3}\sigma^3}$ que és de l'ordre del volum de la molècula, ja que σ és proporcional al radi de la molècula per l'aproximació d'esferes dures.

Termodinàmica i Mecànica estadística

Per tant, $B_2(T)$ la podem escriure com:

$$\boxed{B_2(T) = b - \frac{a}{k_B T}}$$

En aquest cas, com havíem definit a l'apartat **8.1.** si $B_2(T)=0$ ens trobem a la temperatura de *Boyle* amb un valor de $\boxed{T_B = \frac{b k_B}{a}}$.

Si treballem amb les relacions del segon coeficient del virial tenim:

$$\frac{PV}{N k_B T} = 1 + B_2(T)\frac{N}{V} + \ldots = 1 + \left(b - \frac{a}{k_B T}\right)\frac{N}{V} \rightarrow P = \frac{N k_B T}{V} + \frac{N^2 k_B T}{V^2}\left(b - \frac{a}{k_B T}\right) =$$

$$= \frac{N k_B T}{V} + b k_B T \frac{N^2}{V^2} - a\frac{N^2}{V^2} = // \text{ si ho arreglem una mica} // = P + a\frac{N^2}{V^2} = \frac{N k_B T}{V}\left(1 + \frac{bN}{V}\right)$$

finalment:

$$\boxed{\left(P + a\frac{N^2}{V^2}\right)\frac{V}{1 + \frac{bN}{V}} = N k_B T}$$

Com que b és de l'ordre del volum de la molècula, la relació entre el volum i b és molt més petit que 1. Si desenvolupem per *Taylor* (és de l'estil $\frac{1}{1+x} \simeq 1 - x + \ldots$)

tenim:
$$\boxed{\frac{V}{1 + \frac{bN}{V}} \simeq V\left(1 - \frac{bN}{V}\right)}$$

Això és vàlid si el gas és diluït, per tant, no gaire dens. Això ho veiem si comparant el diàmetre molecular amb la distància intermolecular i la segona és més gran que la primera.

Per tant, si desfem el parèntesi, tenim $V - bN$ i finalment:

$$\boxed{\left(P + a\frac{N^2}{V^2}\right)(V - bN) = N k_B T}$$

<u>Equació de Van der Waals</u>

Termodinàmica i Mecànica estadística

Aquesta expressió també la podem trobar amb variables específiques i per mol:

$$\left(P+\frac{a}{v^2}\right)(v-b)=RT$$

Observem que el coeficient **a** és una correcció a la pressió per la interacció intermolecular. En canvi, el coeficient **b** fa referència a la correcció del volum a causa del diàmetre molecular.

Sense aquestes correccions, observem que el gas es comportaria com un gas ideal.

8.3.1. Factor de compressibilitat crític

El *factor de compressibilitat crític* és un dels criteris que utilitzarem per saber si una equació d'estat s'ajusta a un gas o no.

Aquest factor serveix per a tots els models dels gasos reals. El definirem com:

$$z_C=\frac{P_C v_C}{R T_C}$$

Experimentalment, es troba que $\boxed{0.25 < z_C < 0.35}$

Per l'equació d'estat de *Van der Waals* trobem:

$$\boxed{v_C=3b} \quad ; \quad \boxed{T_C=\frac{8a}{27Rb}} \quad ; \quad \boxed{P_C=\frac{a}{27b^2}}$$

Aleshores: $\boxed{z_C=\frac{3}{8}=0.375}$ que s'ajusta prou bé.

8.4. Equació de *Dieterici*

L'equació d'estat de *Dieterici* també és un bon model per a la descripció del comportament dels gasos reals.

L'equació d'estat de *Van der Waals* també es pot escriure com la suma de la pressió repulsiva més l'atractiva en una molècula i que ens resulta la pressió total d'aquesta.

El terme de la pressió repulsiva en la interacció d'esferes dures ve definida per:

$$\boxed{P_{repulsiva} = \frac{RT}{v-b}}$$

que és semblant a l'expressió pel gas ideal, tret del denominador que té la correcció pel volum.

Pel terme d'interacció atractiva, tenim:

$$\boxed{P_{atractiva} = -\frac{a}{v^2}}$$

En els intents de descriure un model pels gasos reals, *Berthelot* amb la seva equació, va introduir la dependència de la temperatura amb les interaccions atractives de la següent manera:

$$\boxed{P_{atractiva} = -\frac{a}{Tv^2}}$$

Aleshores, *Dieterici* va introduir una altra alternativa per descriure l'equació d'estat pel què fa a les interaccions. Agafant la intuïció de *Berthelot*, va presentar la interacció d'un gas real com:

$$\boxed{P = P_{repulsiva} \exp\left(-\frac{a}{RTv}\right)}$$

que si substituïm el valor de la interacció repulsiva, finalment tenim:

$$P(v-b) = RT \exp\left(-\frac{a}{RTv}\right)$$

Equació de Dieterici

A l'equació de *Dieterici*, els coeficients *a* i *b*, tenen el mateix significat correctiu que pel de *Van der Waals* i, de la mateixa manera; si aquests són zero, es comporta com un gas ideal.

8.4.1. Factor de compressibilitat crític

En aquest cas, els valors al punt crític venen donats per:

$$\boxed{v_C = 2b} \quad ; \quad \boxed{T_C = \frac{a}{4Rb}} \quad ; \quad \boxed{P_C = \frac{a}{4e^2 b^2}}$$

Aleshores: $\boxed{z_C = \frac{2}{e^2} = 0.271}$

Que és una aproximació més bona que la de *Van der Waals*.

Malgrat hem presentat dues equacions diferents, no s'ha trobat una que ens descrigui tots els gasos. No obstant això, el principi zero de la termodinàmica ens assegura que existeix.

Termodinàmica i Mecànica estadística

8.5. Llei d'estats corresponents

Definim la *llei dels estats corresponents* com aquells gasos que els seus estats d'equilibri estan descrits per la mateixa equació d'estat amb variables reduïdes (*diem que estan en estats corresponents*).

Les variables reduïdes venen determinades pel seu valor en l'estat crític:

$$\boxed{\Pi = P^* = \frac{P}{P_C}} \quad ; \quad \boxed{\theta = T^* = \frac{T}{T_C}} \quad ; \quad \boxed{\Phi = v^* = \frac{v}{v_C}}$$

Aleshores, tots els gasos que tenen la mateixa equació d'estat cauen a la mateixa isoterma en la representació de variables reduïdes. Per exemple, si tenim la pressió $P = P(T, v)$, podem trobar amb el valor de les coordenades al punt crític $\Pi = \Pi(\theta, \Phi)$. L'equació en variables reduïdes no dependrà de cap paràmetre per a gasos que es trobin en estats corresponents. Si depenen d'algun altre paràmetre, aleshores ja no és una llei d'estats corresponents.

EX: *Per exemple, per un gas de Van der Waals* $\left(P + \frac{a}{v^2}\right)(v-b) = RT$, *hauríem de trobar els punts crítics fent* $\left(\frac{\partial P}{\partial v}\right) = \left(\frac{\partial^2 P}{\partial v^2}\right) = 0$ *per substituir-los relacionant-los amb les reduïdes. Els punts crí*tics els vam trobar a l'apartat 7.3. amb* $v_C = 3b$; $T_C = \frac{8a}{27Rb}$; $P_C = \frac{a}{27b^2}$. *Per tant:*

$$\left(\frac{a}{27b^2}\Pi + \frac{a}{\Phi^2 9b^2}\right)(3b\Phi - b) = R\frac{8a}{27Rb}\theta \rightarrow \frac{a}{9b^2}\left(\frac{\Pi}{3} + \frac{1}{\Phi^2}\right)(3\Phi - 1) = \frac{8a}{27b^2}\theta$$

$$\rightarrow \left(\frac{\Pi}{3} + \frac{1}{\Phi^2}\right)(3\Phi - 1) = \frac{8}{3}\theta \quad .$$

Aleshores un gas de *Van der Waals* compleix la llei d'estats corresponents, ja que no hi apareix cap paràmetre característic del sistema (*a* i *b*).

Termodinàmica i Mecànica estadística

8.6. Liqüefacció de gasos: Expansió de *Joule*

L'expansió de *Joule*, consisteix en expandir lliurement un gas. Expandir lliurement un gas significa que aquest s'expandeix sobre el buit, aleshores no hi ha pressió ($P = 0$) i el treball fet és nul ($\text{d}^{-}W = 0$). L'estructura experimental es basa amb un recipient totalment aïllat dividit en dos subsistemes, un amb gas i l'altre amb el medi del buit; amb una lligadura o "*tope*" que inicialment evita l'expansió:

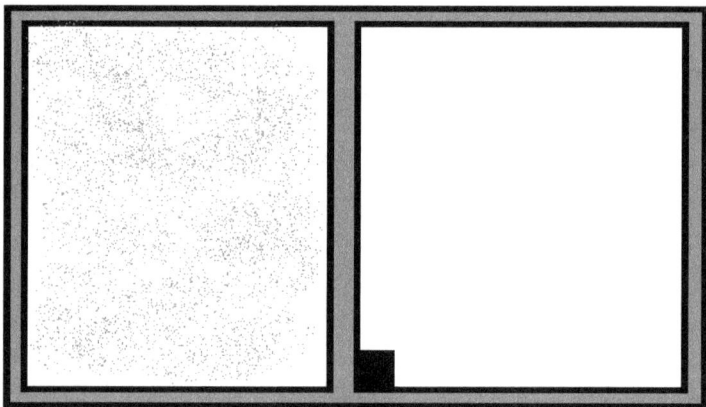

Quan treiem el "*tope*", com el gas està completament aïllat, l'expansió és adiabàtica i, per tant, $\text{d}^{-}Q = 0$. Aleshores, tenim un procés a $U = $ cnt!! ja què pel primer principi $\text{d}U = \text{d}^{-}Q + \text{d}^{-}W = 0$.

A més a més, com el sistema s'expandeix al buit, implica un procés **irreversible** davant de la impossibilitat "d'autocomprimir-se". Aquest fenòmen, ho podem veure per *Gibbs:*

$$\text{d}U = T\,\text{d}S - P\,\text{d}V = 0 \;\to\; \text{d}S = \frac{P\,\text{d}V}{T} \;\to\; \Delta S = \int_{V_0}^{V_f} \frac{P\,\text{d}V}{T} > 0$$

ja què $\text{d}V > 0$ *sempre en una expansió.*

Ara el que ens interessa conèixer són els canvis de **temperatura** i **l'entropia**. Per fer-ho, definim el *coeficient de Joule* $\boxed{\mu_J}$:

$$\mu_J = \left(\frac{\partial T}{\partial v}\right)_u = /\!/ \; Si\; fem\; servir\; el\; teorema\; de\; reciprocitat\; \left(\frac{\partial T}{\partial v}\right)_u \left(\frac{\partial u}{\partial T}\right)_v \left(\frac{\partial v}{\partial u}\right)_T =$$

Termodinàmica i Mecànica estadística

$$\left(\frac{\partial T}{\partial v}\right)_u c_v \left(\frac{\partial v}{\partial u}\right)_T = -1 \; // = -\frac{1}{c_v}\left(\frac{\partial u}{\partial v}\right)_T =$$

$$\boxed{\mu_J = -\frac{1}{c_v}\left[T\left(\frac{\partial P}{\partial T}\right)_v - P\right]}$$

Coeficient de Joule

Aquest coeficient ens informa si un gas s'escalfa, es refreda o es manté a la mateixa temperatura. Això ho deduïm a partir del símbol:

$\mu_J > 0\,(s'escalfa)$; $\mu_J < 0\,(es\ refreda)$; $\mu_J = 0\,(manté\ temperatura)$

En el cas d'un gas ideal $\mu_J = 0$ ja què l'energia interna és únicament funció de la temperatura i, si el procés és a $U = cnt$, també ho serà la temperatura.

Anem a veure com seria per un gas de *Van der Waals*. Com bé sabem, tenim l'equació $P = \frac{RT}{v-b} - \frac{a}{v^2}$; aleshores, substituïnt a l'expressió de μ_J :

$$\mu_J = -\frac{1}{c_v}\left[T\frac{R}{v-b} - \frac{RT}{v-b} + \frac{a}{v^2}\right] = -\frac{1}{c_v}\left[\frac{a}{v^2}\right] \rightarrow \boxed{\mu_J = -\frac{a}{c_v v^2} < 0}$$

Per tant, per un gas de *Van der Waals* en una expansió lliure, el gas es refreda. Aleshores, *Joule* va descobrir que **tots** els gasos reals es refreden en una expansió de *Joule*.

Finalment, si volem trobar l'increment de temperatura i d'entropia:

$$\boxed{\Delta T = \int_{v_0}^{v_f} \mu_J \, dv = -\int_{v_0}^{v_f} \frac{1}{c_v}\left[T\left(\frac{\partial P}{\partial T}\right)_v - P\right]} \qquad \boxed{\Delta s = \int_{v_0}^{v_f} \frac{P \, dv}{T}}$$

Per tant, per a un gas de *Van der Waals*, tindríem:

$$\boxed{\Delta T = \int_{v_0}^{v_f} -\frac{a}{c_v v^2} \, dv = -\frac{a}{c_v}\left(\frac{1}{v_f} - \frac{1}{v_0}\right)}$$

8.7. Liqüefacció de gasos: Expansió de *Joule-Kelvin* (*Joule – Thompson*)

L'efecte *Joule-Kelvin* es basa amb una expansió d'un gas, fent passar aquest per un estrangulament o un pas estret (*un exemple seria un envà porós*).

El sistema està aïllat per unes parets adiabàtiques pel què $đQ = 0$ i, per tant, tindrem que $dU = đW$. Esquemàticament tindríem:

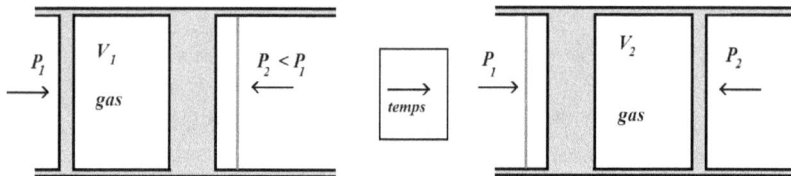

Aleshores, el treball realitzat serà:

$$P_1 \text{ sobre el gas} \rightarrow W_1 = -\int_{V_1}^{0} P_1 \, dV \quad ; \quad P_2 \text{ sobre el gas} \rightarrow W_2 = -\int_{0}^{V_2} P_2 \, dV$$

Per tant, pel primer principi tindrem:

$$\Delta U = U_2 - U_1 = W_1 + W_2 = -\int_{V_1}^{0} P_1 \, dV - \int_{0}^{V_2} P_2 \, dV = -P_1(0 - V_1) - P_2(V_2 - 0) =$$

$$= P_1 V_1 - P_2 V_2 \rightarrow U_2 + P_2 V_2 = U_1 + P_1 V_1 \rightarrow \boxed{U + PV = \text{cnt}}$$

Per definició, el potencial termodinàmic de l'entalpia és $H = U + PV$, per tant, tenim $H = \text{cnt}$.

Aleshores, definim el *coeficient de Joule-Kelvin* com:

$$\boxed{\mu_{JK} = \left(\frac{\partial T}{\partial P}\right)_H}$$

Coeficient de Joule-Kelvin

que pel teorema de reciprocitat, també tenim:
$$\mu_{JK}=\frac{-\left(\frac{\partial H}{\partial P}\right)_T}{\left(\frac{\partial H}{\partial T}\right)_P}$$

Ens interessa reescriure μ_{JK} per poder-ho avaluar al laboratori. Per reescriure'l, necessitem saber $H = H(T,P)$ per conèixer les derivades de l'entalpia:

$$dH = dU + P\,dV + V\,dP = T\,dS + V\,dP \rightarrow H = H(S,P)$$

Aleshores, si fem ús de les equacions $T\,dS$, coneixem $S = S(T,P)$ i, per tant, també $H(T,P)$: $T\,dS = c_P\,dT - \alpha T V\,dP$:

$$dH = \left(\frac{\partial H}{\partial T}\right)_P dT + \left(\frac{\partial H}{\partial P}\right)_T dP = c_P\,dT + V(1-\alpha T)\,dP$$

Per tant, substituïnt a μ_{JK} :

$$\mu_{JK} = \frac{V}{c_P}[\alpha T - 1] = \frac{1}{c_P}\left[T\left(\frac{\partial V}{\partial T}\right)_P - V\right]$$

Per un gas ideal $\mu_{JK}=0$, en aquest cas:
$$\Delta T = \int_{P_1}^{P_2} \mu_{JK}\,dP$$

i com H és constant, $dH = 0$ i tenim:
$$\Delta S = -\int_{P_1}^{P_2} \frac{V\,dP}{T} > 0$$

A continuació, avaluarem el valor de μ_{JK} en referència a la temperatura. No podem afirmar que sempre es refreden els gasos perquè el coeficient de *Joule-Kelvin* en algunes condicions és positiu i en altres negatiu, ja què $\alpha T - 1$ pot ser tant negatiu com positiu.

Anem a quantificar-ho per decidir un ***criteri de signes***:

$\alpha T - 1 = 0$ ens marca la situació d'un gas ideal, ja que en el cas ideal tenim que $\alpha = \frac{1}{T}$.

Termodinàmica i Mecànica estadística

Sabem que el coeficient de dilatació tèrmic és funció de la pressió i de la temperatura, per tant: $\boxed{\alpha(T,P)=\dfrac{1}{T}}$ i és una frontera que ens relaciona la pressió i la temperatura; una frontera del comportament i el seu invers que l'anomenarem **corba d'inversió** i la representació al pla *T-P* és:

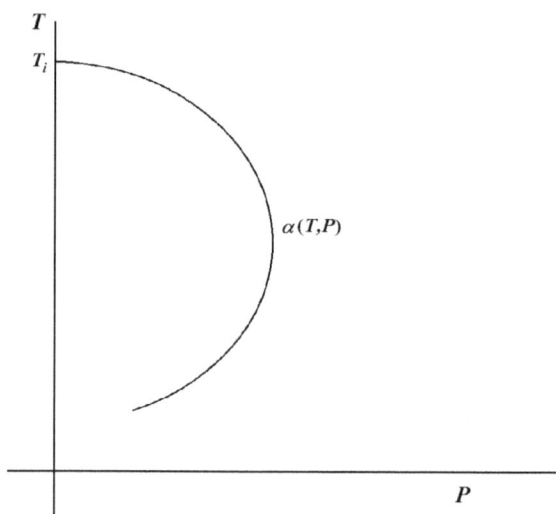

en què el valor T_i correspon a la **Temperatura d'inversió màxima.**

Si representem les corbes a *H* constant, **corbes isoentàlpiques**, la representació de la funció $\alpha(T,P)$ al pla *T-P* és:

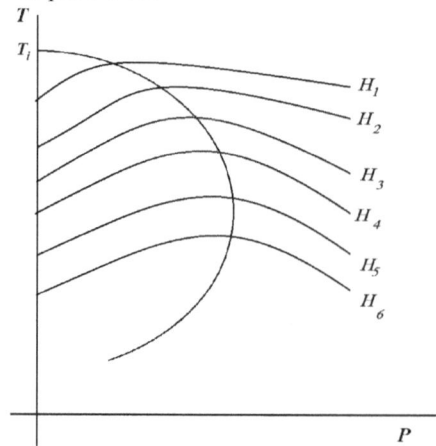

Termodinàmica i Mecànica estadística

En què els màxims de les corbes H_i ens determinen la corba d'inversió.

A l'esquerra de la corba d'inversió $\mu_{JK}>0$ **s'escalfa** i a la dreta $\mu_{JK}<0$ es **refreda**. Una vegada arribem a T_i no podem augmentar la temperatura, per tant, la temperatura d'inversió màxima es produeix quan la pressió tendeix a zero.

Calcular la temperatura d'inversió màxima no és trivial, els experimentals representen $B_2(T)$ en funció de la temperatura i tracen una recta tangent a la corba rederent a l'origen. Aleshores, el punt tangent és la T_i. (**La representació la trobarem a la pàgina següent**).

Per demostrar aquest càlcul, només cal fer $\lim\limits_{P\to 0}\mu_{JK}=0$ ja què μ_{JK} és el pendent de les corbes isoentàlpiques.

El què és més fàcil de visualitzar i és el mateix és: $\alpha=\dfrac{1}{T} \to \dfrac{1}{v}\left(\dfrac{\partial v}{\partial T}\right)_P=\dfrac{1}{T} \to$

$\to T\left(\dfrac{\partial v}{\partial T}\right)_P=v \quad (1)$

Aleshores, si fem el desenvolupament del virial respecte P:

$$\dfrac{Pv}{RT}=1+\tilde{B}_2(T)P+\ldots \to v=\dfrac{RT}{P}+RT\,\tilde{B}_2(T)+O(P)$$

Substituïnt a **(1)**:

$$T\left[\dfrac{R}{P}+R\left[T\tilde{B}_2\right]'+O(P)\right]=\dfrac{RT}{P}+RT\,\tilde{B}_2+O(P)$$

i com $P \to 0$:

$RT\left[T\tilde{B}_2\right]'=RT\,\tilde{B}_2 \to //\, B_2=\tilde{B}_2\,RT\,// \to \boxed{\dfrac{dB_2}{dT}=\dfrac{B_2}{T}}$

Que és la condició de tall que ens defineix la recta tangent i el pendent que talla just a la T_i a la corba de B_2 respecte T.

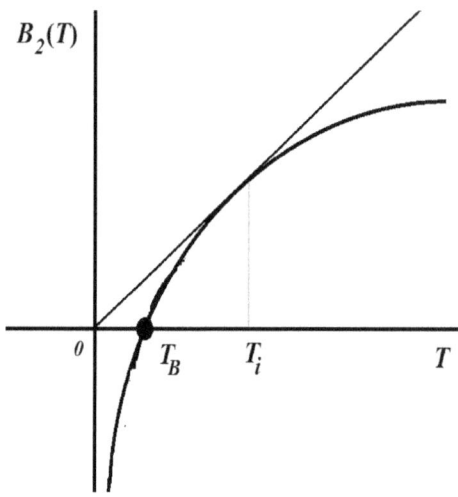

Termodinàmica i Mecànica estadística

Termodinàmica i Mecànica estadística

Termodinàmica i Mecànica estadística

Tema 9.- Radiació electromagnètica

Treballarem la radiació electromagnètica considerant les ones electromagnètiques com un gas de fotons. Aquests fotons els tractarem com partícules tancades en un recipient (*anomenada **cavitat***) a una temperatura concreta. Aleshores, **def**inirem *radiació tèrmica* com la radiació que emeten els cossos quan estan a una temperatura. Tots els cossos emeten radiació tèrmica i la intensitat d'aquesta radiació depèn de la temperatura i de la longitud d'ona considerada. La radiació rellevant pel què fa a la transferència de calor, abasta part la regió ultraviolada, la visible i la infraroja de l'espectre electromagnètic. A més a més, la freqüència d'ona emesa per radiació és una densitat de probabilitat que depèn únicament de la temperatura.

Tornant als fotos, aquests al impactar contra una paret amb una temperatura, aquesta absorbeix el fotó i per radiació el torna a emetre al sistema. Aleshores, en una cavitat de fotons, el ***nombre de fotons NO es conserva***. És per això que les magnituds interessants a avaluar són el volum i la temperatura, ja què N no apareixerà.

El tractament adequat per a un gas de fotons és el ***tractament quàntic*** i cada fotó està caracteritzat per una freqüència pròpia, que veiem representada amb l'expressió de l'energia, però que obeeixen una distribució. Aleshores, aquesta energia serà:

$$\boxed{E_\gamma = \hbar \omega}$$

A més a més, la velocitat de propagació dels fotons és:

$$\boxed{c = \frac{\lambda}{\tau} = \frac{\lambda \omega}{2\pi}}$$ [14] i, per tant, $$\boxed{\omega = 2\pi \frac{c}{\lambda}}$$

---

14   τ Correspon al periode

Termodinàmica i Mecànica estadística

9.1. Densitat d'energia

Podem definir la densitat d'energia com $\boxed{u=\dfrac{U}{V}}$ per qualsevol sistema, però pels fotons, aquesta densitat d'energia és diferent per cadascun d'ells. Aleshores, per un gas de fotons, cal parlar de la ***densitat espectral d'energia*** $\boxed{(u_\omega, u_\lambda)}$.

Com les magnituds de ω, λ i ε hem observat que estan relacionades entre si, és indiferent parlar de u_ω, u_λ i u_ε sempre i quan es realitzin els canvis correctes.

Si volem calcular la densitat d'energia ens caldrà:

$$\boxed{u=\int_0^\infty u_\omega \, d\omega = \int_0^\infty u_\lambda \, d\lambda = \int_0^\infty u_\varepsilon \, d\varepsilon}$$

Aleshores, el nostre objectiu és conèixer la distribució d'energia del sistema en funció de l'energia dels fotons quan la radiació està en equilibri.

9.2. Distribució de *Planck*

A continuació, farem un estudi per trobar la distribució que compleixen els gasos de fotons.

Primer de tot, ens cal conèixer les condicions per a què la radiació estigui en equilibri. Els tres tipus d'equilibri venen donats per:

- **Equilibri tèrmic:** S'assoleix quan el sistema arriba a *T*=cnt (*No hi ha intercanvi d'energia entre les parets de la cavitat i les partícules de gas*).

- **Equilibri mecànic:** S'assoleix quan el sistema es troba a *P*=cnt.

- **Equilibri material:** S'assoleix quan el sistema es troba a *N*=cnt.

Termodinàmica i Mecànica estadística

Com hem dit però, el sistema de gas de fotons no té equilibri material, ja que el nombre de partícules *fluctúa constantment*.

Si treballem ara amb l'energia lliure de *Helmholtz* $\mathscr{F}(T,V,N)$; si el sistema es troba en equilibri, voldrà dir que totes les magnituds de l'equació fonamental (T,V,N) estan fixades i, per tant, $\boxed{d\mathscr{F}=0}$.

Això és per un sistema general. Però si tractem amb un gas de fotons, al no haver-hi equilibri material tenim:

$$d\mathscr{F}=\left(\frac{\partial \mathscr{F}}{\partial N}\right)_{T,V} dN = \mu \, dN = 0$$

i això només es compleix si $\boxed{\mu=0}$.

Aleshores, perquè un gas de fotons es trobi en equilibri, és necessari que $\mu=0$.

Aquests gasos, es poden tractar amb l'estadística de *Bose-Einstein*[15].

Anem a deduir la distribució que compleix el gas de fotons, no sense abans definir alguns paràmetres:

- **Estats quàntics (s)**: $s=1,2,...,\infty$

- **Nombre de partícules a l'estat quàntic**: n_s

- **Energia associada a l'estat quàntic**: ε_s

- **Configuració o microstat de cada partícula (R)**: $\{n_1, n_2, n_3, ...\}$

- **Energia total de la configuració**: $E_R = \sum_s n_s \varepsilon_s$

- **Nombre de partícules**: $N = \sum_s n_s$

---

[15] Les estadístiques quàntiques les treballarem al *Tema 11. Estadístiques quàntiques* pel què només l'anomenarem.

Termodinàmica i Mecànica estadística

Aleshores, la funció de partició serà:

$$Z=\sum_R e^{-\beta E_R}=\sum_R e^{-\beta(n_1\varepsilon_1+n_2\varepsilon_2+...)}=\sum_{n_1}\sum_{n_2}...e^{-\beta n_2\varepsilon_1}e^{-\beta n_1\varepsilon_2}...=\sum_{n_1}e^{-\beta n_1\varepsilon_1}\sum_{n_2}e^{-\beta n_2\varepsilon_2}...=$$

$$=\boxed{Z=\prod_{s=1}^{\infty}\sum_{n_s}e^{-\beta n_s\varepsilon_s}}$$

ja què n_s són les partícules que poden cabre a cada estat quàntic s. Si volem saber quines partícules són, hem de treballar-les i aleshores, escollir:

- **Bosons:** $n_s=0,1,2,...\infty$. Com N és molt gran, l'aproximació a l'infinit és suficientment bona:

$$\sum_{n_s=0}^{\infty}e^{-\beta n_s\varepsilon_s}=\frac{1}{1-e^{-\beta\varepsilon_s}}\to \text{Aleshores}\quad Z_B=\prod_{s=1}^{\infty}\frac{1}{1-e^{-\beta\varepsilon_s}}\to$$

$$\boxed{\ln(Z_B)=-\sum_{s=1}^{\infty}\ln(1-e^{-\beta\varepsilon_s})}$$

- **Fermions:** $n_s=0,1 \to \quad Z_F=\prod_{s=1}^{\infty}1+e^{-\beta\varepsilon_s}\to$

$$\boxed{\ln(Z_F)=\sum_{s=1}^{\infty}\ln(1+e^{-\beta\varepsilon_s})}$$

Com els fotons es comporten com els bosons, ens quedarem amb $Z_B=Z$.

La Z_F no l'estudiarem, però és important per l'astrofísica (*sobretot en l'aspecte de les **nanes blanques***), per la conductivitat dels metalls a les bandes de valència, etc.

Al estar connectat a una font tèrmica, hi hauran estats més probables que altres per les fluctuacions tèrmiques. Aleshores, hi haurà un valor mig en la distribució de les partícules $\langle n_q\rangle$ amb **q** un estat concret.

Termodinàmica i Mecànica estadística

La densitat de probabilitat no és uniforme al estar el sistema connectat a una font tèrmica. Aquesta densitat serà:

$$\rho_R = \frac{e^{-\beta E_R}}{\sum_R e^{-\beta E_R}}$$

Anem a trobar aquest valor mig recuperant la funció de partició:

$$\langle n_q \rangle = \sum_R n_q \rho_R = \frac{1}{Z} \sum_R n_q e^{-\beta(n_1\varepsilon_1, n_2\varepsilon_2, \ldots)} = \frac{\sum_{n_1}\sum_{n_2}\ldots n_q e^{-\beta(n_1\varepsilon_1, n_2\varepsilon_2, \ldots, n_q\varepsilon_q, \ldots)}}{\sum_{n_1}\sum_{n_2}\ldots e^{-\beta(n_1\varepsilon_1, n_2\varepsilon_2, \ldots, n_q\varepsilon_q, \ldots)}} =$$

$$= \frac{\sum_{n_q} n_q e^{-\beta n_q \varepsilon_q} \prod_{s\neq q} e^{-\beta n_s \varepsilon_s}}{\sum_{n_q} e^{-\beta n_q \varepsilon_q} \prod_{s\neq q} e^{-\beta n_s \varepsilon_s}} = \frac{\sum_{n_q=0}^{\infty} n_q e^{-\beta n_q \varepsilon_q}}{\sum_{n_q=0}^{\infty} e^{-\beta n_q \varepsilon_q}} = // \sum_{n_q=0}^{\infty} n_q e^{-\beta n_q \varepsilon_q} = -\frac{\partial}{\partial(\beta\varepsilon_q)}\sum_{n_q=0}^{\infty} e^{-\beta n_q \varepsilon_q} =$$

$$= \frac{e^{-\beta\varepsilon_q}}{\left(1-e^{-\beta\varepsilon_q}\right)^2} \text{ ; aleshores } // = \frac{\dfrac{e^{-\beta\varepsilon_q}}{\left(1-e^{-\beta\varepsilon_q}\right)^2}}{\dfrac{1}{1-e^{-\beta\varepsilon_q}}} =$$

$$= \boxed{\langle n_q \rangle = \frac{e^{-\beta\varepsilon_q}}{1-e^{-\beta\varepsilon_q}} = \frac{1}{e^{\beta\varepsilon_q}-1}}$$

També anomenat **valor mig del <u>nombre d'ocupació</u> pels bosons**.

Anem a veure pels fotons concretament. L'energia és $\varepsilon_q = \hbar\omega$ i, com el factor més determinant és la freqüència:

$$\boxed{\langle n(\omega) \rangle = \frac{1}{e^{\beta\hbar\omega}-1}}$$

Tot i que també podem tenir n_ε o n_λ però les hauríem d'expressar amb les variables adequades tal i com vam dir al primer apartat del tema, que podem jugar amb les variables ja que estan relacionades entre si, això sí, amb precaució i fent els canvis adients.

Termodinàmica i Mecànica estadística

Planck però, va considerar que els fotons eren oscil·ladors quàntics i la quantització de l'energia per aquests és $\varepsilon_n = \hbar\omega\left(n+\frac{1}{2}\right); n=0,1,2,3,\ldots$; per tant:

$$Z = \sum_{n=0}^{\infty} e^{-\beta\hbar\omega\left(n+\frac{1}{2}\right)} = \frac{e^{-\beta\frac{\hbar\omega}{2}}}{1-e^{-\beta\hbar\omega}} = \boxed{Z = \frac{1}{e^{-\beta\frac{\hbar\omega}{2}} - e^{-\beta\frac{\hbar\omega}{2}}}}$$

i per tant: $\boxed{\rho = \frac{e^{-\beta\hbar\omega n} e^{-\beta\frac{\hbar\omega}{2}}}{Z}}$.

Aleshores:

$$\langle n \rangle = \sum_{n=0}^{\infty} n\rho = \sum_{n=0}^{\infty} n \frac{e^{-\beta\hbar\omega n}}{Z} e^{-\beta\frac{\hbar\omega}{2}} = \frac{e^{-\beta\frac{\hbar\omega}{2}}}{\left(e^{\beta\frac{\hbar\omega}{2}} - e^{-\beta\frac{\hbar\omega}{2}}\right)^{-1}} \sum_{n=0}^{\infty} n\, e^{-\beta\hbar\omega n} =$$

$$= \boxed{\langle n \rangle = \frac{1}{e^{\beta\hbar\omega} - 1}}$$

Tant a Z com a $\langle n \rangle$ apareix ω com a característica distintiva de cada estat quàntic. Per tant, l'energia interna i totes les magnituds que treballarem a partir d'aquí seran **magnituds espectrals**.

9.2.1. Degeneració de la freqüència

Al treballar amb magnituds espectrals, hem de conèixer la degeneració de la freqüència ω $(g(\omega))$. Per fer-ho hem de fer el salt o pas del discret al continu:

$$\sum_s \rightarrow \int \frac{d^3q\, d^3p}{h^3} = // \text{ per simetria esfèrica} // = \frac{V}{h^3}\int 4\pi p^2\, dp = // \text{ fent servir}$$

que $\varepsilon = \hbar\omega = cp$, tenim que $p = \frac{\hbar\omega}{c}$ i $dp = \frac{\hbar}{c} d\omega // = \frac{4\pi V}{h^3}\int \frac{\hbar^2\omega^2}{c^2}\frac{\hbar}{c} d\omega =$

// Ara hem de tenir en compte que al tenir dues possibles polaritzacions al ser

Termodinàmica i Mecànica estadística

una ona electromagnètica[16] hem de multiplicar per 2 i, a més a més, tenim la relació $2\pi\hbar = h \; // \; 2\dfrac{4\pi V}{h^3 c^3}\dfrac{h^3}{(2\pi)^3}\int \omega^2 \, d\omega = \dfrac{V}{c^3 \pi^2}\int \omega^2 \, d\omega$.

Aleshores, com $\int \dfrac{d^3q \, d^3p}{h^3} = \int g(\omega)\, d\omega$, tenim reintroduïnt els termes que hem trobat abans, $\int \dfrac{d^3q \, d^3p}{h^3} = \int \dfrac{V}{c^3 \pi^2}\omega^2 \, d\omega$, per tant, finalment:

$$\boxed{g(\omega) = \dfrac{V\omega^2}{c^3 \pi^2}}$$

9.2.2. Densitat espectral d'energia: Distribució de *Planck*

Tenint l'expressió de la degeneració de la freqüència, podem calcular-ho tot. L'energia però, és una magnitud aleatòria i hem de calcular el seu valor mig:

$$\langle E \rangle = U = \sum_s \langle n_s \rangle \varepsilon_s = \int_0^\infty d\omega \, g(\omega) \dfrac{\hbar \omega}{e^{\beta \hbar \omega} - 1}$$

Aleshores, si volem trobar la densitat de l'energia:

$$u = \dfrac{U}{V} = \dfrac{\hbar}{c^3 \pi^2} \int_0^\infty \dfrac{\omega^3}{e^{\beta \hbar \omega} - 1}\, d\omega = \int_0^\infty u_\omega \, d\omega$$

Per tant, la ***densitat espectral d'energia*** valdrà:

$$\boxed{u_\omega = \dfrac{\hbar \omega^3}{c^3 \pi^2}\dfrac{1}{e^{\beta \hbar \omega} - 1}}$$
Distribució de Planck

---

[16] Equivalent a la degeneració d'spin ($2s + 1$) amb gas ideal quàntic. Aquests conceptes els veurem al tema 11.

Termodinàmica i Mecànica estadística

Aquesta densitat d'energia és la emesa per un cos negre. Això ens indica l'energia per unitat de volum que emeten els fotons tancats en una cavitat en funció de la seva freqüència.

Si representem u_ω en funció de ω, veiem com es distribueix:

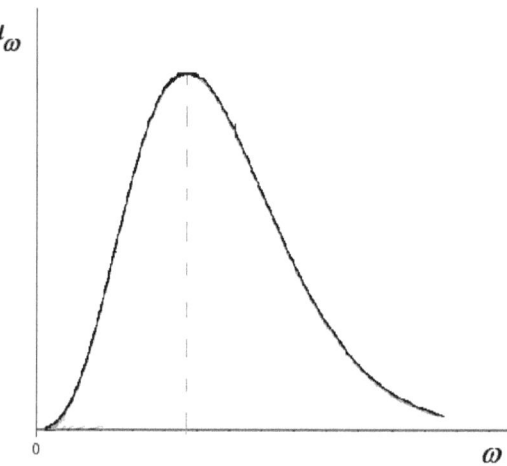

Es pot observar que, en les zones d'altes i baixes freqüències, la densitat espectral d'energia tendeix a zero. Anem a avaluar aquests límits.

- **Límit baixes freqüències (altes temperatures):**

    En aquest cas ens trobem en el límit d'oscil·lador clàssic. Si avaluem la densitat espectral d'energia al límit de $\hbar\omega \ll k_B T \rightarrow \dfrac{\hbar\omega}{k_B T} \ll 1$; si desenvolupem per *Taylor*, amb $\left(e^{\beta\hbar\omega}-1\right)^{-1} \approx \dfrac{k_B T}{\hbar\omega} = \dfrac{1}{\beta\hbar\omega}$, tenim:

    $$\boxed{u_\omega = \dfrac{\hbar\omega^3}{\pi\omega}\dfrac{K_B T}{\hbar\omega} = \dfrac{\omega^2 k_B T}{\pi^2 c^3}}$$ i, per tant $u_\omega \sim \omega^2$.

    Aleshores, la part de l'esquerra de la gràfica, es pot aproximar a una paràbola i la distribució espectral és coneguda com l'aproximació de **Rayleigh-Jeans**. Aquests, eren astrònoms i avaluaven la radiació de les estrelles per mesurar la temperatura d'aquestes.

Termodinàmica i Mecànica estadística

El problema venia quan feien els límits d'avaluació entre zero i infinit, la funció divergeix i es produeix la *catàstrofe ultraviolada.*

- **Límit altes freqüències** (baixes temperatures):

En aquest cas el que tenim és $\dfrac{\hbar\omega}{k_B T} \gg 1$ i, per tant $e^{\beta\hbar\omega} \gg -1$, en què finalment:

$$u_\omega = \frac{\hbar\omega^3}{\pi^2 c^3} e^{-\beta\hbar\omega}$$

Aquesta no divergeix i és la coneguda com la ***Distribució de Wien***

Per acabar presentem una gràfica de les distribucions de *Planck, Wien* i *Rayleigh-Jeans*:

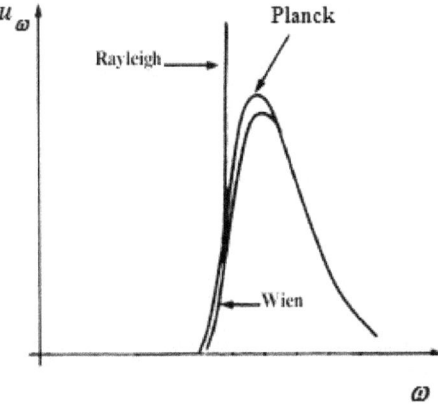

Termodinàmica i Mecànica estadística

9.3. Llei de *Wien*

El màxim de la distribució és molt important en astronomia. Com és funció de la temperatura, el màxim es desplaça en funció dels valors de *T*. Aquest desplaçament es coneix com la **Llei de Wien**.

Hem de reescriure u_ω en funció de la longitud d'ona, relacionant-la amb l'expressió $\omega = \frac{2\pi c}{\lambda}$. Aquí s'ha de vigilar en no cometre l'error de considerar $u_\omega = u_\lambda$, ja que el que seria correcte és $u_\omega \, d\omega = u_\lambda \, d\lambda$.

Aleshores, si fem el càlcul:

$$u_\lambda = u_\omega \left|\frac{d\omega}{d\lambda}\right| = u_{\frac{2\pi c}{\lambda}} \frac{2\pi c}{\lambda^2} = \frac{2\pi c}{\lambda^2} \frac{\hbar}{\pi^2 c^3} \frac{(2\pi)^3 c^3}{\lambda^3} \frac{1}{e^{\beta \frac{hc}{\lambda}} - 1} = 8\pi \frac{hc}{\lambda^5} \frac{1}{e^{\beta \frac{hc}{\lambda}} - 1}$$

Per trobar el màxim, hem de fer la derivada i igualar a zero $\left[\frac{d}{d\lambda}(u_\lambda) = 0\right]$, per tant:

$$\frac{d}{d\lambda}\left(\frac{\lambda^{-5}}{e^{\beta \frac{hc}{\lambda}} - 1}\right) = 0 \rightarrow \frac{-5\lambda^{-6}}{e^{\beta \frac{hc}{\lambda}} - 1} + \frac{\lambda^{-5} e^{\beta \frac{hc}{\lambda}}}{\left(e^{\beta \frac{hc}{\lambda}} - 1\right)^2} \beta \frac{hc}{\lambda^2} = 0 = (*) \quad \textit{simplifiquem una mica els termes amb un canvi de variable} \quad x = \frac{\beta hc}{\lambda} \textit{, per tant:}$$

$$(*) = \frac{x e^x}{e^x - 1} = 5 \rightarrow \boxed{x e^x = 5(e^x - 1)} \quad \underline{\textbf{Equació trascendent}}$$

Ressolent aquesta equació, obtenim les solucions següents:

$$\boxed{x = 0} \quad ; \quad \boxed{x = \frac{\beta hc}{\lambda} = 4.965}$$

Aleshores, $\lambda_{màx} = \frac{hc}{k_B T \, 4.965}$, per tant:

$$\boxed{\lambda_{màx} T = 2.9 \cdot 10^{-3} \, mK}$$
Llei de desplaçament de Wien

Termodinàmica i Mecànica estadística

Si representem u_λ en funció de λ a la distribució de *Planck*, obtenim que el màxim de $\lambda_{màx}$. Amb això, diem que la majoria dels fotons tenen aquesta longitud d'ona màxima i són els que més contribueixen a la u_λ.

$\lambda_{màx}$ és la longitud d'ona que emet la màxima radiació (*energia*) a una certa temperatura.

Una aplicació important de la llei de *Wien* és la de determinar la temperatura d'una estrella ja què $\lambda_{màx} T = $ cnt i sabent aquesta longitud d'ona màxima de la radiació electromagnètica que emet l'estrella, podrem determinar la temperatura.

9.4. Equacions d'estat de la radiació

Si volem trobar l'equació calòrica d'estat, hem de treballar amb $u = \dfrac{U}{V}$:

$$\frac{U}{V} = u = \frac{\hbar}{\pi^2 c^3} \int_0^\infty \frac{\omega^3}{e^{\beta \hbar \omega} - 1} = // \text{ fent els canvis de variables següents: } x = \beta \hbar \omega$$

$$i \quad d\omega = \frac{1}{\beta \hbar} dx // \frac{\hbar}{\pi^2 c^3} \frac{1}{(\beta \hbar)^4} \int_0^\infty \frac{x^3 \, dx}{e^x - 1} // = \text{fent servir} \int_0^\infty \frac{x^n}{e^x - 1} dx = n! \xi(n+1) //$$

$$= \boxed{\frac{U}{V} = u = \frac{6\xi(4)}{\pi^2 c^3 \hbar^3} (k_B T)^4}$$

Si desfem $6\xi(4)$ tenim que el resultat d'aquesta integral és $\dfrac{\pi^4}{15}$. A més a més, com el nombre de partícules fluctúa, tindrem:

$$\boxed{U(T,V) = \frac{V \pi^2}{15 c^3 \hbar^3} (k_B T)^4}$$

Equació calòrica d'estat per un gas de fotons

Termodinàmica i Mecànica estadística

Aleshores, observem que $U(T, V)$ és proporcional a T^4 i, si agrupem les constants, tenim que $U(T,V) = A V T^4$; $u = A T^4$ definint $A = \dfrac{\pi^2 k_B^4}{15 c^3 \hbar^3}$ i això ho podem reescriure com:

$$\boxed{u = \dfrac{4\sigma}{c} T^4}$$

Llei d'Stefan-Boltzmann[17]

Anem a trobar l'energia lliure de *Helmholtz* per estudiar l'equació tèrmica d'estat:

$$\ln(Z) = -\sum_{s=1}^{\infty} \ln\left(1 - e^{-\beta \hbar \omega_s}\right) = // \sum \rightarrow \int g(\omega)\, d\omega \,// = -\int_0^{\infty} g(\omega)\, d\omega \ln\left(1 - e^{-\beta \hbar \omega_s}\right) //$$

substituïnt el valor de $g(\omega) = \dfrac{V \omega^2}{c^3 \pi^2}$ *tenim://*

$$\boxed{\mathcal{F} = -k_B T \ln(Z) = -\dfrac{V \pi^2}{45 c^3 \hbar^3}(k_B T)^4 = -\dfrac{4}{3}\sigma V T^4}$$

Aleshores, per definició $P = -\left(\dfrac{\partial \mathcal{F}}{\partial V}\right)_T$, finalment:

$$\boxed{P = \dfrac{\pi^2 k_B^4}{45 c^3 \hbar^3} T^4 = \dfrac{4}{3}\sigma T^4}$$

Equació tèrmica d'estat : Pressió de radiació

Observem però, que la pressió només depèn de la temperatura (*ni de N ja que fluctúa, ni de V com estem habituats*). Conseqüentment, la capacitat calorífica a pressió constant no existeix, ja que per definició tenim $c_P = T\left(\dfrac{\partial S}{\partial T}\right)_P$, però si P és fixe, per dependència T també i, per tant, **no existeix** $\boxed{c_P}$.

---

17 **Amb** σ **com la constant d'*Stefan-Boltzmann* i amb un valor de:**

$$\boxed{\sigma = \dfrac{\pi^2 k_B^4}{60 c^2 \hbar^3} = \dfrac{2\pi^5 k_B^4}{15 c^2 \hbar^3} = 5.67 \cdot 10^{-8} \dfrac{W}{m^2 K^4}}$$

Termodinàmica i Mecànica estadística

Relacionant ara el valor de l'energia interna amb la pressió, obtenim $U = 3PV$, per tant si treballem amb *Gibbs*:

$$dU = T\,dS - P\,dV = 3P\,dV + 3V\,dP + P\,dV = T\,dS = 4P\,dV + 3V\,dP = T\,dS$$

Una aplicació important per aquesta relació és per l'astrologia. Com es considera que l'univers és un sistema en procés adiabàtic (*l'entropia no varia*) tenim doncs que $dS = 0$ i per tant:

$$4P\,dV + 3V\,dP = 0 \to 4P\,dV = -3V\,dP \to \frac{4}{3}\frac{dV}{V} = -\frac{dP}{P} \to \frac{4}{3}\ln(V) = -\ln(P) + C$$

Aleshores:

$$\boxed{V^{\frac{4}{3}} P = \text{cnt}} \quad {}^{18}$$

Si ara volem trobar l'entropia, hem de recórrer a l'energia lliure de *Helmholtz* en la forma d'*Euler* $\mathscr{F} = U - TS$, per tant: $S = \dfrac{U - \mathscr{F}}{T}$. Si fem servir que $\mathscr{F} = -VP$ tenim:

$$S = \frac{3PV - (-PV)}{T} = \boxed{S = \frac{4PV}{T}}$$

L'entropia també la podem trobar representada desfent les magnituds amb els seus valors:

$$\boxed{S = \frac{4PV}{T} = \frac{16}{3}\sigma V T^3 = \frac{4\pi^2 k_B^4}{45 c^2 \hbar^3} V T^3}$$
Entropia de la radiació

Per acabar, cal remarcar que les particularitats observades a la radiació, sorgeixen perquè el **nombre de fotons no es conserva**. Això ho podem demostrar si ara, amb els valors obtinguts de les magnituds anteriors, treballem amb la forma

---

18 En què el coeficient $\dfrac{4}{3}$ no és γ del **Tema 3. Principis de la termodinàmica** ja què aquesta tenia l'expressió $\gamma = \dfrac{c_P}{c_V}$.

Termodinàmica i Mecànica estadística

d'*Euler* per a l'energia lliure de *Gibbs G*. Sabem que $G=U-TS+PV=\mathscr{F}+PV$ i si ara substituïm els valors obtinguts un parell de pàgines en darrera:

$$G=\mathscr{F}+PV=-\frac{4}{3}\sigma V T^4+\left(\frac{4}{3}\sigma T^4\right)V=0$$

Per tant, $G=\mu N=0 \rightarrow \boxed{\mu=0}$ i demostrem que el nombre de partícules no es conserva.

Encara que no podem saber quants n'hi han en un instant de temps concret, podem trobar el nombre mig de fotons:

$$\langle N \rangle = \int_0^\infty g(\omega)\, d\omega \langle n_s \rangle = \frac{V}{\pi^2 c^3}\int_0^\infty \frac{\omega^2}{e^{\frac{\hbar\omega}{k_B T}}-1}\, d\omega = //\, x=\hbar\omega\beta=\frac{\hbar\omega}{k_B T}\,//$$

$$= \frac{V}{\pi^2 c^3}\left(\frac{k_B T}{\hbar}\right)^3 \int_0^\infty \frac{x^2}{e^x-1}\, dx \quad \text{el valor de} \quad \int_0^\infty \frac{x^2}{e^x-1}\, dx \quad \text{és } \mathbf{2.404}, \text{ per tant:}$$

$$\boxed{\langle N \rangle = 2.404 \frac{V}{\pi^2 c^3}\left(\frac{k_B T}{\hbar}\right)^3}$$

<u>*Nombre mig de fotons*</u>

9.5. Sòlid d'*Einstein**

El **sòlid d'Einstein** (*també anomenat **Model d'Einstein***) és un model d'una substància sòlida (*un **sòlid cristal·lí***) basada en dues suposicions:

i) Cada àtom de la nostra xarxa cristal·lina es comporta com un oscil·lador harmònic quàntic tridimensional independent. La quantització de l'energia ve donada per:

$$\boxed{\varepsilon_n = \left(n+\frac{1}{2}\right)\hbar\omega}$$

Termodinàmica i Mecànica estadística

ii) Tots els àtoms de la nostra xarxa cristal·lina oscil·len amb la mateixa freqüència (*cosa que no pasa al model de Debye*)

La suposició de que en un sòlid les oscil·lacions són independents és molt exacta i, aquestes oscil·lacions, són ones sòniques o **fonons**.[19]

Si tenim N oscil·ladors, la funció de partició serà $Z = Z_1^{3N}$. Per tant, una partícula serà:

$$Z_1 = \sum_0^\infty e^{-\beta \varepsilon_n} = e^{-\beta \frac{\hbar \omega}{2}} \sum_{n=0}^\infty e^{-n\beta \hbar \omega} = // \text{ si utilitzem } \sum_0^\infty x^n = \frac{1}{1+x} \text{ si } |x|<1 //$$

$$\boxed{= Z_1 = e^{-\beta \frac{\hbar \omega_E}{2}} \frac{1}{1-e^{-\beta \hbar \omega_E}}}$$

en ω_E és la freqüència d'*Einstein* amb la que vibren les partícules.

Amb l'energia lliure de *Helmholtz* tenim que $\mathscr{F} = -k_B T \ln(Z) = -3 N k_B T \ln(Z_1)$. Substituïnt el valor trobat de Z_1:

$$\boxed{\mathscr{F} = 3 N k_B T \left[\frac{\hbar \omega_E}{2 k_B T} + \ln\left(1 - e^{-\frac{\hbar \omega_E}{k_B T}}\right) \right]}$$

És interessant calcular la capacitat calorífica a volum constant del model d'*Einstein* i avaluar els límits clàssics i els límits quàntics. L'expressió general ens ve donada per:

$$\boxed{c_V = 3 N k_B \left(\frac{\hbar \omega_E}{k_B T}\right)^2 \frac{e^{\frac{\hbar \omega_E}{k_B T}}}{\left(e^{\frac{\hbar \omega_E}{k_B T}} - 1\right)^2}}$$

---

19 **Def**inim *fonó* com una quasipartícula o un mode quantitzat vibratòri que té lloc en xarxes cristal·lines com la xarxa atòmica d'un sòlid

Termodinàmica i Mecànica estadística

- **Límit quàntic** (*baixes temperatures*):

    Quan $T \to 0$ *Aleshores* $c_V \sim T^{-2} e^{-\frac{\hbar \omega_E}{k_B T}}$. Aquesta forma de tendir cap a zero, no concorda amb el que diuen els experiments, és a dir, que quan $T \to 0$ *Aleshores* $c_V \sim T^3$

- **Límit clàssic** (*altes temperatures*):

    $c_V \to 3 N k_B$, que com sabem, és un resultat correcte ja que compleix el principi d'equipartició d'energia (*Apartat* **5.2.**). Aquest resultat però, ja el va predir *Doulong-Petit* al *1919*.

Aleshores, podem concloure que el model d'*Einstein* funciona correctament quan avaluem a temperatures prou elevades, però a baixes temperatures divergeix del comportament real.

Hi ha altres models que sí que s'ajusten a baixes temperatures. Abans hem esmentat el **Model de Debye**, però no el treballarem en aquest volum. Aquest model considera que cada oscil·lador pot tenir una freqüència de vibració diferent (*aspecte que ja havíem destacat en la segona suposició del sòlid d'Einstein*), cosa que complica moltíssim el càlcul ja què hem de conèixer com estan distribuïdes les freqüències, calcular la degeneració de la freqüència...

Termodinàmica i Mecànica estadística

Termodinàmica i Mecànica estadística

Termodinàmica i Mecànica estadística

Tema 10.- Col·lectivitat macrocanònica o grancanònica

En aquest tema treballarem l'última col·lectivitat que ens queda per estudiar en aquest volum, el *col·lectiu macrocanònic* o *grancanònic*. A diferència amb el col·lectiu canònic, en què el sistema només pot intercanviar energia amb l'exterior, en aquesta col·lectivitat pot intercanviar tant partícules com energia amb el seu entorn.

Definim la *col·lectivitat macrocanònica* com el conjunt de possibles estats d'un sistema que intercanvia energia tèrmica i matèria amb el seu entorn. Si estudiem l'equilibri del sistema, es fixen macroscòpicament el potencial químic, el volum i la temperatura.

10.1. Funció de partició

Tenim dos sistemes termodinàmics dels quals el sistema "2" funciona com a reservori de partícules i de temperatures, per tant fixem T i μ. Aleshores, com va intercanviant partícules i energia amb el seu entorn, se'ns produiran unes fluctuacions amb l'energia i el nombre de partícules. Si fem una representació del sistema termodinàmic dividit pels dos subsistemes tenim:

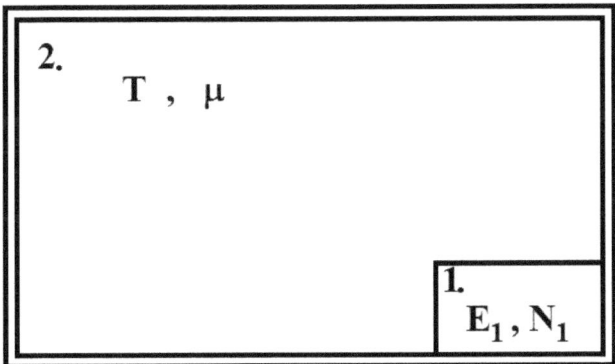

Aleshores, treballant el sistema "2", l'energia ens ve determinada per $E_2 = E - E_1$ i el nombre de partícules per $N_2 = N - N_1$. Per tant, podem fer les aproximacions de $E_2 \gg E_1 \rightarrow E_2 = E$; $N_2 \gg N_1 \rightarrow N_2 = N$.

Termodinàmica i Mecànica estadística

Una vegada plantejades les aproximacions i el sistema total termodinàmic, calcularem la densitat de probabilitat:

$$\rho(\vec{q}, \vec{p}, N) \sim \Omega_2(E-E_1, N-N_1) \simeq // \quad \text{desenvolupem per Taylor, per tant:}$$

$$\ln\left(\Omega_2(E_2, N_2)\right) \simeq \ln\left(\Omega_2(E, N)\right) - \left(\frac{\partial \ln(\Omega_2)}{\partial E}\right)_N H_1 - \left(\frac{\partial \ln(\Omega_2)}{\partial N}\right)_E N_1 + O(2)$$

Aleshores, si fem servir les següents equacions:

$$dU = T\,dS + \mu\,dN \quad \rightarrow \quad dS = \frac{dU}{T} - \frac{\mu\,dN}{T}$$

per tant, tenim les definicions següents que són directes a causa de l'equació fonamental:

$$\frac{1}{T} = \left(\frac{\partial S}{\partial U}\right)_N \quad ; \quad -\frac{\mu}{T} = \left(\frac{\partial S}{\partial N}\right)_U$$

per la fórmula de *Boltzmann* $\quad S = k_B \ln(\Omega) \quad \rightarrow \quad \frac{1}{T} = k_B \left(\frac{\partial \ln(\Omega)}{\partial U}\right)_N$.

Tornant amb el càlcul després de l'aproximació per *Taylor*, observem que la densitat de probabilitat serà proporcional a una exponencial, ja què hem trobat que $\ln(\Omega(E, N))$ serà una exponencial elevada a una constant C.

Per tant, tindrem que:

$$\boxed{\rho(\vec{q}, \vec{p}, N_2) \sim e^{-\beta H_1 + \beta\mu N_1}}$$

Aleshores, hem de normalitzar per no tenir en compte les constants multiplicatives: $\displaystyle\sum_{N=0}^{\infty} \int \frac{d\vec{q}\,d\vec{p}}{h^{3N}} \rho(\vec{q}, \vec{p}, N) = 1 \quad \rightarrow$

$$\boxed{\rho(\vec{q}, \vec{p}, N) = \frac{e^{-\beta H(\vec{q}, \vec{p}) + \beta\mu N}}{\displaystyle\sum_{N=0}^{\infty} \int \frac{d\vec{q}\,d\vec{p}}{h^{3N}} e^{-\beta H(\vec{q}, \vec{p}) + \beta\mu N}}}$$

Per tant, per les definicions de densitat de probabilitat, tenim que la funció de

Termodinàmica i Mecànica estadística

partició grancanònica és:

$$\boxed{Q(T,V\mu)=\sum_{N=0}^{\infty}\frac{e^{\beta\mu N}}{h^{3N}N!}\int d\vec{q}\,d\vec{p}\,e^{-\beta H(\vec{q},\vec{p})}}$$

Funció de partició grancanònica

Tot i que també la podem trobar representada, si definim prèviament el terme corresponent a $z\equiv e^{\beta\mu}$ com la *fugacitat*, com:

$$\boxed{Q(T,V,\mu)=\sum_{N=0}^{\infty}z^{N}Z(T,V,N)}$$

Funció de partició grancanònica

en què a part del terme de la fugacitat, relacionem la funció de partició grancanònica en funció de la canònica.

En el cas d'un sistema ideal de partícules indistingibles:

$$Z=\frac{Z_{1}^{N}}{N!}\quad\rightarrow\quad\boxed{Q=\sum_{N=0}^{\infty}\frac{z^{N}Z_{1}}{N!}=e^{\beta\mu}Z_{1}(T,V)}$$

Observant les variables de les què depèn la funció de partició, podem relacionar-la amb el potencial termodinàmic del **potencial de Landau** (*o Grancanònic*) i d'aquesta manera trobar l'enllaç entre la mecànica estadística i la termodinàmica.

Presentarem els càlculs tant amb el mètode clàssic com amb l'estudi de sistemes discrets amb l'entropia de *Shannon:*

10.1.1. Sistemes clàssics: Connexió Mecànica estadística-Termodinàmica.

Començarem per trobar a partir de Q el valor mig de l'energia i del nombre de partícules. Per tant:

$$U=\langle E\rangle=\sum_{N=0}^{\infty}\int\frac{d\vec{q}\,d\vec{p}}{h^{3N}}H(\vec{q},\vec{p})\rho(\vec{q},\vec{p},N)=\frac{1}{Q}\sum_{N=0}^{\infty}\frac{e^{\beta\mu N}}{h^{3N}N!}\int d\vec{q}\,d\vec{p}\,e^{-\beta H}H=$$

Termodinàmica i Mecànica estadística

// si fem el canvi habitual en col·lectivitats $e^{-\beta H} H = -\dfrac{\partial}{\partial \beta}\left(e^{-\beta H}\right)$ tenim//

$$= -\frac{1}{Q}\frac{\partial}{\partial \beta}\left[\sum_{N=0}^{\infty} \frac{e^{\beta \mu N}}{h^{3N} N!} \int d\vec{q}\, d\vec{p}\, e^{-\beta H}\right]_{\beta\mu,V} = -\frac{1}{Q}\left(\frac{\partial Q}{\partial \beta}\right)_{\beta\mu,V} = -\left(\frac{\partial \ln(Q)}{\partial \beta}\right)_{\beta\mu,V}$$

Si ara repetim el procés, exactament igual però en canvi d'escriure H situem N trobarem el nombre mig de partícules, tenint finalment els dos valors de:

$$\boxed{U = \langle E \rangle = -\left(\frac{\partial \ln(Q)}{\partial \beta}\right)_{\beta\mu,V}} \quad ; \quad \boxed{\langle N \rangle = \left(\frac{\partial \ln(Q)}{\partial (\beta\mu)}\right)_{\beta,V} = \frac{1}{\beta}\left(\frac{\partial \ln(Q)}{\partial \mu}\right)_{\beta,V}}$$

Aleshores, si partim del potencial grancanònic o de *Landau* tenim que:

$$\Phi(T,V,\mu) = -PV \;\rightarrow\; d\Phi = -P\,dV - S\,dT - N\,d\mu \;\rightarrow\; \boxed{N = -\left(\frac{\partial \Phi}{\partial \mu}\right)_{V,T}}$$

Si ara comparem amb l'expressió anterior del valor mig de N obtenim:

$$\boxed{-\Phi = \ln\left(\frac{Q}{\beta}\right)} \qquad \boxed{PV = \ln\left(\frac{Q}{\beta}\right)} \qquad \boxed{\Phi = -k_B T \ln(Q)}$$

Connexió Mecànica estadística – Termodinàmica

Calculem ara $\langle (\Delta E)^2 \rangle$ i $\langle (\Delta N)^2 \rangle$:

$$\langle (\Delta E)^2 \rangle = \langle E^2 \rangle - \langle E \rangle^2 = \left(\frac{\partial^2 \ln(Q)}{\partial \beta^2}\right)_{\beta\mu,V} = //\text{ fent els càlculs }// = k_B T^2 c_V$$

$$\langle (\Delta N)^2 \rangle = \langle N^2 \rangle - \langle N \rangle^2 = \left(\frac{\partial^2 \ln(Q)}{\partial (\beta\mu)^2}\right)_{\beta,V} = //\text{ fent els càlculs }// = \frac{N^2}{\beta V} k_T$$

Com ja hem vist en temes anteriors i com be sabem, les fluctuacions depenen de les funcions resposta. Les fluctuacions relatives de qualsevol magnitud susceptible de fluctuar sobre un sistema es proporcional a $\dfrac{1}{\sqrt{N}}$. Quan el nombre de partícules és de l'ordre d'un mol, les fluctuacions són menyspreables.

Termodinàmica i Mecànica estadística

10.1.2. Sistemes discrets: Connexió Mecànica estadística-Termodinàmica.

Pels sistemes discrets (*o quàntics*) tenim una funció de partició grancanònica de:

$$Q(T,V,\mu)=\sum_{N=0}^{\infty}\sum_s e^{-\beta E_s+\beta\mu N}$$

per l'entropia de *Shannon* tenim: $S=-k_B\sum_{N,S}\rho(N,S)\ln(\rho(N,S))$, amb una densitat de probabilitat de $\rho(N,S)=\dfrac{e^{-\beta E_s+\beta\mu N}}{Q}$.

Aleshores, treballant amb l'entropia:

$$S=-k_B\sum_{N,s}\frac{e^{-\beta E_s+\beta\mu N}}{Q}[-\beta E_s+\beta\mu N-\ln Q]=-k_B\sum_{N,s}[-\beta\frac{E_s e^{-\beta E_s+\beta\mu N}}{Q}+\beta\mu\frac{N e^{-\beta E_s+\beta\mu N}}{Q}$$

$$-\ln Q\frac{e^{-\beta E_s+\beta\mu N}}{Q}]=k_B\beta\sum_{N,s}\frac{E_s e^{-\beta E_s+\beta\mu N}}{Q}-k_B\beta\mu\sum_{N,s}\frac{N e^{-\beta E_s+\beta\mu N}}{Q}+k_B\ln Q\sum_{N,s}\frac{e^{-\beta E_s+\beta\mu N}}{Q}=$$

Aleshores, observem que $\dfrac{e^{-\beta E_s+\beta\mu N}}{Q}=\rho(N,S)$ i per tant, tenim que:

$$\sum_{N,S}E_s\rho(N,S)=\langle E\rangle=U\ ;\ \sum_{N,S}N\rho(N,S)=\langle N\rangle=N\ ;\ \beta=\frac{1}{k_BT}$$

Per tant:

$=\dfrac{U}{T}-\dfrac{\mu N}{T}+k_B\ln(Q)$; que això té pinta a la forma d'*Euler* $U=TS-PV+N\mu\ \to S=\dfrac{U}{T}+\dfrac{PV}{T}-\dfrac{N\mu}{T}$. Aleshores: $\dfrac{PV}{T}=k_B\ln(Q)\ \to$

$$PV=k_BT\ln(Q)=-\Phi$$

Connexió Mecànica estadística – Termodinàmica

Termodinàmica i Mecànica estadística

Hem arribat a un mateix resultat, cosa que era d'esperar doncs a partir d'aquí trobem tota la informació del sistema termodinàmic i estadístic.

Avaluant $\boxed{d\Phi = -S\,dT - P\,dV - N\,d\mu}$ podem calcular:

$$\boxed{S = -\left(\frac{\partial \Phi}{\partial T}\right)_{\mu, V}} \quad ; \quad \boxed{N = -\left(\frac{\partial \Phi}{\partial \mu}\right)_{T, V}}$$

10.2. Aplicació al gas ideal monoatòmic

Per veure un exemple clàssic en un sistema de pas estadístic a termodinàmic, farem servir el gas ideal monoatòmic de partícules indistingibles.

Comencem calculant l'equació calòrica d'estat:

$$Q = \sum_{N=0}^{\infty} e^{\beta \mu N} \frac{1}{h^{3N} N!} \int d\vec{q}\,d\vec{p}\,e^{-\beta H} = // \int d\vec{q}\,d\vec{p}\,e^{-\beta H} = Z_{Canònic}^{id} = \frac{1}{N!} Z_1^N = e^{Z_1 e^{\beta \mu}} //$$

$$= \sum_{N=0}^{\infty} e^{\beta \mu N} \frac{Z_1^N}{N!} = // \sum_{N=0}^{\infty} \frac{x^N}{N!} = e^x // = e^{z Z_1(T,V)} \rightarrow \ln(Q) = z\,Z_1(T,V)$$

Aleshores si treballem amb la funció de partició canònica:

$$Z_1(T,V) = \frac{V}{h^3} \int_0^{\infty} 4\pi p^2\,dp\,e^{-\beta \frac{p^2}{2m}} = \frac{V}{h^3}(2\pi m k_B T)^{\frac{3}{2}}$$

Per tant, si tornem a la grancanònica:

$$\ln(Q) = z\frac{V}{h^3}(2\pi m k_B T)^{\frac{3}{2}} = z\frac{V}{h^3}\left(\frac{2\pi m}{\beta}\right)^{\frac{3}{2}}$$

Per tant, si treballem amb l'energia interna per trobar l'equació calòrica d'estat:

$$U = \langle E \rangle = -\left(\frac{\partial \ln(Q)}{\partial \beta}\right)_{\beta \mu, V} = z\frac{V}{h^3}(2\pi m)^{\frac{3}{2}} \frac{3}{2} \frac{1}{\beta^{\frac{5}{2}}}$$

Termodinàmica i Mecànica estadística

D'altra banda, tenim:

$$N = \left(\frac{\partial \ln(Q)}{\partial \beta \mu}\right)_{\beta, V} = z \frac{V}{h^3}\left(\frac{2\pi m}{\beta}\right)^{\frac{3}{2}} = \ln Q$$

Aleshores, si dividim les dues expressions tenim:

$$\boxed{u = \frac{U}{N} = \frac{3}{2}\frac{1}{\beta} = \frac{3}{2} k_B T \quad \rightarrow \quad U = \frac{3}{2} N k_B T}$$

Que és l'**equació calòrica d'estat** per un gas ideal monoatòmic.

Si ara volem calcular l'equació tèrmica d'estat utilitzarem el potencial grancanònic o de *Landau*:

$$\Phi = -k_B T \ln(Q) = -PV \quad \rightarrow \quad PV = k_B T \ln(Q)$$ i com hem vist, $\ln(Q) = N$, tenim:

$$\boxed{PV = N k_B T}$$

Que és l'**equació tèrmica d'estat** d'un gas ideal monoatòmic.

Per acabar comentarem un aspecte del tema anterior, el de **Radiació electromagnètica**. Treballem amb la pressió de radiació que havíem trobat al tema anterior:

$$P = \frac{4\sigma}{3c} T^4$$

Ens podem preguntar quin rang té aquesta equació d'estat. Abans la vam presentar com una equació tèrmica que, evidentment, ho és; però si ens hi fixem, la podríem haver obtingut directament de la connexió entre la mecànica estadística i la termodinàmica mitjançant les equacions presentades al primer capítol d'aquest tema sense fer cap derivada i per tant, sense perdre informació.

Aleshores, la pressió de radiació a parti de ser una equació tèrmica d'estat, és també una **_equació fonamental al col·lectiu grancanònic_**.

La col·lectivitat macrocanònica ens servirà per encara el següent tema i estudiar els sistemes quàntics estadísticament.

Termodinàmica i Mecànica estadística

Termodinàmica i Mecànica estadística

Tema 11.- Estadístiques quàntiques

En aquest tema estudiarem les propietats estadístiques dels gasos quàntics amb els canvis mecànics del sistema.

Per estudiar estadísticament els sistemes quàntics, necessitarem conèixer les propietats de la funció d'ona, però no la funció d'ona en concret. L'ingredient crucial per estudiar aquests sistemes és el concepte de la ***identitat de les partícules***.

- ***Principi d'identitat de les partícules***: Només són possibles aquells estats que no canvien quan es permuten dues partícules indistingibles. Per tant, ens interessa saber quantes partícules estan en cada estat.

  Suposem que tenim una funció d'ona $\psi_0 = \psi(\xi_1, ..., \xi_k, ... \xi_m, ..., \xi_N)$. Si permutem dos elements de posició, per exemple l'element k i l'element m tenim: $\psi_0 = \psi(\xi_1, ..., \xi_m, ... \xi_k, ..., \xi_N) e^{i\alpha}$. Si ara tornem a permutar els dos elements, hauríem de recuperar la nostra funció d'ona inicial: $\psi_0 = \psi(\xi_1, ..., \xi_k, ... \xi_m, ..., \xi_N) e^{2i\alpha}$. Aleshores, com ha de ser la mateixa funció d'ona tenim: $e^{2i\alpha} = 1 \rightarrow e^{i\alpha} = \pm 1$; és a dir, quan permutem dues partícules, la funció d'ona pot o no canviar de signe, aleshores, ψ és simètrica o antisimètrica.

Al *1940* **Wolfgang Pauli** va demostrar que les partícules que tenen ***spin enter***, tenen ***funció d'ona simètrica*** i les partícules amb ***spin semienter*** tenen una ***funció d'ona antisimètrica***.

El teorema spin-estadística, estableix dos tipus d'estadística per estudiar els sistemes quàntics:

i) **Estadística *Bose-Einstein* (BE)** (*bosons*): Tenen un spin enter, com per exemple els fotons d'spin 1 i segueixen una funció de distribució:

$$f(E) = \frac{1}{e^{\beta(E-\mu)} - 1}$$

Funció de distribució Bose-Einstein

Termodinàmica i Mecànica estadística

ii) **Estadística *Fermi-Dirac* (*FD*) (*fermions*)**: Tenen spin semienter, com per exemple els neutrons, els protons o els e^- d'spin $\frac{1}{2}$ i segueixen una funció de distribució:

$$f(E) = \frac{1}{e^{\beta(E-\mu)}+1}$$

Funció de distribució Fermi-Dirac

A la gràfica següent, observem les dues funcions de distribució representades:

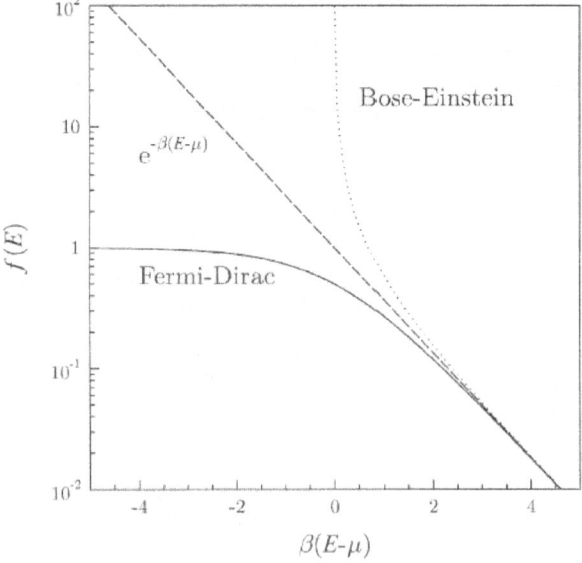

Quan tractem amb molècules, com per exemple H_2, O_2 ... hem de seguir la **regla d'Ehrenfest-Oppenheimer**:

" Si la suma de protons, neutrons i electrons és <u>parell</u> aleshores tractarem amb <u>bosons</u>, mentre que si la suma és <u>senar</u> tractarem amb <u>fermions</u> ".

Pels fermions existeix el **_principi d'exclusió de Pauli_**:

" En un estat quàntic no pot haver-hi dos fermions iguals ".

Termodinàmica i Mecànica estadística

Aleshores, ens comporta una restricció sobre la distribució dels fermions en els diferents nivells energètics. És amb aquest fenomen quan es dóna lloc a l'origen de la *taula periòdica*.

Per altra banda, els bosons no tenen aquesta restricció. Quan tots els bosons es troben en un mateix nivell energètic[20], dóna lloc a la condensació *Bose-Einstein*.

Per tant, començarem el capítol amb la recerca de la *funció de partició quàntica*, per poder estudiar els sistemes termodinàmicament a partir de l'estadística i realitzarem un estudi dels *gasos ideals quàntics*.

11.1. Funció de partició quàntica

Al tema anterior ja havíem treballat amb la funció de partició quàntica, per tant, la podem definir com:

$$Q(T,V,\mu) = \sum_{N=0}^{\infty} e^{\beta \mu N} \sum_{\{n_s\}} e^{-\beta E(\{n_s\})}$$

Observem que els canvis fets respecte al tema anterior és que hem canviat l'estat quàntic (s) pel <u>nombre d'ocupació de l'estat quàntic</u> n_s. El nombre de partícules el podem relacionar amb el nombre d'ocupació de l'estat quàntic de la següent manera $N = \sum_s n_s$.

Però en aquesta funció de partició quàntica, tenim un altre aspecte a comentar, tenim que $\{n_s\} = \{n_0, n_1, \ldots n_s\} \equiv$ *configuració d'un microstat*; en què cada n_i indica el nombre de partícules a l'estat excitat i, i $E(\{n_s\}) = \sum_s n_s \varepsilon_s$ que ens dependrà de la configuració.

---

[20] Aquest fenomen només succeeix per sota d'una certa temperatura.

Termodinàmica i Mecànica estadística

Anem a calcular la segona part de la funció de partició: $\sum_{\{n_s\}} e^{-\beta E(\{n_s\})}$.

En primer lloc, hem de tenir en compte que $\sum_{\{n_s\}}(...) = \sum_{n_0} \cdot \sum_{n_1} \cdot ... \sum_{n_s}$ i sabem que el sumatori de tots els subíndex ens queda justament N.

Per tant, quan calculem Q tindrem que:

$$\sum_{N=0}^{\infty} \cdot \sum_{\{n_s\}} = \sum_{N=0}^{\infty} \sum_{n_0} \sum_{n_1} \cdot ... \sum_{n_s} = \sum_{n_0} \cdot \sum_{n_1} \cdot ... \sum_{n_s}$$

Aleshores, la funció de partició serà:

$$Q = \sum_{n_0} \cdot \sum_{n_1} \cdot ... \sum_{n_s} e^{\beta \mu (n_0 + n_1 + ... + n_s)} e^{\beta(n_0 \varepsilon_0 + n_1 \varepsilon_1 + ... + n_s \varepsilon_s)} = \sum_{n_0} e^{\beta \mu n_0 - \beta n_0 \varepsilon_0} \sum_{n_1} e^{\beta n_1 \mu - \beta n_1 \varepsilon_1} \cdot ...$$
$$... \cdot \sum_{n_s} e^{\beta \mu n_s - \beta n_s \varepsilon_s} = \prod_s \left(\sum_{n_s} e^{-\beta(\varepsilon_s - \mu) n_s} \right)$$

Per tant:

$$\boxed{Q = \prod_s \left(\sum_{n_s} e^{-\beta(\varepsilon_s - \mu) n_s} \right)}$$

Funció de partició quàntica

Ara el que hem d'analitzar és l'aspecte de partícules:

- Si tenim **_fermions_**: $n_s = \{0, 1\}$ (o hi ha una partícula o no n'hi ha cap pel principi d'exclusió de *Pauli*). Aleshores, només tenim $n_s = 0 \rightarrow 1$ i $n_s = 1 \rightarrow e^{-\beta(\varepsilon_s - \mu)}$; per tant:

$$\boxed{Q_{FD} = \prod_{s=0} \left[1 + e^{-\beta(\varepsilon_s - \mu)} \right] \rightarrow \ln(Q_{FD}) = \sum_s \ln\left(1 + e^{-\beta(\varepsilon_s - \mu)}\right)}$$

- Si treballem amb **bosons**: $n_s = 0, 1, \ldots N, \ldots \infty$. Per tant, si treballem la funció de partició quàntica $Q_{BE} = \prod_s \sum_{n_s=0}^{\infty} e^{-\beta(\varepsilon_s - \mu) n_s} =$ // Si ara defini $e^{-\beta(\varepsilon_s - \mu)} \stackrel{\text{def}}{\equiv} \alpha \rightarrow \sum_{n_s=0}^{\infty} \alpha^{n_s} = \frac{1}{1-\alpha}$ // $\boxed{= \prod_s \frac{1}{1 - e^{-\beta(\varepsilon_s - \mu)}}}$.

Per tant: $\boxed{\ln(Q_{BE}) = -\sum_s \ln\left[1 - e^{-\beta(\varepsilon_s - \mu)}\right]}$.

Finalment, doncs, podem resumir-ho amb la següent expressió:

$$\boxed{\ln\left(Q_{\genfrac{[}{]}{0pt}{}{FD}{BE}}\right) = \pm \sum_s \ln\left[1 \pm e^{-\beta(\varepsilon_s - \mu)}\right]}$$

Que si reintroduïm el concepte de la fugacitat, tindrem:

$$\boxed{\ln\left(Q_{\genfrac{[}{]}{0pt}{}{FD}{BE}}\right) = \pm \sum_s \ln\left[1 \pm z\, e^{-\beta \varepsilon_s}\right]}$$

Un altre concepte important a l'estadística quàntica és el nombre mig de les partícules. Anem-lo a calcular a partir de $\langle N \rangle = \left(\frac{\partial \ln(Q)}{\partial \beta \mu}\right)_{\beta, V}$:

Com ja hem definit a principi d'aquest apartat $N = \sum_s n_s$ per tant el valor mig serà $\langle N \rangle = \sum_s \langle n_s \rangle$, en què $\langle n_s \rangle$ és el nombre mig de partícules a un estat quàntic i ens interessa conèixer-lo per calcular l'energia E.

$$\langle N \rangle = \pm \sum_s \frac{\pm e^{-\beta(\varepsilon_s, \mu)}}{1 \pm e^{-\beta(\varepsilon_s, \mu)}} = \sum_s \frac{1}{e^{\beta(\varepsilon_s, \mu)} \pm 1}$$

Per tant, $\langle n_s \rangle = \dfrac{1}{e^{\beta(\varepsilon_s, \mu)} \pm 1}$ [21].

---

[21] El símbol + correspon a l'estadística de *Fermi-Dirac* i el símbol − correspon a la de *Bose-Einstein*

Termodinàmica i Mecànica estadística

Anem a calcular $\langle E \rangle$:

$$\boxed{U=\langle E \rangle=\sum_s \langle n_s \rangle \varepsilon_s = \sum_s \frac{\varepsilon_s}{e^{\beta(\varepsilon_s,\mu)} \pm 1}}$$

Equació calòrica d'estat

Ara tenim la calòrica, l'**_equació tèrmica d'estat_** serà $\boxed{PV=k_B T \ln(Q)}$.

Cada sistema quàntic vindrà caracteritzat per ε_s , que ens vindrà donada per l'equació d'*Schrödinger* i d'imposar les condicions de contorn que comporten una quantificació dels nivells energètics.

Per calcular la funció de partició Q ens interessa passar d'un espectre discret d'energies a un espectre continu $\left(\sum_s \rightarrow \int_0^\infty g(\varepsilon) d\varepsilon \right)$, però per fer-ho, hem de tenir en compte la degeneració d'energia, ja que serà com el *jacobià* del canvi de variable. Aleshores:

$$\ln\left(Q_{\substack{FD \\ BE}} \right) = \pm \int_0^\infty g(\varepsilon) \ln\left[1 \pm z\, e^{-\beta \varepsilon} \right] d\varepsilon$$

Per tant:

$$N=\sum_s n_s \rightarrow \langle N \rangle=\sum_s \langle n_s \rangle \rightarrow \int_0^\infty g(\varepsilon)\langle n(\varepsilon)\rangle\, d\varepsilon = \int_0^\infty \frac{g(\varepsilon)}{e^{\beta(\varepsilon-\mu)} \pm 1}\, d\varepsilon$$

$$U=\langle E \rangle=\sum_s \langle n_s \rangle \varepsilon_s \rightarrow \int_0^\infty \frac{g(\varepsilon)}{e^{\beta(\varepsilon-\mu)} \pm 1}\, \varepsilon\, d\varepsilon$$

Aquest canvi de sumatori a integral, és més vàlid quant més gran és el volum que ocupa el sistema (*per contra, si el volum és molt petit, perdrà validesa*).

Tanmateix, per calcular la integral necessitarem conèixer la degeneració de l'energia que la podem trobar a partir de ε_s (*quàntica*).

Termodinàmica i Mecànica estadística

11.2. Gasos ideals quàntics

Per treballar els gasos ideals quàntics, ens cal determinar la degeneració de l'energia. Per fer-ho, hem de suposar un sistema de partícules tancades en una caixa (*pou de potencial cúbic*) de costat L. Aleshores, la mecànica quàntica ens dóna l'energia quantitzada[22]:

$$\varepsilon = \frac{h^2}{8mL^2}\left(n_x^2 + n_y^2 + n_z^2\right) = \frac{h^2}{8mL^2}n^2$$

que correspon a una vuitena part d'una esfera ($n > 0$) a l'espai de les n.

En primer lloc hem de fer el pas al continu i per fer-ho ens caldrà $\sum_s \to \int d^3n$:

$$\int d^3n = \frac{1}{8}4\pi \int n^2 \, dn = \frac{\pi}{2}\int n^2 \, dn$$

Ara, ens cal fer el canvi $dn \to d\varepsilon$. Si partim de l'expressió de ε tenim que:

$$d\varepsilon = \frac{2nh^2}{8mL^2}dn \to dn = \frac{8mL^2}{2nh^2}d\varepsilon = \frac{8mL^2}{2h^2}\left(\frac{8mL^2\varepsilon}{h^2}\right)^{-\frac{1}{2}}d\varepsilon = \frac{8mL^2}{2h^2}n\,d\varepsilon$$

$$\boxed{n^2\,dn = \frac{8mL^2}{2h^2}\left(\frac{8mL^2\varepsilon}{h^2}\right)^{\frac{1}{2}}d\varepsilon}$$

Finalment,

$$\sum_s \to \frac{\pi}{2}\frac{1}{2}\left(\frac{8mL^2}{h^2}\right)^{\frac{3}{2}}\int\sqrt{\varepsilon}\,d\varepsilon = \int g(\varepsilon)\,d\varepsilon \to g(\varepsilon) = \frac{\pi}{4}L^3\left(\frac{8m}{h^2}\right)^{\frac{3}{2}}\sqrt{\varepsilon}(2s+1) =$$

com que $L^3 = V$ i definim $g_0 = \frac{\pi}{4}\left(\frac{8m}{h^2}\right)^{\frac{3}{2}}(2s+1)$ tenim: $\boxed{g(\varepsilon) = g_0 V \sqrt{\varepsilon}}$

que correspon a la ***degeneració d'energia*** i en què s és el nombre quàntic d'spin.

---

[22] L'exemple és semblant al que havíem vist al **Tema 5.- Col·lectivitat canònica** a l'apartat **5.3.Sistemes quàntics**.

Termodinàmica i Mecànica estadística

D'altra banda, si recordem el que teníem a la col·lectivitat canònica:

$$Z_{quàntic}=\sum_s e^{-\beta E_s}=\sum_{E_s}\Omega(E_s)e^{-\beta E_s}\sim \sum_{E_s}g(\varepsilon)e^{-\beta E_s}$$

$$Z_{clàssic}=\frac{1}{h^3}\int d^3q\, d^3p\, e^{-\beta H}$$

i com bé ja vam indicar podem fer $\quad \sum_s \to \frac{1}{h^3}\int d^3q\, d^3p \to \int g(\varepsilon)\, d\varepsilon \quad$.

Si substituïm la integral de les q pel volum V i realitzem el següent canvi de variables: $\varepsilon=\varepsilon(p)=\dfrac{p^2}{2m} \to p=\sqrt{2m\varepsilon} \to dp=\dfrac{\sqrt{2m}}{2\sqrt{\varepsilon}}d\varepsilon$, tenim:

$$\sum_s \to \frac{V}{h^3}4\pi\int p^2\, dp=4\pi\frac{V}{h^3}2m\int\frac{\sqrt{2m\varepsilon}}{2\sqrt{\varepsilon}}d\varepsilon=4\pi\frac{V}{h^3}\sqrt{2}\,m^{\frac{3}{2}}\int\sqrt{\varepsilon}\,d\varepsilon(2s+1)$$

Si ens adonem, és el mateix resultat que hem trobat abans per la degeneració d'energia, però des d'un altre punt de partida.

Ara anem a calcular la funció de partició:

$$\ln\left(Q_{\substack{[FD]\\ [BE]}}\right)=\pm\int_0^\infty g(\varepsilon)\ln[1\pm ze^{-\beta\varepsilon}]\,d\varepsilon=\pm g_0 V\int_0^\infty\sqrt{\varepsilon}\ln[1\pm ze^{-\beta\varepsilon}]\,d\varepsilon=//x=\beta\varepsilon//$$

$$=\pm g_0\frac{V}{\beta^{\frac{3}{2}}}\int_0^\infty\sqrt{x}\ln[1\pm ze^{-x}]\,dx=$$

si integrem per parts definint les variables u i v i les seves derivades, tenim:

$u=\ln[1\pm ze^{-x}] \to du=\dfrac{\pm ze^{-x}}{1\pm ze^{-x}}$ i $dv=\sqrt{x}\,dx \to v=\dfrac{2}{3}x^{\frac{3}{2}}$; ens quedarà

la integral com: $\dfrac{2}{3}x^{\frac{3}{2}}\ln(1\pm ze^{-x})\Big|_0^\infty \pm \dfrac{2}{3}\int_0^\infty \dfrac{x^{\frac{3}{2}}\,dx}{z^{-1}x\pm 1}$; que el terme del **ln** serà zero.

Termodinàmica i Mecànica estadística

Per tant, finalment:

$$\ln\left(Q_{\genfrac{[}{]}{0pt}{}{FD}{BE}}\right) = \frac{2\,g_0 V}{3\beta^{\frac{3}{2}}} \int_0^\infty \frac{x^{\frac{3}{2}}\,dx}{z^{-1}e^x \pm 1}$$

A continuació introduirem el concepte de la ***integral de Fermi***:

$$f_n^{\pm}(z) = \frac{1}{\Gamma(n)} \int_0^\infty \frac{x^{n-1}\,dx}{z^{-1}e^x \pm 1}$$

Per tant, la nostra funció de partició ens quedarà com:

$$\ln(Q) = \frac{2}{3} \frac{g_0 V}{\beta^{\frac{3}{2}}} \Gamma\!\left(\frac{3}{2}\right) f_{\frac{5}{2}}^{\pm}(z)$$

Si tornem a la relació obtinguda al tema anterior que ens connectava la mecànica estadística amb la termodinàmica per la funció de partició grancanònica; tenim que $\Phi = -\frac{1}{\beta}\ln(Q) \rightarrow PV = \frac{2}{3}\frac{g_0 V}{\beta^{\frac{5}{2}}}\Gamma\!\left(\frac{5}{2}\right) f_{\frac{5}{2}}^{\pm}(z)$ per tant[23],

$$P = \frac{k_B T (2s+1)}{\lambda^3} f_{\frac{5}{2}}^{\pm}(z)$$

<u>***Equació fonamental en representació de $\mu\,(P,\,T)$***</u>

A partir d'aquí, com sempre: $U = -\left(\dfrac{\partial \ln(Q)}{\partial \beta}\right)_{\beta\mu,V} = {}^{24} = \dfrac{3}{2}\beta^{-\frac{3}{2}}\ldots =$

$\boxed{U = \dfrac{3}{2} PV}$ que és vàlid per qualsevol tipus de gas quàntic, ja siguin fermions o bosons.

I també: $\langle N \rangle = \left(\dfrac{\partial \ln(Q)}{\partial(\beta\mu)}\right)_{\beta,V} = z\left(\dfrac{\partial \ln(Q)}{\partial z}\right)_{\beta,V} = \cdots = \dfrac{V(2s+1)}{\lambda^3} f_{\left(\frac{3}{2}\right)}^{\pm}(z)$.

---

[23] Recordant el concepte de longitud d'ona de *De Broglie* $\lambda = \dfrac{h}{\sqrt{2\pi m k_B T_C}}$

[24] Com que $\beta\mu = \text{cnt} \rightarrow f_n^{\pm}(z) = \text{cnt}$ ja què $z = \text{cnt}$

11.3. Gasos ideals quàntics a baixes temperatures

El que hem fet fins ara és considerar els bosons i els fermions gairebé per igual. Per tant, anem a considerar un gas d'aquestes partícules i realitzarem l'estudi per separat d'ambdós considerant el límit de baixes temperatures.

11.3.1. Gas de fermions (*o Gas de Fermi*) a baixes temperatures.

Els que ens interessa estudiar a baixes temperatures $(T \to 0)$, és com s'ocupen els estats quàntics; com queden distribuides les partícules als diferents nivells d'energia.

Sabem que $\langle n_s \rangle = \dfrac{1}{e^{\beta(\varepsilon_s - \mu)} + 1}$. A la figura següent es veu la representació d'aquesta funció i que ens mostra la ocupació dels nivells energètics:

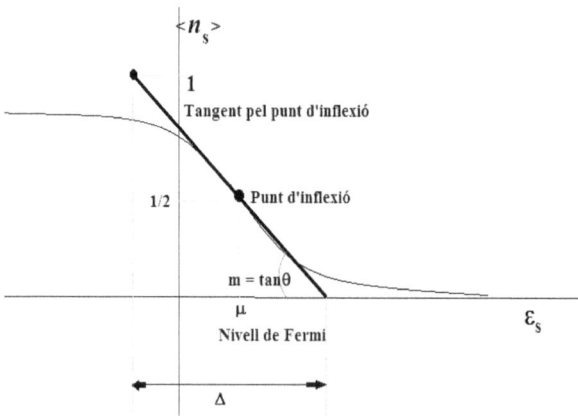

En aquesta representació, podem observar que just en el punt d'inflexió hem definit un nou concepte: El nivell de *Fermi*. **Def**inim el ***nivell de Fermi*** (μ) com l'energia de l'estat quàntic que per a una temperatura fixada *T*, els estats d'energia superior a aquest són el 50% i l'altra meitat està per sota.

Termodinàmica i Mecànica estadística

Si aquesta temperatura augmentés:

$$\frac{1}{\Delta} = m(\text{pendent}) = \left|\frac{\partial \langle n_s \rangle}{\partial \varepsilon_s}\right|_{\varepsilon_s = \mu} = \frac{e^{\beta(\varepsilon_s - \mu)} \beta}{\left(e^{\beta(\varepsilon_s - \mu)} + 1\right)^2}\bigg|_{\varepsilon_s = \mu} = \frac{\beta}{4} \simeq \frac{1}{k_B T}$$

Per tant, en el límit en què $T \to 0$; $\Delta \to 0$. És a dir, quan $T = 0$ els estats amb $\varepsilon_s > E_F$ estan desocupats, mentre que els estats amb $\varepsilon_s < E_F$ estan completament ocupats $(\langle n_s \rangle = 1)$.

Hem parlat de E_F que correspon a l'*energia de Fermi*. És interessant saber quant val aquesta energia per cada sistema:

$$N = \sum_s \langle n_s \rangle = \int g(\varepsilon)\langle n_s \rangle \, d\varepsilon = // T = 0 // = \int_0^{E_F} g(\varepsilon) \, d\varepsilon = g_0 V \int_0^{E_F} \sqrt{\varepsilon} \, d\varepsilon = \frac{2}{3 g_0 V (E_F)^{\frac{3}{2}}} \to$$

$$\boxed{E_F = \left(\frac{3N}{2 g_0 V}\right)^{\frac{2}{3}}} .$$

Unes altres maneres d'expressar l'energia de *Fermi* és definint la **temperatura de Fermi** T_F i el ***vector d'ona de Fermi*** k_F.

La temperatura de *Fermi*, ens ve determinada per la relació $\boxed{E_F = k_B T_F}$.

El vector d'ona de *Fermi* si fem servir que $n = \frac{N}{V}$, tenim $\boxed{k_F = \left[\frac{6\pi^2 n}{2s+1}\right]^{\frac{1}{3}}}$ aleshores, podem redefinir l'energia de *Fermi* com:

$$\boxed{E_F = \frac{\hbar^2 k_F^2}{2m}}$$

Termodinàmica i Mecànica estadística

11.3.2. Gas de bosons (*o Gas de Bose*) a baixes temperatures.

En primer lloc, introduirem el concepte de **_condensació de Bose-Einstein_** que és un dels aspectes més importants de l'estadística de *Bose-Einstein*.

A partir d'una certa temperatura (T_C) els bosons comencen a caure a l'estat energètic fonamental.

Sabem que el nombre de partícules $N = \sum_s \langle n_s \rangle = \langle n_0 \rangle + \sum_{s=1} \langle n_s \rangle = N_0 + N_e$ en què definim:

$$N_0 = \langle n_0 \rangle = \frac{1}{z^{-1} e^{\beta \varepsilon_0} - 1}$$

$N_e = \int_{\varepsilon_0^+}^{\infty} g(\varepsilon) \frac{1}{z^{-1} e^{\beta \varepsilon} - 1} \, d\varepsilon = //$ Agafem $\varepsilon_0 = 0$, $g(\varepsilon) = 0$, i si $\varepsilon = 0 \to 0 = 0^+ // =$

$$= \int_0^{\infty} \frac{g(\varepsilon) \, d\varepsilon}{z^{-1} e^{\beta \varepsilon} - 1} \leq \int_0^{\infty} \frac{g(\varepsilon) \, d\varepsilon}{e^{\beta \varepsilon} - 1} = N_e^{màx}(T)$$

en què en el penúltim pas, a la inequació, hem fet servir que la fugacitat z pertany al conjunt dels nombres naturals, és a dir $z \in [1, \infty)$.

Per tant, tenim un nombre màxim de bosons sobre l'estat quàntic a una certa temperatura. Aquest nombre $N_e^{màx}(T)$, és com un nombre de saturació a partir del qual hi haurà condensació. És a dir, que si el nombre total de bosons és més alt que el nombre de saturació $(N > N_e^{màx})$, aleshores **hi ha condensació**. Si no, no n'hi ha.

No obstant això, existeix una temperatura crítica en que es compleix:

$$N = \int_0^{\infty} \frac{g(\varepsilon) \, d\varepsilon}{e^{\frac{\varepsilon}{k_B T}} - 1} \to T_C = \ldots$$

Per un gas ideal de bosons coneixem el terme de $N = \frac{V(2s+1)}{\lambda^3} f_{\frac{3}{2}}(1)$ i en aquest cas, la longitud d'ona val $\lambda = \frac{h}{\sqrt{2\pi m k_B T_C}}$, per tant:

$$N = \frac{V(2s+1)}{h^3} \left(2\pi m k_B T_C\right)^{\frac{3}{2}} f_{\frac{3}{2}}(1)$$

Termodinàmica i Mecànica estadística

Aleshores, la temperatura crítica ens vindrà determinada per:

$$T_C = \frac{h^2}{2\pi m k_B}\left[\frac{N}{V(2s+1)f^{-}_{\frac{3}{2}}(1)}\right]^{\frac{2}{3}}$$

El nombre de bosons que es condensen a l'estat fonamental, és:

$$N_0 = N - N_e^{màx}(T) = N - \frac{V(2s+1)}{\lambda^3}f^{-}_{\frac{3}{2}}(1) = N - \frac{N\lambda^3(T_C)}{\lambda^3(T)} = N\left[1-\left(\frac{T}{T_C}\right)^{\frac{3}{2}}\right]$$

11.4. Límit clàssic

Si recordem l'expressió $\quad n = \frac{N}{V} = \frac{2s+1}{\lambda^3}f^{\pm}_{\frac{3}{2}}(z) \quad$ i $\quad P = \frac{k_B T(2s+1)}{\lambda^3}f^{\pm}_{\frac{5}{2}}(z) \quad$, aquestes equacions tenen el rang d'equacions fonamentals.

Ara anem a trobar el límit clàssic, que es dóna quan tenim que $l \gg \lambda$ [25]. Per tant:

$$l \sim \left(\frac{V}{N}\right)^{\frac{1}{3}} \gg \lambda \;\rightarrow\; \frac{N\lambda^3}{V} = (2s+1)f^{\pm}_{\frac{3}{2}}(z) \ll 1 \;\rightarrow\; f^{\pm}_{\frac{3}{2}}(z) \ll 1$$

en què $f^{\pm}_{\frac{3}{2}}(z)$ és monòton creixent amb z. Aleshores, $z \ll 1$. Per tant, podem desenvolupar la funció de *Fermi* en sèrie de *Taylor* i aproximar uns valors:

$$f^{\pm}_n(z) \simeq z \pm \frac{z^2}{2^n} \pm \frac{z^3}{3^n} \pm \ldots \;\rightarrow\; \begin{cases} \dfrac{N}{V} = \dfrac{2s+1}{\lambda^3}z \\[2mm] P = k_B T \dfrac{2s+1}{\lambda^3}z = k_B T \dfrac{N}{V} \end{cases}$$

és a dir, retrobem l'equació d'estat del gas ideal clàssic.

---

25 L correspon a la distància entre molècules.

Termodinàmica i Mecànica estadística

D'altra banda:

$$\langle n_s \rangle = \frac{1}{z^{-1}e^{\beta\varepsilon_s} \pm 1} \simeq // \; z \ll 1 \; ; \; z^{-1} \gg \pm 1 \; // \simeq \frac{1}{z^{-1}e^{\beta\varepsilon_s}} = z\, e^{-\beta\varepsilon_s}$$

en què es veu clarament que retrobem l'estadística clàssica de *Maxwell-Boltzmann*.

Termodinàmica i Mecànica estadística

www.ingramcontent.com/pod-product-compliance
Lightning Source LLC
Chambersburg PA
CBHW060827170526
45158CB00001B/104